After Effects

U0211487

前言

PREFACE

After Effects是Adobe公司推出的视频特效软件，广泛应用于影视设计、广告设计、动画设计等领域。基于After Effects在视频行业的应用度很高，我们编写了本书，选择了视频制作中最为实用的228个案例，基本涵盖了视频特效的基础操作和常用技术。

与同类书籍介绍大量软件操作的编写方式相比，本书最大的特点是更加注重以案例为核心，按照技术+行业相结合划分，既讲解了基础入门操作和常用技术，又讲解了行业中综合案例的制作。

本书共分为14章，具体安排如下。

第1章为After Effects的常用操作，介绍了After Effects中新建项目、序列，各种类型素材的导入等基本操作。

第2章为图层，介绍了各种图层的创作与设计。

第3章为关键帧动画，讲解了关键帧动画制作常用动画效果。

第4章为文字效果，讲解了文字的创建、编辑及文字动画等效果的制作。

第5章为滤镜特效，以40个案例讲解了常用滤镜效果的应用方法。

第6章为蒙版，以10个案例讲解了蒙版工具的创建、编辑。

第7章为调色特效，讲解了各种画面颜色的调整方法。

第8章为跟踪与稳定，讲解了视频跟踪和稳定处理。

第9章为视频输出，讲解了输出不同格式的文件的方法。

第10章为粒子和光效，讲解了粒子和光效特效的制作方法。

第11章为高级动画，讲解了常用高级动画的制作方法。

第12～14章为综合项目案例，其中包括影视栏目包装设计、经典特效设计和广告设计的多个大型综合项目实例的完整创作流程。

本书特色如下。

内容丰富 本书除精选228个精美案例外，还设置了一些"提示"模块，辅助学习。

章节合理 本书第1章主要讲解软件入门操作——超简单；第2～8章按照技术划分每个门类的高级案例操作——超实用；第9～11章为综合应用和作品输出——超详细；第12～14章为综合项目实例——超震撼。

实用性强 本书228个案例，实用性强，可应对多种行业的设计工作。

流程方便 本书案例设置了操作思路、操作步骤等模块，使读者在学习案例之前就可以非常清晰地了解如何进行学习。

本书采用After Effects 2023版本进行编写，请各位读者使用该版本或更高版本进行学习。如果使用过低的版本，可能会造成源文件无法打开等问题。

本书提供了案例的素材文件、源文件、效果文件及视频文件，读者可以扫一扫下面的二维码，推送到自己的邮箱后下载获取。

本书由梁晓龙编著，其他参与编写的人员还有王萍、杨力、杨宗香、孙晓军、李芳等。

由于编者水平有限，书中难免存在疏漏和欠妥之处，敬请广大读者批评和指正。

编　者

目录

CONTENTS

第2章　图层

第3章 关键帧动画

第4章 文字效果

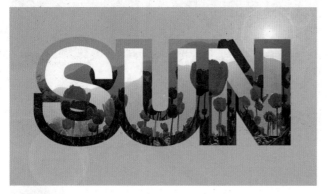

第5章　滤镜特效

第6章　蒙版

第7章　调色特效

第10章　粒子和光效

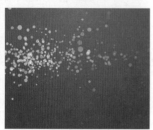

第11章　高级动画

第12章　影视栏目包装设计

第13章　经典特效设计

第14章　广告设计

第1章

After Effects的常用操作

本章概述

　　在学习After Effects的各个功能之前，需要对After Effects的常用操作进行了解，包括打开文件、保存文件、导入各种格式素材、编辑文件等，这些操作是本书最基础的内容。

本章重点

- 认识After Effects
- 掌握After Effects的基本操作方法
- 了解After Effects的常用功能

实例001　打开文件

文件路径	第1章 \ 例 001 打开文件
难易指数	★★★★★
技术要点	打开文件

🔍扫码深度学习

💡操作思路

本例主要掌握打开After Effects文件的不同方式。

🎙操作步骤

01 选择本书配备的"001.acp"素材文件，并双击鼠标左键打开，如图1-1所示。

图1-1

02 此时，打开"001.aep"素材文件，如图1-2所示。

图1-2

实例002　保存文件

文件路径	第1章 \ 例 002 保存文件
难易指数	★★★★★
技术要点	保存文件

🔍扫码深度学习

💡操作思路

本例主要掌握在菜单栏中保存和另存为文件的方法。

🎙操作步骤

01 打开本书配备的"002.aep"素材文件，如图1-3所示。

图1-3

02 选择菜单栏中的【文件】|【另存为】|【另存为】命令，如图1-4所示。

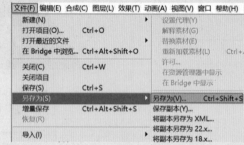

图1-4

03 然后，在弹出的【另存为】对话框中设置路径和名称，最后单击【保存】按钮，如图1-5所示。

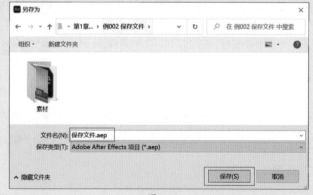

图1-5

实例003 编辑素材

文件路径	第 1 章 \ 例 003 编辑素材
难易指数	★★★★★
技术要点	编辑素材

扫码深度学习

操作思路

本例主要掌握如何在After Effects中编辑素材的基础属性和添加特效效果。

操作步骤

01 打开本书配备的 "003.aep" 素材文件，如图1-6所示。

图1-6

02 选择素材 "01.jpg" ，设置【缩放】为67.0,67.0%，如图1-7所示。

图1-7

03 为素材 "01.jpg" 添加【亮度和对比度】效果，设置【亮度】为5、【对比度】为10，如图1-8所示。

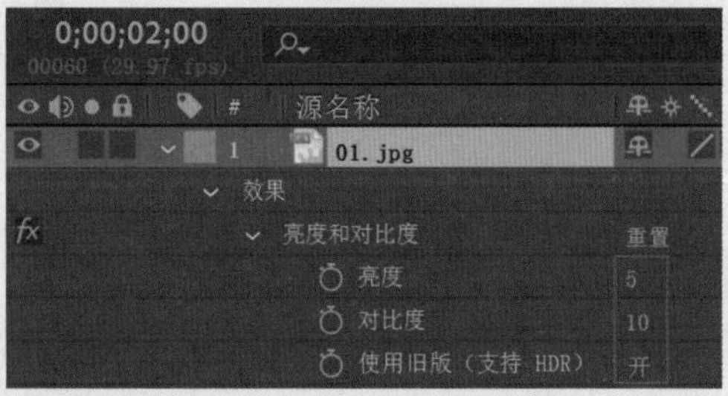

图1-8

04 此时的画面效果如图1-9所示。

图1-9

实例004 导入图片素材

文件路径	第 1 章 \ 例 004 导入图片素材
难易指数	★★★★★
技术要点	导入图片素材

扫码深度学习

操作思路

本例主要掌握在After Effects中导入图片素材的方法。

操作步骤

01 选择图片素材，然后直接将其拖曳到项目窗口中，如图1-10所示。

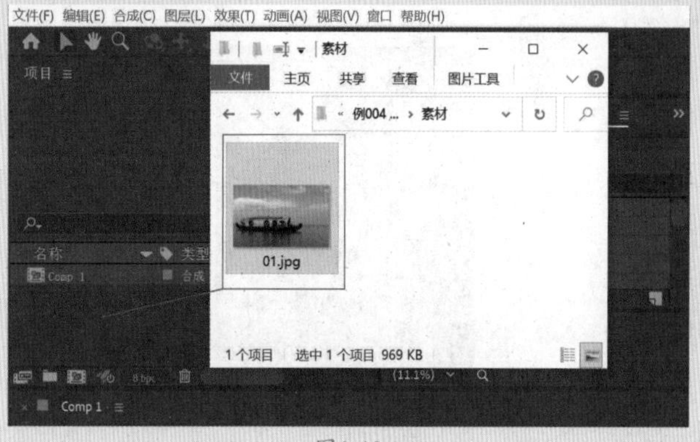

图1-10

02 此时，项目窗口中出现导入的图片素材文件，如图1-11所示。

图1-11

实例005 导入视频素材

文件路径	第1章\例005 导入视频素材
难易指数	★★★★★
技术要点	导入视频素材

🔍扫码深度学习

操作思路

本例主要掌握在After Effects中导入视频素材的方法。

操作步骤

01 选择视频素材，然后直接将其拖曳到项目窗口中，如图1-12所示。

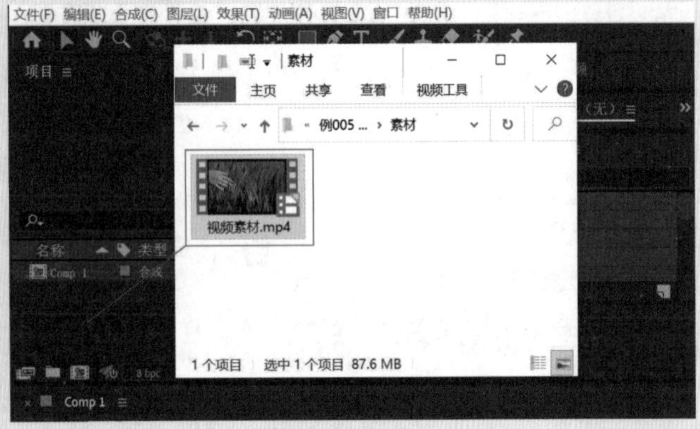

图1-12

02 此时，项目窗口中出现导入的视频素材文件，如图1-13所示。

图1-13

实例006 导入PSD分层素材

文件路径	第1章\例006 导入PSD分层素材
难易指数	★★★★★
技术要点	导入PSD文件

🔍扫码深度学习

操作思路

本例主要掌握在After Effects中导入PSD分层素材的方法。

操作步骤

01 选择PSD素材，然后直接将其拖曳到项目窗口中，如图1-14所示。

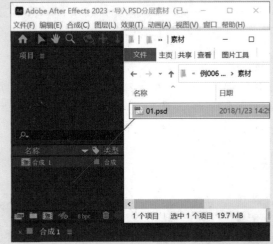

图1-14

02 在弹出的对话框中设置【导入种类】为【合成】，设置【图层选项】为【合并图层样式到素材】，如图1-15所示。

03 此时，可以在项目窗口中展开文件夹，其中包括了很多PSD中的图层，如图1-16所示。

图1-15

图1-16

实例007 导入序列素材

文件路径	第1章\例007 导入序列素材
难易指数	★★★★★
技术要点	导入序列素材

🔍扫码深度学习

操作思路

本例主要掌握在After Effects中导入序列素材的方法。

操作步骤

01 新建项目和合成，并在项目窗口中双击鼠标左键，如图1-17所示。

图1-17

02 在弹出的对话框中，选择第一个文件"输出_0000.tga"，并勾选【Targa序列】复选框，最后单击【导入】按钮，如图1-18所示。

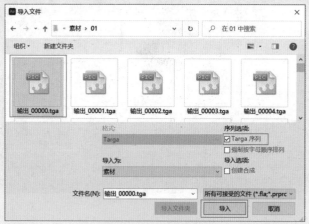

图1-18

03 此时，可以在项目窗口中看到序列已经成功导入，如图1-19所示。

图1-19

实例008　导入音频

文件路径	第1章 \ 例 008 导入音频	
难易指数	★★★★★	
技术要点	导入音频	扫码深度学习

操作思路

本例主要掌握在After Effects中导入音频的方法。

操作步骤

01 选择"01.mp3"音频素材文件，然后将其直接拖曳到项目窗口中，如图1-20所示。

图1-20

02 此时，项目窗口中出现导入的音频素材文件，如图1-21所示。

图1-21

实例009　改变工作界面中区域的大小

文件路径	第1章 \ 例 009 改变工作界面中区域的大小	
难易指数	★★★★★	
技术要点	改变界面区域大小	扫码深度学习

操作思路

鼠标的指针在各个工作界面区域间会变成箭头形状，方便改变界面区域大小。本例主要掌握利用鼠标在After Effects中改变工作界面区域大小的方法。

操作步骤

01 打开本书配备的"009.aep"素材文件，如图1-22所示。

图1-22

02 将鼠标移动至项目窗口和合成窗口之间时，鼠标指针变成左右箭头。然后按住鼠标左键左右拖动，即可横向改变项目窗口和合成窗口的宽度，如图1-23所示。

图1-23

03 将鼠标移动至项目窗口、合成窗口和时间线窗口三者之间时，其鼠标指针发生变化，此时，按住鼠标左键上、下、左、右拖动，可以改变项目窗口、合成窗口和时间线窗口的大小，如图1-24所示。

图1-24

实例010　剪切、复制、粘贴文件

文件路径	第1章\例010剪切、复制、粘贴文件
难易指数	⭐⭐⭐⭐⭐
技术要点	剪切、复制、粘贴

扫码深度学习

操作思路

剪切、复制、粘贴素材文件是经常应用的编辑方法。本例主要掌握在After Effects中剪切、复制、粘贴文件的方法。

操作步骤

01 打开本书配备的"010.aep"素材文件，如图1-25所示。

图1-25

02 选择时间线窗口中的"02.jpg"素材文件，然后选择菜单栏中的【编辑】|【剪切】命令，或按快捷键Ctrl+X，如图1-26所示。

03 选择时间线窗口，然后选择菜单栏中的【编辑】|【粘贴】命令，或按快捷键Ctrl+V，如图1-27所示。

图1-26　　　　　　　　图1-27

04 选择时间线中的"01.jpg"素材文件，然后选择菜单栏中的【编辑】|【复制】命令，或按快捷键Ctrl+C，如图1-28所示。

05 然后按快捷键Ctrl+V进行粘贴，如图1-29所示。

图1-28　　　　　　　图1-29

实例011　删除素材

文件路径	第1章 \ 例011 删除素材
难易指数	★★★★★
技术要点	清除

扫码深度学习

💡 操作思路

使用After Effects制作过程中会有不需要的素材，这就需要对该素材进行删除。本例主要掌握在After Effects中使用菜单栏命令和快捷键删除素材的方法。

🎙 操作步骤

01 打开本书配备的"011.aep"素材文件，如图1-30所示。

图1-30

02 选择时间线中的"01.jpg"素材文件，然后选择菜单栏中的【编辑】|【清除】命令，或按Delete键，如图1-31所示。

03 此时，可以看到时间线中选择的素材已经删除，如图1-32所示。

图1-31　　　　　　图1-32

实例012　收集文件

文件路径	第1章 \ 例012 收集文件
难易指数	★★★★★
技术要点	收集文件

扫码深度学习

💡 操作思路

由于导入的素材文件并没有使用，项目的素材文件被删除或移动，会导致项目出现错误，文件打包功能可以将项目包含的素材、文件夹、项目文件等统一放到一个文件夹中，确保项目及其所有素材的完整性。本例主要掌握在After Effects中文件打包的方法。

🎙 操作步骤

01 打开本书配备的"012.aep"素材文件，如图1-33所示。

图1-33

02 选择菜单栏中的【文件】|【整理工程（文件）】|【收集文件】命令，如图1-34所示。

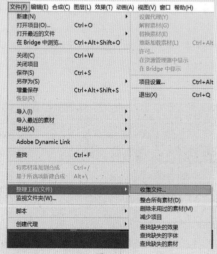

图1-34

03 在弹出的对话框中单击【收集】按钮，如图1-35所示。

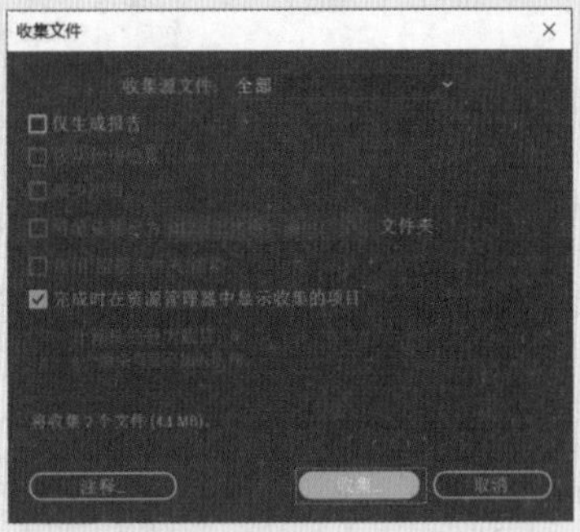

艺境

中文版After Effects影视后期特效设计与制作全视频

实践228例

溢彩版

图1-35

04 打包后在储存路径下出现打包文件夹，如图1-36所示。

图1-36

实例013　新建项目

文件路径	第1章\例013 新建项目
难易指数	★★★★★
技术要点	新建项目

扫码深度学习

操作思路

在操作After Effects时，需要新建项目与合成，在制作过程中所保存的为项目文件，也称为工程文件。本例主要掌握在After Effects中新建项目的方法。

操作步骤

01 打开After Effects软件，出现一个空白界面，如图1-37所示。

图1-37

02 选择菜单栏中的【文件】|【新建】|【新建项目】命令，如图1-38所示。

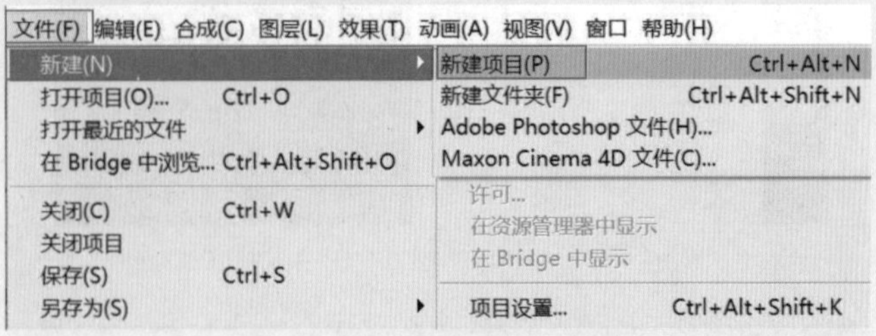

图1-38

实例014　新建合成

文件路径	第1章\例014 新建合成
难易指数	★★★★★
技术要点	新建合成

扫码深度学习

操作思路

本例主要掌握在After Effects中利用菜单命令和快捷键新建合成的方法。

操作步骤

01 在项目窗口中右击鼠标，在弹出的快捷菜单中选择【新建合成】命令，如图1-39所示。

图1-39

02 在弹出的【合成设置】对话框中对合成进行设置，如图1-40所示。

图1-40

实例015 选择不同的工作界面

文件路径	第1章 \ 例015 选择不同的工作界面
难易指数	⭐⭐⭐⭐⭐
技术要点	设置【工作区域】

🔍扫码深度学习

💡操作思路

在使用After Effects时，可以根据不同的需要，选择相应的工作空间方案的界面。

🎤操作步骤

01 打开本书配备的"015.aep"素材文件，在界面中单击【工作区域】右侧的 ▶ 按钮，并选择方式为【标准】，如图1-41所示。

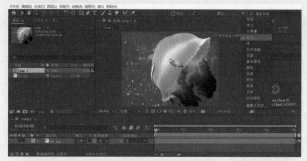

图1-41

02 单击【工作区域】右侧的 ▶ 按钮，并选择方式为【动画】的界面效果，如图1-42所示。

图1-42

03 单击【工作区域】右侧的 ▶ 按钮，并选择方式为【效果】的界面效果，如图1-43所示。

图1-43

04 单击【工作区域】右侧的 ▶ 按钮，并选择方式为【文本】的界面效果，如图1-44所示。

图1-44

实例016 复位工作界面

文件路径	第1章 \ 例016 复位工作界面
难易指数	⭐⭐⭐⭐⭐
技术要点	将"标准"重置为已保存的布局

🔍扫码深度学习

💡操作思路

After Effects提供了强大而灵活的界面方案，用户可以随意组合工作界面。

🎤操作步骤

01 打开After Effects软件，在进行操作时，将界面的区域进行调整，如图1-45所示。

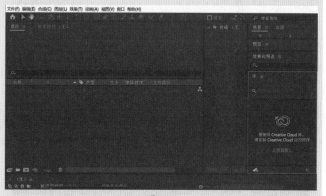

图1-45

02 选择菜单栏中的【窗口】|【工作区】|【将"标准"重置为已保存的布局】命令，工作界面即恢复到初始状态，如图1-46所示。

03 此时，当前界面被恢复到标准的布局，如图1-47所示。

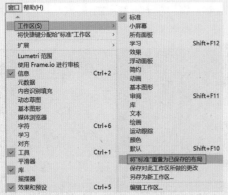

图1-46

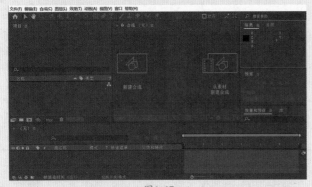

图1-47

实例017　更改界面颜色

文件路径	第1章\例017 更改界面颜色
难易指数	⭐⭐⭐⭐⭐
技术要点	更改界面颜色

扫码深度学习

操作思路

在使用After Effects时，可以根据需要更改界面的颜色。

操作步骤

01 选择菜单栏中的【编辑】|【首选项】命令，然后单击【外观】按钮，此时界面为深灰色，如图1-48所示。

图1-48

01 选择菜单栏中的【编辑】|【首选项】命令，然后单击【外观】按钮，并拖动设置【亮度】至最右侧，如图1-49所示，此时界面变为更浅的灰色。

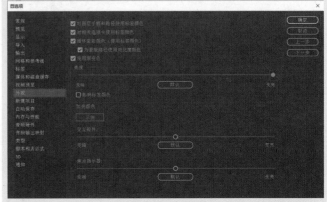

图1-49

实例018　为素材添加效果

文件路径	第1章\例018 为素材添加效果
难易指数	⭐⭐⭐⭐⭐
技术要点	为素材添加效果

扫码深度学习

操作思路

本例主要掌握为素材添加效果，并修改参数制作特效的方法。

操作步骤

01 打开本书配备的"018.aep"素材文件，如图1-50所示。

图1-50

02 为素材"01.jpg"添加【卡片擦除】效果，设置【翻转轴】为【X】，【翻转方向】为【正向】，【翻转顺序】为【从左到右】，如图1-51所示。

03 此时，画面效果如图1-52所示。

图1-51

图1-52

实例019　添加文字

文件路径	第1章\例019 添加文字
难易指数	★★★★★
技术要点	横排文字工具

🔍扫码深度学习

操作思路

　　本例主要掌握使用横排文字工具创建文字，并设置描边的方法。

操作步骤

01 打开本书配备的"019.aep"素材文件，如图1-53所示。

图1-53

02 单击 T（横排文字工具）按钮，在画面中单击鼠标创建一组文字，如图1-54所示。

图1-54

03 在【字符】面板中设置合适的字体系列和字体样式，设置【填充颜色】为红色，【描边颜色】为白色，设置【字体大小】为65像素，设置【字距】为60，设置【描边宽度】为10像素，【描边类型】为在描边上填充，激活 T（仿粗体）和 TT（全部大写字母）按钮，如图1-55所示。

04 最终效果如图1-56所示。

图1-55　　　　　　　　　　图1-56

实例020　整理素材

文件路径	第1章\例020 整理素材
难易指数	★★★★★
技术要点	删除未用过的素材

🔍扫码深度学习

操作思路

　　本例主要掌握在After Effects中进行素材整理，自动清除未使用过的、重复的素材。

操作步骤

01 打开本书配备的"020.aep"素材文件，如图1-57所示。

02 选择菜单栏中的【文件】|【整理工程（文件）】|【删除未用过的素材】命令，如图1-58所示。

图1-57

图1-58

03 在弹出的After Effects提示框中单击【确定】按钮，如图1-59所示。

04 整理完成后，发现项目窗口中未使用过的素材"03.jpg"已经被删除，重复的素材"01.jpg"和"02.jpg"只各自保留了一份，如图1-60所示。

图1-59

图1-60

第2章

图层

本章概述

    图层是构成合成图像的基本组件。在合成图像窗口添加的素材都将作为图层使用。在After Effects中，合成影片的各种素材可以从项目窗口直接拖曳到时间线窗口中（自动显示在合成图像的窗口中），也可以直接拖动到合成图像窗口中。在时间线窗口中可以看到素材之间层与层的关系。

本章重点

- 了解图层类型
- 掌握图层的多种创建方法
- 掌握图层功能及属性的应用

实例021　选择单个或多个图层

文件路径	第2章 \ 例021 选择单个或多个图层
难易指数	★★★★★
技术要点	选择单个或多个图层

扫码深度学习

操作思路

在项目制作的过程中，要针对某些图层进行编辑，需要将其进行选择。本例主要掌握选择单个或多个图层的方法。

案例效果

案例效果如图2-1所示。

图2-1

操作步骤

01 打开本书配备的"021.aep"素材文件，如图2-2所示。

图2-2

02 在时间线窗口中用鼠标单击目标图层可以将其选择，如图2-3所示。

图2-3

03 按住Ctrl键，可以选择多个图层，也可以按住鼠标左键拖动进行框选，如图2-4所示。

图2-4

提示 通过菜单栏命令可以对图层进行全选

在菜单栏中选择【编辑】|【全选】命令（快捷键为Ctrl+A），即可选择时间线窗口中的所有图层，如图2-5所示。在菜单栏中选择【编辑】|【全部取消选择】命令（快捷键为Ctrl+Shift+A）可以将选中的图层全部取消，如图2-6所示。

图2-5　　　　图2-6

实例022　快速拆分图层

文件路径	第2章 \ 例022 快速拆分图层
难易指数	★★★★★
技术要点	拆分图层

扫码深度学习

💡操作思路

在After Effects中可以将图层首尾之间的任何时间点分开。本例主要掌握拆分图层的方法。

🖱案例效果

案例效果如图2-7所示。

图2-7

🎙操作步骤

01 打开本书配备的"022.aep"素材文件，如图2-8所示。

图2-8

02 将时间线拖动到第16秒的位置，然后选择时间线窗口中的全部图层。选择菜单栏中的【编辑】|【拆分图层】命令，也可以使用快捷键Ctrl+Shift+D，如图2-9所示。

图2-9

03 此时，时间线窗口中的图层已经被分割，如图2-10所示。

图2-10

📌提示

新建图层的多种方法

选择菜单栏中的【图层】|【新建】命令，也可以创建新图层，且功能、属性与案例中所用方法相同。在进行操作时，可根据个人习惯来选择合适的操作方式，如图2-11所示。

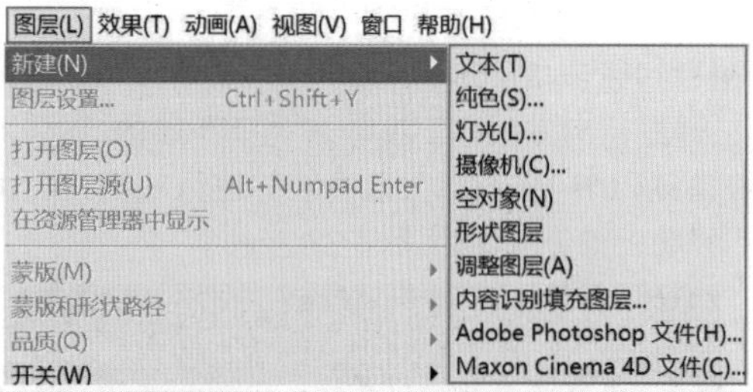

图层(L) 效果(T) 动画(A) 视图(V) 窗口 帮助(H)	
新建(N) ▶	文本(T)
图层设置... Ctrl+Shift+Y	纯色(S)...
	灯光(L)...
打开图层(O)	摄像机(C)...
打开图层源(U) Alt+Numpad Enter	空对象(N)
在资源管理器中显示	形状图层
蒙版(M) ▶	调整图层(A)
蒙版和形状路径 ▶	内容识别填充图层...
品质(Q) ▶	Adobe Photoshop 文件(H)...
开关(W) ▶	Maxon Cinema 4D 文件(C)...

图2-11

实例023　更改图层排序		
文件路径	第2章\例023 更改图层排序	
难易指数	⭐⭐⭐⭐⭐	
技术要点	更改图层排序	🔍扫码深度学习

💡操作思路

在After Effects中可以对图层的排序进行调节。本例主要掌握更改图层顺序的方法。

🖱案例效果

案例效果如图2-12所示。

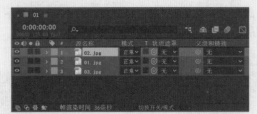

图2-12

操作步骤

01 打开本书配备的"023.aep"素材文件，如图2-13所示。

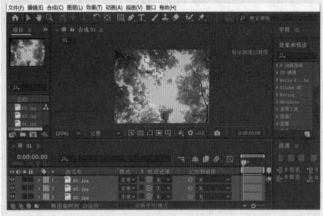

图2-13

02 在时间线窗口中选择"02.jpg"图层，然后按住鼠标左键进行向上或向下拖动来调节图层的顺序，也可以使用快捷键Ctrl+]将图层向上移动，使用快捷键Ctrl+[将图层向下移动，如图2-14所示。

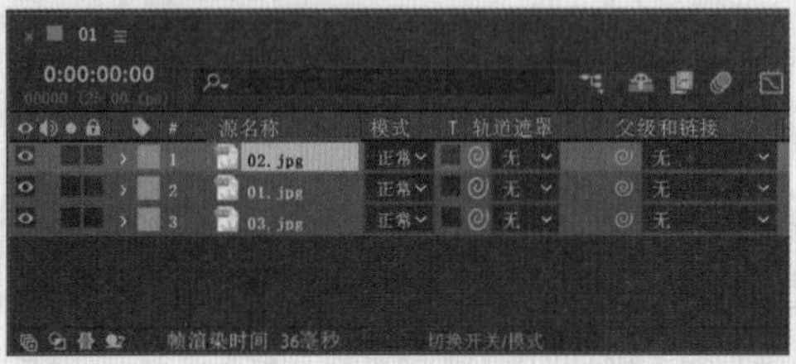

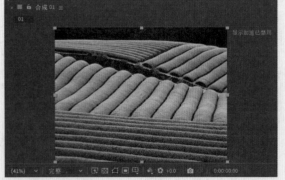

图2-14

03 更改图层顺序后，显示出不同的效果，如图2-15所示。

图2-15

实例024 图层混合模式制作唯美画面

文件路径	第2章\例024 图层混合模式制作唯美画面	
难易指数	★★★★★	
技术要点	更改图层混合模式	⌕扫码深度学习

操作思路

混合模式主要用于图层之间，更改图层的混合模式可以达到不同的效果。本例主要掌握通过图层混合模式制作唯美画面的方法。

案例效果

案例效果如图2-16所示。

图2-16

操作步骤

01 打开本书配备的"024.aep"素材文件，如图2-17所示。

图2-17

02 设置时间线窗口中的"02.jpg"图层的【模式】为【柔光】，如图2-18所示。

图2-18

03 此时，拖动时间线滑块，查看更改图层混合模式后的效果，如图2-19所示。

图2-19

04 选择时间线窗口中的"02.jpg"素材文件，按快捷键Ctrl+D，此时复制出一个图层，如图2-20所示。

05 将复制出图层的【模式】更改为【屏幕】，并设置【不透明度】为50%，如图2-21所示。

图2-20　　　　　　　　　　图2-21

06 此时，得到最终的唯美效果如图2-22所示。

图2-22

实例025　纯色图层制作蓝色背景

文件路径	第 2 章 \ 例 025 纯色图层制作蓝色背景
难易指数	★★★★★
技术要点	● 新建纯色图层 ● 创建蒙版

🔍 扫码深度学习

操作思路

纯色图层可以用来制作蒙版效果，也可以添加特效制作出背景效果。本例主要掌握利用纯色图层制作背景的方法。

案例效果

案例效果如图2-23所示。

图2-23

操作步骤

01 在项目窗口中右击鼠标，在弹出的快捷菜单中选择【新建合成】命令，如图2-24所示。

图2-24

02 在弹出的【合成设置】对话框中设置【宽度】为720px，【高度】为576px，如图2-25所示。

图2-25

03 在时间线窗口中右击鼠标，在弹出的快捷菜单中选择【新建】|【纯色】命令，如图2-26所示。

图2-26

04 此时，设置【名称】为【背景】，【颜色】为青色，如图2-27所示。

图2-27

05 选择该纯色图层，单击 ◯（椭圆工具）按钮，然后拖曳出一个椭圆遮罩，如图2-28所示。

图2-28

06 设置遮罩属性。打开固态层下的遮罩效果，设置【蒙版羽化】为270.0,270.0像素，【蒙版扩展】为100.0像素，如图2-29所示。

图2-29

07 此时，背景产生了柔和的羽化效果，如图2-30所示。

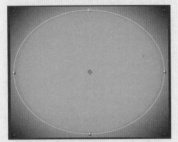

图2-30

08 将素材"01.png"导入时间线窗口，设置【缩放】为69.0,69.0%，如图2-31所示。

09 此时，得到最终效果如图2-32所示。

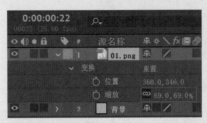

图2-31

图2-32

实例026	纯色图层制作渐变背景
文件路径	第2章 \ 例026 纯色图层制作渐变背景
难易指数	★★★★★
技术要点	● 新建纯色图层 ● 四色渐变

🔍扫码深度学习

💡操作思路

新建纯色图层，并添加四色渐变制作渐变背景效果。

🖱案例效果

案例效果如图2-33所示。

图2-33

🎤操作步骤

01 在项目窗口中右击鼠标，在弹出的快捷菜单中选择【新建合成】命令，在弹出的【合成设置】对话框中单击【确定】按钮。然后在时间线窗口中右击鼠标，在弹出的快捷菜单中选择【新建】|【纯色】命令，如图2-34所示。

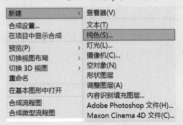

图2-34

02 在弹出的【纯色设置】对话框中设置【宽度】为
1920像素，【高度】为1200像素，【颜色】为青
色，如图2-35所示。

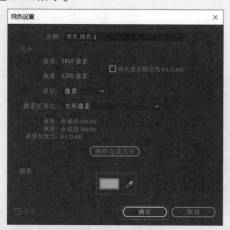

图2-35

03 此时，时间线窗口中出现了蓝色固态图层，效果如
图2-36所示。

图2-36

04 为该纯色添加【四色渐变】效果，并设置点和颜色参
数，如图2-37所示。

05 将素材"01.png"导入时间线窗口，如图2-38所示。

图2-37　　　　　　　　图2-38

06 最终效果如图2-39所示。

图2-39

实例027　形状图层制作彩色背景

文件路径	第2章 \ 例027 形状图层制作彩色背景
难易指数	★★★★★
技术要点	● 形状图层　● 矩形工具

扫码深度学习

操作思路

本例首先创建形状图层，并使用【矩形工具】绘制三个不
同颜色的矩形。

案例效果

案例效果如图2-40所示。

图2-40

操作步骤

01 在项目窗口中右击鼠标，在弹出的快捷菜单中选择【新
建合成】命令，在弹出的【合成设置】对话框中单击
【确定】按钮（注意：在后面的案例中不再重复说明新建
合成的步骤，用户在制作时可参照视频教学新建适合的合
成）。然后，在时间线窗口中右击鼠标，在弹出的快捷菜单
中选择【新建】|【形状图层】命令，如图2-41所示。

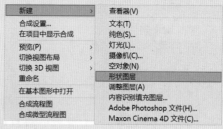

图2-41

02 选择该形状图层，单击▢（矩形工具）按钮，绘制
3个矩形，并分别设置【填充】为灰色、青色和粉
色，如图2-42所示。

图2-42

03 选择【形状图层1】，设置【旋转】为0×+29.0°，如图2–43所示。

0:00:00:00
源名称
形状图层 1
变换
重置
旋转
0x+29.0°

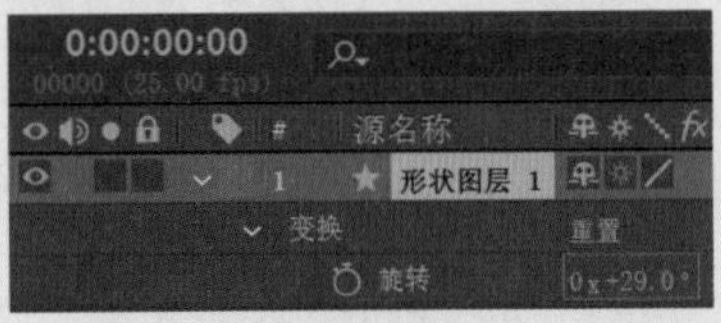

图2-43

04 此时，产生了倾斜背景效果，如图2–44所示。

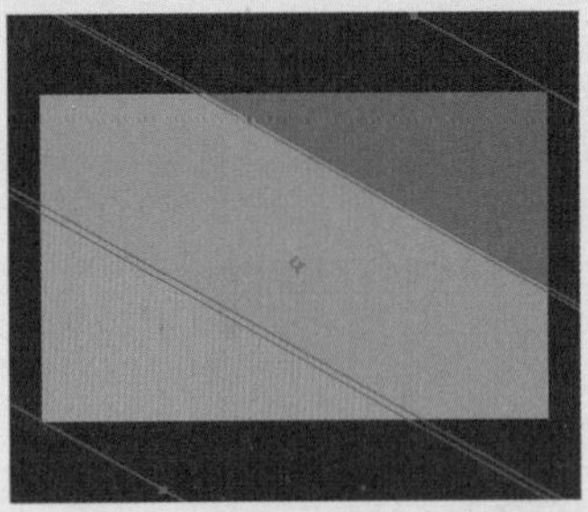

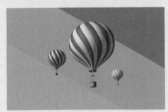

图2-44

05 将素材“01.png”导入时间线窗口，如图2–45所示。

0:00:00:00
源名称
01.png
形状图层 1

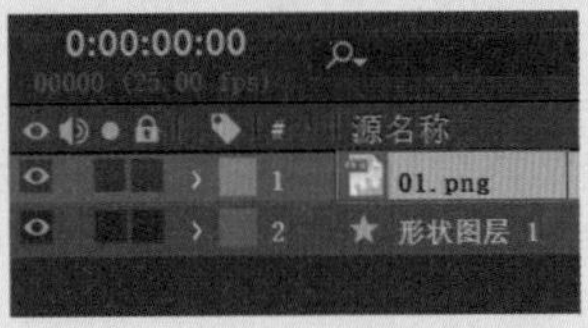

图2-45

06 最终效果如图2–46所示。

图2-46

实例028 调整图层修改整体颜色

文件路径	第 2 章 \ 例 028 调整图层修改整体颜色
难易指数	★★★★★
技术要点	【色调】效果

扫码深度学习

操作思路

本例为新建调整图层，并为其添加【色调】效果，修改颜色效果。

案例效果

案例效果如图2-47所示。

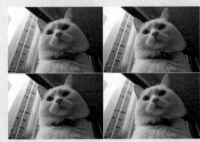

图2-47

操作步骤

01 将素材“01.png”导入项目窗口中，然后再将其拖动到时间线窗口中，如图2–48所示。

0:00:00:00
源名称
模式
T 轨道遮罩
01.png
正常
无

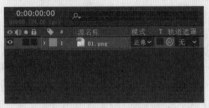

图2-48

02 此时的合成效果如图2–49所示。

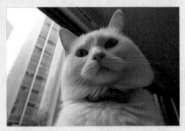

图2-49

03 在时间线窗口中选择【新建】|【调整图层】命令，如图2–50所示。

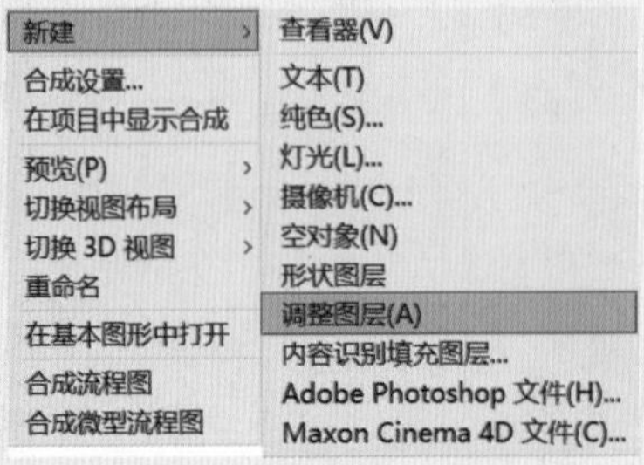

新建
合成设置...
在项目中显示合成
预览(P)
切换视图布局
切换 3D 视图
重命名
在基本图形中打开
合成流程图
合成微型流程图
查看器(V)
文本(T)
纯色(S)...
灯光(L)...
摄像机(C)...
空对象(N)
形状图层
调整图层(A)
内容识别填充图层...
Adobe Photoshop 文件(H)...
Maxon Cinema 4D 文件(C)...

图2-50

04 为该调整图层添加【色调】效果，设置【着色数量】为85.0%，如图2–51所示。

效果控件 调整图层 1
01 · 调整图层 1
色调
重置
着色数量
85.0%

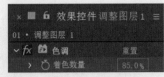

图2-51

05 将时间线拖动到第0秒，单击【位置】前面的（开启关键帧）按钮。设置【位置】为–694.0,448.0，将时间线拖动到第14帧，设置【位置】为669.0,448.0，如图2–52所示。

0:00:00:00
源名称
调整图层 1
效果
变换
重置
位置
-694.0,448.0
01.png

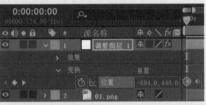

图2-52

06 最终产生了整体调色的效果，如图2–53所示。

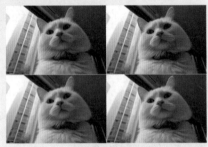

图2-53

实例029 调整图层制作卡片擦除效果

文件路径	第 2 章 \ 例 029 调整图层制作卡片擦除效果
难易指数	★★★★★
技术要点	【卡片擦除】效果

扫码深度学习

操作思路

本例新建调整图层，并为其添加

【卡片擦除】效果制作动画。

案例效果

案例效果如图2-54所示。

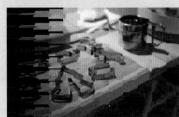

图2-54

操作步骤

01 将素材“01.jpg”导入项目窗口中，然后再将其拖动到时间线窗口中，如图2-55所示。

0:00:00:00
源名称
01.jpg

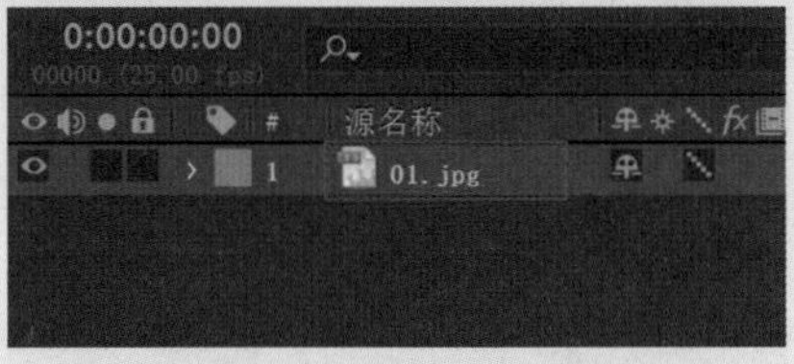

图2-55

02 此时的效果如图2-56所示。

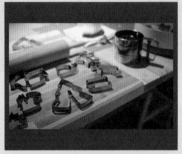

图2-56

03 在时间线窗口中选择【新建】|【调整图层】命令，如图2-57所示。

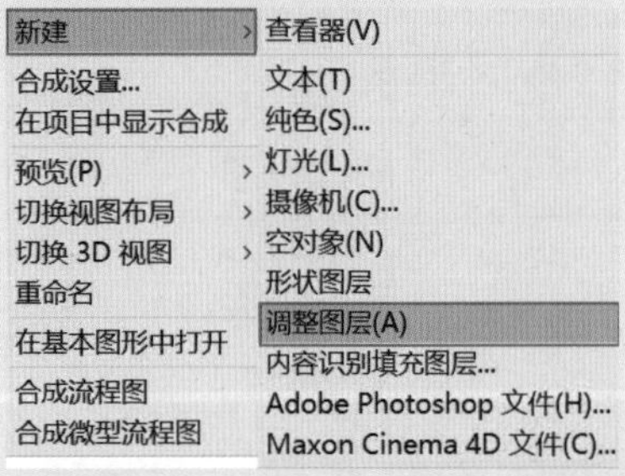

新建
合成设置...
在项目中显示合成
预览(P)
切换视图布局
切换 3D 视图
重命名
在基本图形中打开
合成流程图
合成微型流程图
查看器(V)
文本(T)
纯色(S)...
灯光(L)...
摄像机(C)...
空对象(N)
形状图层
调整图层(A)
内容识别填充图层...
Adobe Photoshop 文件(H)...
Maxon Cinema 4D 文件(C)...

图2-57

04 选择调整图层，为其添加【卡片擦除】效果，设置【卡片缩放】为1.20，【翻转轴】为【X】，【翻转方向】为【正向】，【翻转顺序】为【从左到右】，如图2-58所示。

0:00:00:00
源名称
Adjustm... 1
效果
卡片擦除
重置
卡片缩放
1.20
翻转轴
X
翻转方向
正向
翻转顺序
从左到右
01.jpg

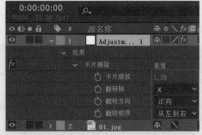

图2-58

05 此时产生了卡片擦除的画面效果，如图2-59所示。

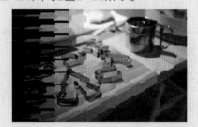

图2-59

实例030 调整图层制作模糊背景

文件路径	第2章\例030 调整图层制作模糊背景
难易指数	★★★★★
技术要点	【高斯模糊】效果

扫码深度学习

操作思路

本例新建调整图层，并添加【高斯模糊】效果，制作模糊背景。

案例效果

案例效果如图2-60所示。

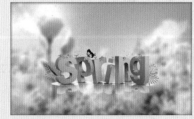

图2-60

操作步骤

01 将素材“01.png”和“02.jpg”导入时间线窗口中。设置素材“01.png”的【位置】为636.0,464.0，【缩放】为147.0,147.0%，如图2-61所示。

0:00:00:00
源名称
01.png
变换
重置
位置
636.0,464.0
缩放
147.0,147.0%
02.jpg

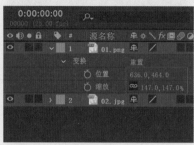

图2-61

02 此时的效果如图2-62所示。

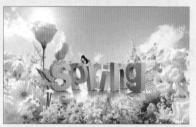

图2-62

03 在时间线窗口中选择【新建】|【调整图层】命令，如图2-63所示。

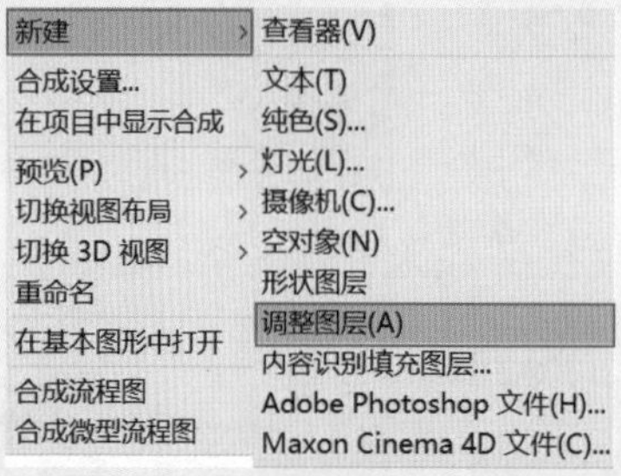

新建
合成设置...
在项目中显示合成
预览(P)
切换视图布局
切换 3D 视图
重命名
在基本图形中打开
合成流程图
合成微型流程图
查看器(V)
文本(T)
纯色(S)...
灯光(L)...
摄像机(C)...
空对象(N)
形状图层
调整图层(A)
内容识别填充图层...
Adobe Photoshop 文件(H)...
Maxon Cinema 4D 文件(C)...

图2-63

04 将【调整图层1】移动到时间线窗口的两个图层之间，如图2-64所示。

合成 1
0:00:00:00
源名称
01.png
调整图层 1
02.jpg

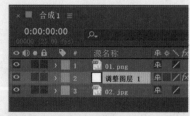

图2-64

05 为【调整图层1】添加【高斯模糊】效果，设置【模糊度】为20.0，如图2-65所示。

图2-65

06 最终效果如图2-66所示。

图2-66

实例031 灯光图层制作聚光光照

文件路径	第2章\例031 灯光图层制作聚光光照
难易指数	★★★★★
技术要点	灯光图层

扫码深度学习

操作思路

灯光图层主要用来为该图层下的三维图层起到光照效果，可以根据需要设置灯光类型。本例主要掌握新建灯光图层的方法。

案例效果

案例效果如图2-67所示。

图2-67

操作步骤

01 将素材"01.jpg"导入时间线窗口中，并单击打开【3D图层】按钮，如图2-68所示。

图2-68

02 此时的效果如图2-69所示。

图2-69

03 在时间线窗口中选择【新建】|【灯光】命令，如图2-70所示。

新建	▶	查看器(V)
合成设置...		文本(T)
在项目中显示合成		纯色(S)...
预览(P)	▶	灯光(L)...
切换视图布局	▶	摄像机(C)...
切换3D视图	▶	空对象(N)
重命名		形状图层
在基本图形中打开		调整图层(A)
合成流程图		内容识别填充图层...
合成微型流程图		Adobe Photoshop 文件(H)...
		Maxon Cinema 4D 文件(C)...

图2-70

04 设置【目标点】为673.7,538.1,183.9，设置【位置】为1200.0,224.5,-531.1，设置【灯光选项】为【聚光】，设置【强度】为150%，【颜色】为浅黄色，【锥形角度】为80.0°，【锥形羽化】为100%，【衰减】为【平滑】，【半径】为1000.0，如图2-71所示。

05 此时，该灯光的位置如图2-72所示。

06 此时，灯光效果如图2-73所示。

图2-71

图2-72

图2-73

实例032 3D图层制作镜头拉推近

文件路径	第2章\例032 3D图层制作镜头拉推近
难易指数	★★★★★
技术要点	3D图层

扫码深度学习

操作思路

本例应用【3D图层】技术，通过添加关键帧制作镜头动画。

🖱 案例效果

案例效果如图2-74所示。

图2-74

🎙 操作步骤

01 将素材"01.jpg"导入时间线窗口中，并单击打开⬛（3D图层）按钮，如图2-75所示。

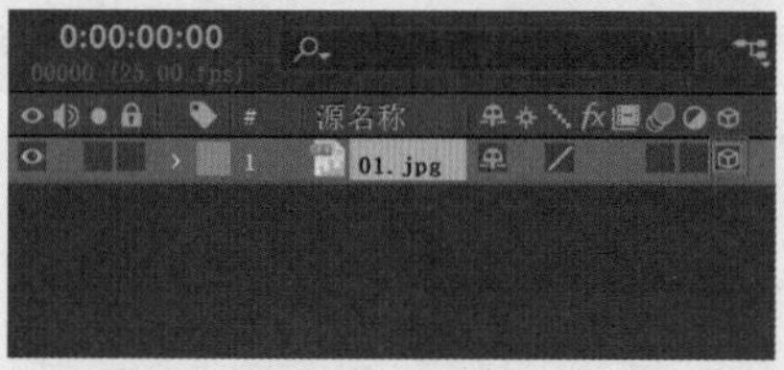

图2-75

02 画面效果如图2-76所示。

图2-76

03 单击【位置】和【方向】前面的⏱（开启关键帧）按钮，将时间线拖动到第0秒，设置【位置】为960.0,600.0,0.0，设置【方向】为0.0°,0.0°,0.0°，如图2-77所示。

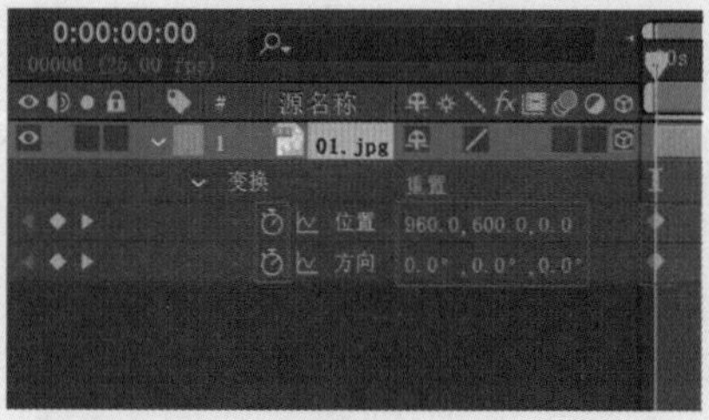

图2-77

04 将时间线拖动到第10秒，设置【位置】为1035.0,716.0,−1600.0，设置【方向】为0.0°,33.0°,0.0°，如图2-78所示。

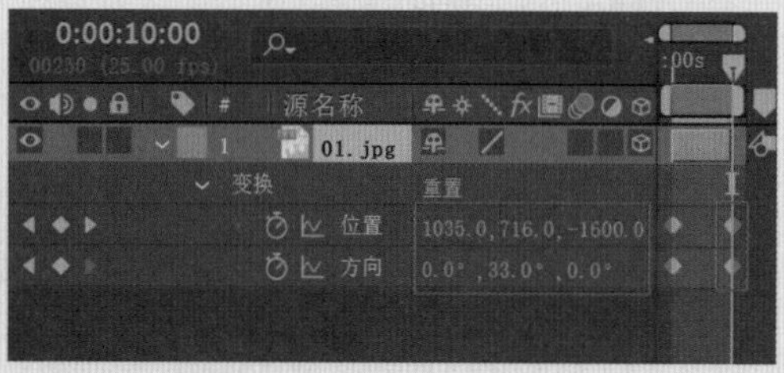

图2-78

05 最终效果如图2-79所示。

图2-79

实例033 文本图层制作风景文字

文件路径	第2章 \ 例033 文本图层制作风景文字
难易指数	⭐⭐⭐⭐⭐
技术要点	文本图层

🔍扫码深度学习

💡 操作思路

本例通过新建文本图层，创建适合的文字效果。

🖱 案例效果

案例效果如图2-80所示。

图2-80

操作步骤

01 将素材"01.jpg"导入时间线窗口中，如图2-81所示。

图2-81

02 在时间线窗口中右击鼠标，在弹出的快捷菜单中选择【新建】|【文本】命令，然后输入文字，如图2-82所示。

图2-82

03 将输入的文字全选，然后在【字符】面板中设置文字颜色、字体大小、字体类型等，如图2-83所示。

04 选择【风景】两个字，如图2-84所示。

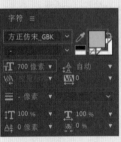

图2-83

图2-84

05 设置一个合适的字体大小，如图2-85所示。

06 最终文字效果如图2-86所示。

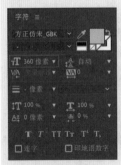

图2-85　　　　图2-86

实例034　摄影机图层制作三维空间旋转

文件路径	第 2 章 \ 例 034 摄影机图层制作三维空间旋转
难易指数	★★★★★
技术要点	摄影机图层

扫码深度学习

操作思路

摄影机图层主要对下面的三维图层起作用，可以对素材制作出镜头效果和摄影机动画等。本例主要掌握利用摄影机图层制作三维空间旋转的方法。

案例效果

案例效果如图2-87所示。

图2-87

操作步骤

01 将素材"01.jpg"导入时间线窗口中，并单击打开（3D图层）按钮，如图2-88所示。

图2-88

02 在时间线窗口中右击鼠标，在弹出的快捷菜单中选择【新建】|【文本】命令，然后输入文字，并单击打开（3D图层）按钮，设置【位置】为324.0,529.0,0.0，如图2-89所示。

图2-89

03 文字效果如图2-90所示。

图2-90

04 按快捷键Ctrl+D将刚才的文字复制一份，并设置【缩放】为100.0,−97.0,100.0%，设置【方向】为300.0°,0.0°,0.0°。最后添加【高斯模糊】效果，设置【模糊度】为30.0，如图2-91所示。

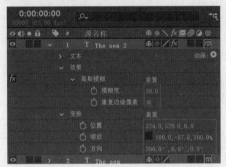

图2-91

05 更改文字颜色为土黄色，如图2-92所示。

06 文字倒影效果如图2-93所示。

图2-92　　　　　图2-93

07 在时间线窗口中右击鼠标，在弹出的快捷菜单中执行【新建】|【摄像机】命令，如图2-94所示。接着在弹出的【摄影机设置】对话框中单击【确定】按钮。

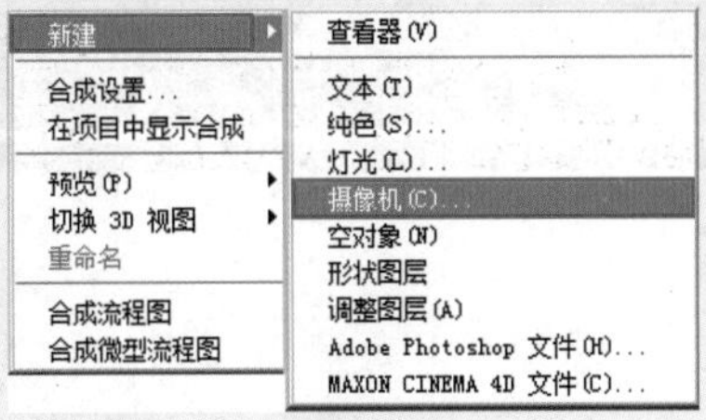

图2-94

08 设置【光圈】为25.3。将时间线拖动到第0秒，单击【位置】前面的 ◎（开启关键帧）按钮。设置【位置】为500.0,375.0,−1388.9，如图2-95所示。

图2-95

09 将时间线拖动到第10秒，设置【位置】为674.0,663.0,−694.0，如图2-96所示。

图2-96

实例035　图层Alpha轨道遮罩制作文字图案

文件路径	第2章\例035 图层Alpha轨道遮罩制作文字图案	
难易指数	★★★★★	
技术要点	● 文本 ● 轨道遮罩	扫码深度学习

💡 操作思路

在After Effects中可以通过设置图层的不同轨道蒙版得到各种蒙版遮罩效果。本例主要掌握利用ALpha轨道遮罩制作文字图案的方法。

🖱 案例效果

案例效果如图2-97所示。

图2-97

🎤 操作步骤

01 导入素材"1（7）.jpg"，设置【位置】为517.8,247.1。设置【缩放】为50.0, 50.0%。导入素材"2（15）.jpg"，

设置【缩放】为64.0,64.0%，如图2-98所示。

图2-98

02 画面效果如图2-99所示。

图2-99

03 在时间线窗口中右击鼠标，在弹出的快捷菜单中选择【新建】|【文本】命令，如图2-100所示。

04 此时输入文字，如图2-101所示。

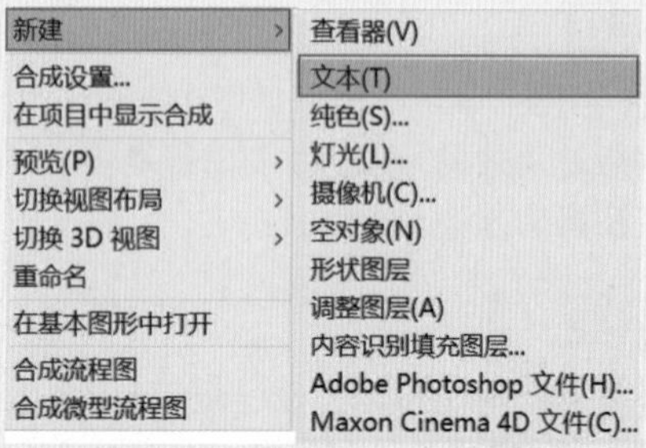

新建	▶	查看器(V)
合成设置...		文本(T)
在项目中显示合成		纯色(S)...
预览(P)	▶	灯光(L)...
切换视图布局	▶	摄像机(C)...
切换 3D 视图	▶	空对象(N)
重命名		形状图层
在基本图形中打开		调整图层(A)
合成流程图		内容识别填充图层...
合成微型流程图		Adobe Photoshop 文件(H)...
		Maxon Cinema 4D 文件(C)...

图2-100

图2-101

05 设置字符面板中的参数，如图2-102所示。

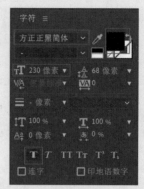

图2-102

06 设置文字的【位置】为60.1,309.4，【缩放】为100.0,100.0%，如图2-103所示。

图2-103

07 设置时间线窗口中"1（7）.jpg"图层的【轨道遮罩】为【1.GREEN】，如图2-104所示。

图2-104

08 最终效果如图2-105所示。

图2-105

艺境 中文版After Effects影视后期特效设计与制作全视频 实践228例 溢彩版

第3章

关键帧动画

本章概述

　　关键帧动画是After Effects中常用的功能，用于制作丰富的动画。通过对图层的位置、旋转、缩放等属性设置关键帧动画，从而产生属性的动画变化，而且可以对图层中的特效等参数设置关键帧动画，使其产生更丰富的变化。

本章重点

- 了解什么是关键帧
- 掌握关键帧的创建方法
- 掌握使用关键帧制作动画的方法

实例036　创建关键帧

文件路径	第3章\例036 创建关键帧
难易指数	★★★★★
技术要点	【位置】和【缩放】的关键帧动画

扫码深度学习

操作思路

　　本例通过对【位置】和【缩放】设置关键帧动画，从而达到位置和缩放的变换。

案例效果

　　案例效果如图3-1所示。

图3-1

操作步骤

01 将本书配备的"01.jpg"素材文件导入时间线窗口中，如图3-2所示。

02 此时的效果如图3-3所示。

图3-2　　　　　　　　　　　图3-3

03 将时间线拖动到第0秒，分别打开【位置】和【缩放】前面的◙按钮，设置【位置】为960.0,600.0、【缩放】为100.0,100.0%，如图3-4所示。

04 将时间线拖动到第9秒24帧，设置【位置】为500.0,950.0、【缩放】为200.0,200.0%，如图3-5所示。

图3-4　　　　　　　　　　　图3-5

05 拖动时间线，可以看到动画效果，如图3-6所示。

图3-6

提示　为图层制作动画的关键帧条件

　　为动画属性制作关键帧动画时，至少要添加两个不同参数的关键帧，使其在一定时间内产生不同的运动或变化，这个过程就是动画。

实例037　选择关键帧

文件路径	第3章\例037 选择关键帧
难易指数	★★★★★
技术要点	选择单个或多个关键帧

扫码深度学习

操作思路

　　本例讲解了选择单个或多个关键帧的方法。

案例效果

　　案例效果如图3-7所示。

图3-7

操作步骤

01 单击▶（选择工具）按钮，然后在需要选择的关键帧上单击鼠标左键，即可选择该关键帧，如图3-8所示。

图3-8

02 按住Shift键并单击，即可选择多个关键帧，如图3-9所示。

图3-9

03 拖动鼠标左键框选，可以选择多个连续的关键帧，如图3-10所示。

图3-10

实例038　复制和粘贴关键帧

文件路径	第3章\例038 复制和粘贴关键帧
难易指数	★★★★★
技术要点	复制和粘贴关键帧

扫码深度学习

操作思路

本例讲解了使用快捷键进行复制和粘贴关键帧的方法。

案例效果

案例效果如图3-11所示。

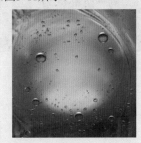

图3-11

操作步骤

01 打开本书配备的"038.aep"素材文件。单击 （选取工具）按钮，然后拖动鼠标左键框选3个关键帧，然后按快捷键Ctrl+C进行复制，如图3-12所示。

图3-12

02 将时间线滑块移动至第3秒的位置，如图3-13所示。

图3-13

03 按快捷键Ctrl+V，将刚才复制的3个关键帧粘贴出来，如图3-14所示。

图3-14

提示

应用菜单栏中的复制和粘贴命令

可以使用快捷键Ctrl+C（复制）和Ctrl+V（粘贴），也可以使用菜单栏中的【编辑】|【复制】或【粘贴】命令，如图3-15所示。

图3-15

实例039　删除关键帧

文件路径	第3章\例039 删除关键帧
难易指数	★★★★★
技术要点	删除关键帧

扫码深度学习

操作思路

本例讲解了选择关键帧并删除的方法。

案例效果

案例效果如图3-16所示。

图3-16

操作步骤

01 打开本书配备的"039.aep"素材文件,单击▶(选择工具)按钮,然后单击选择一个关键帧,如图3-17所示。

图3-17

02 在菜单栏中选择【编辑】|【清除】命令,或按Delete键,如图3-18所示。

编辑(E) 合成(C) 图层(L) 效果(T) 动画(A)	
撤消 更改值	Ctrl+Z
无法重做	Ctrl+Shift+Z
历史记录	▶
剪切(T)	Ctrl+X
复制(C)	Ctrl+C
带属性链接复制	Ctrl+Alt+C
带相对属性链接复制	
仅复制表达式	
粘贴(P)	Ctrl+V
清除(E)	Delete

图3-18

03 此时,关键帧已经被删除了,如图3-19所示。

图3-19

> **提示**
>
> **显示图层中全部关键帧的快捷键**
>
> 当制作项目的图层较为复杂、动画关键帧也较多时,分层查看会非常麻烦,所以我们可以使用快捷键快速切换出关键帧。选择需要显示关键帧的图层,然后按U键即可显示出该图层所有的关键帧,如图3-20所示。

图3-20

实例040 关键帧制作图片变浮雕效果

文件路径	第3章\例040 关键帧制作图片变浮雕效果	
难易指数	⭐⭐⭐⭐⭐	
技术要点	● 【彩色浮雕】 ● 关键帧动画	🔍扫码深度学习

操作思路

本例通过新建调整图层,并添加【彩色浮雕】效果,通过设置【不透明度】属性的关键帧动画制作图片彩色浮雕效果。

案例效果

案例效果如图3-21所示。

图3-21

操作步骤

01 将本书配备的"01.png"素材文件导入时间线窗口中,如图3-22所示。

02 此时,画面效果如图3-23所示。

03 在时间线窗口中右击鼠标,在弹出的快捷菜单中选择【新建】|【调整图层】命令,如图3-24所示。

04 接着为调整图层添加【彩色浮雕】效果,设置【起伏】为2.80,如图3-25所示。

图3-22　　　　　　　　　　　　图3-23

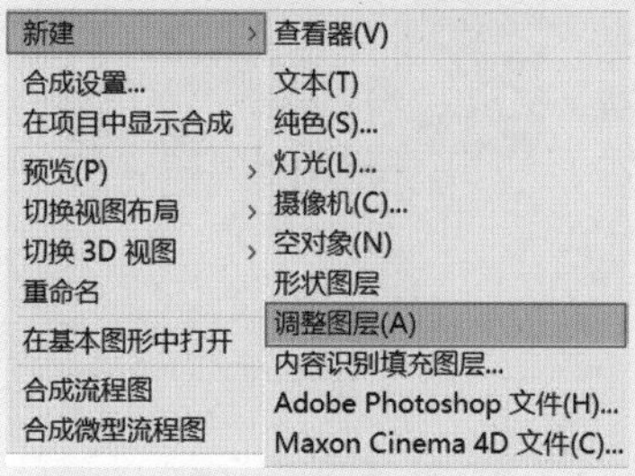

实例041　卡通动画效果

文件路径	第3章 \ 例041 卡通动画效果
难易指数	★★★★★
技术要点	关键帧动画

扫码深度学习

操作思路

　　本例通过对素材的【位置】、【缩放】、【不透明度】设置关键帧动画，制作卡通人物动画效果。

案例效果

　　案例效果如图3-29所示。

图3-29

图3-24　　　　　　　　　　图3-25

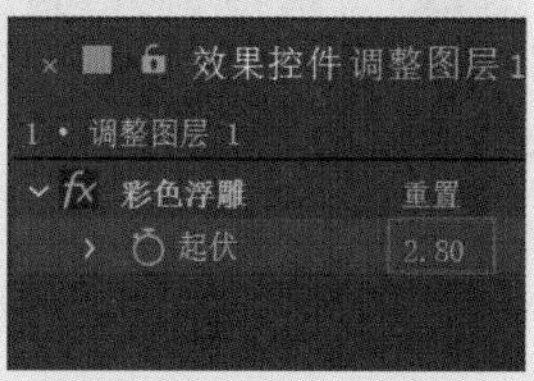

05 将时间线拖动到第0秒，打开【不透明度】前面的 ◎ 按钮，设置【不透明度】为0，如图3-26所示。

图3-26

06 将时间线拖动到第22帧，设置【不透明度】为100%，如图3-27所示。

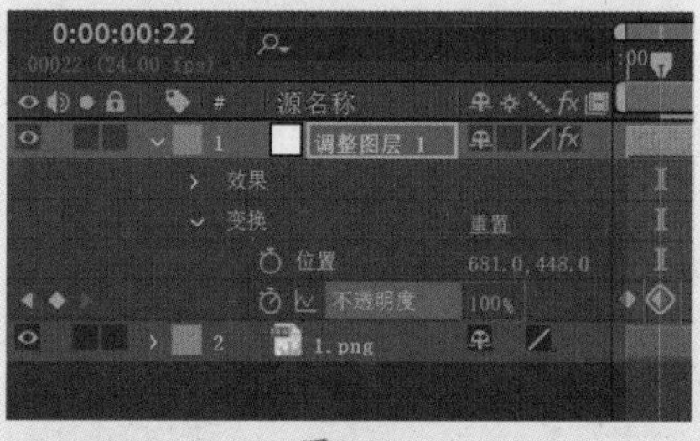

图3-27

07 最终动画效果如图3-28所示。

图3-28

操作步骤

01 在时间线窗口中导入素材"01.png""02.png""03.png"，如图3-30所示。

图3-30

02 将时间线拖动到第0秒，选择"02.png"素材文件，打开【位置】前面的 ◎ 按钮，设置【位置】为1501.4,686.8。将时间线拖动到第1秒，设置【位置】为1191.4，686.8，设置【缩放】为36.0,36.0%，如图3-31所示。

图3-31

03 将时间线拖动到第15帧，选择"03.png"素材文件，设置【位置】为534.2,701.5，打开【缩放】前面的◎按钮，设置【缩放】为33.0，33.0%。将时间线拖动到第18帧，设置【缩放】为41.0，41.0%，如图3-32所示。

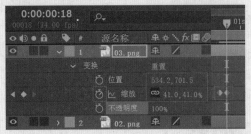

图3-32

04 将时间线拖动到第0秒，打开【不透明度】前面的◎按钮，设置【不透明度】为0。将时间线拖动到第15帧，设置【不透明度】为100%，如图3-33所示。

图3-33

05 最终动画效果如图3-34所示。

图3-34

实例042　风景滚动展示

文件路径	第3章\例042风景滚动展示
难易指数	★★★★★
技术要点	● 【高斯模糊】效果 ● 【梯度渐变】效果 ● 关键帧动画

扫码深度学习

操作思路

本例使用关键帧动画制作滚动动画，使用【高斯模糊】效果制作素材模糊变换，使用【梯度渐变】效果制作渐变背景。

案例效果

案例效果如图3-35所示。

图3-35

图3-35（续）

操作步骤

01 在时间线窗口中导入素材"1.jpg"，设置【缩放】为45.0,45.0%，如图3-36所示。

图3-36

02 此时的效果如图3-37所示。

图3-37

03 新建一个深蓝色纯色图层，然后使用【椭圆工具】绘制一个区域，如图3-38所示。

图3-38

04 设置【蒙版羽化】为40.0,40.0像素，【蒙版不透明度】为57%，如图3-39所示。

图3-39

05 在弹出的【预合成】对话框中命名为"1"，如图3-40所示。

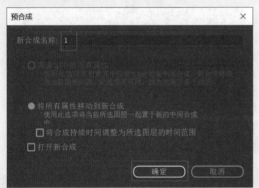

图3-40

06 将"1"图层的末尾长度拖动更改为3秒，如图3-41所示。

图3-41

07 为"1"图层添加【高斯模糊】效果。将时间线拖动到第1秒，打开【模糊度】前面的◎按钮，设置【模糊度】为25.0，打开【位置】前面的◎按钮，设置【位置】为592.0,288.0，如图3-42所示。

图3-42

08 将时间线拖动到第2秒，设置【模糊度】为0.0，设置【位置】为128.0,288.0，如图3-43所示。

图3-43

09 在时间线窗口中右击鼠标，在弹出的快捷菜单中选择【新建】|【纯色】命令，新建一个纯色图层，为其添加【梯度渐变】效果，设置【起始颜色】和【结束颜色】为浅蓝色和浅灰色，如图3-44所示。

图3-44

10 此时拖动时间线，可以看到滚动和模糊动画效果，如图3-45所示。

图3-45

11 以同样的方法继续制作出另外的图层，如图3-46所示。

图3-46

12 此时拖动时间线，可以看到滚动和模糊动画效果，如图3-47所示。

图3-47

13 继续完成其他图层的制作，如图3-48所示。

图3-48

14 此时拖动时间线滑块，最终效果如图3-49所示。

图3-49

实例043　关键帧动画制作淡入淡出

文件路径	第3章\例043 关键帧动画制作淡入淡出	
难易指数	★★★★★	
技术要点	【不透明度】的关键帧动画	扫码深度学习

操作思路

本例通过对【不透明度】属性创建关键帧动画，制作

画面淡入淡出的动画变换效果。

案例效果

案例效果如图3-50所示。

图3-50

图3-50（续）

操作步骤

01 在时间线窗口中导入素材"01.jpg""02.jpg"和"03.jpg"，并设置每个素材的长度为2秒，首尾相连，如图3-51所示。

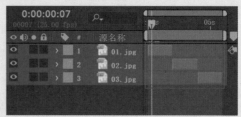

图3-51

02 此时的效果如图3-52所示。

图3-52

03 选择"01.jpg"图层，将时间线拖动到第0秒，打开【不透明度】前面的 按钮，设置【不透明度】为0，如图3-53所示。

图3-53

04 将时间线拖动到第1秒，设置【不透明度】为100%，如图3-54所示。

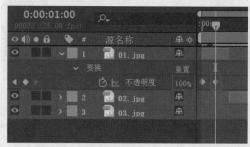

图3-54

05 选择"03.jpg"图层，将时间线拖动到第5秒，打开【不透明度】前面的█按钮，设置【不透明度】为100%，如图3-55所示。

图3-55

06 将时间线拖动到第5秒24帧，设置【不透明度】为0，如图3-56所示。

图3-56

07 最终不透明度淡入淡出效果如图3-57所示。

图3-57

实例044 关键帧制作撞击小球出现广告效果

文件路径	第3章\例044 关键帧制作撞击小球出现广告效果
难易指数	★★★★★
技术要点	【位置】、【缩放】、【不透明度】的关键帧动画

扫码深度学习

操作思路

本例主要使用椭圆工具绘制圆形，掌握【位置】、【缩放】、【不透明度】属性添加关键帧，从而制作小球撞击出现广告效果。

案例效果

案例效果如图3-58所示。

图3-58

操作步骤

01 在时间线窗口中右击鼠标，在弹出的快捷菜单中选择【新建】|【纯色】命令，新建一个淡粉色的纯色图层，如图3-59所示。

图3-59

02 在时间线窗口中导入素材"1.png"，将时间线拖动到第1秒13帧，打开【不透明度】前面的█按钮，设置【不透明度】为0，如图3-60所示。

图3-60

03 将时间线拖动到第1秒17帧，设置【不透明度】为100%，如图3-61所示。

图3-61

04 在工具栏中单击■【椭圆工具】按钮，设置【填充】为橙色，在合适的位置处绘制一个圆形，如图3-62所示。

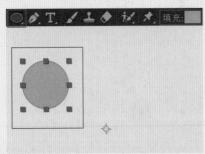

图3-62

05 接着单击空白区域，设置【填充】为青色，在合适的位置处绘制一个圆形，如图3-63所示。

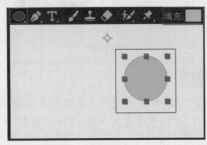

图3-63

06 分别设置绘制的圆形图层的结束时间为1秒16帧，接着将时间线拖动到起始时间位置处，分别打开【位置】前面的◎按钮，设置"形状图层2"的【位置】为512.0，512.0，设置"形状图层1"的【位置】为512.0，512.0。将时间线拖动到第10帧，设置"形状图层2"的【位置】为350.0,356.0，设置"形状图层1"的【位置】为692.0,677.0。将时间线拖动到第18帧，设置"形状图层2"的【位置】为784.0,4.0，设置"形状图层1"的【位置】为390.0,1161.0。将时间线拖动到第23帧，设置"形状图层2"的【位置】329.0,306.0，设置"形状图层1"的【位置】为772.0,795.0。将时间线拖动到第1秒03帧，设置"形状图层2"的【位置】为432.0,754.0，设置"形状图层1"的【位置】为600.0,515.0，将时间线拖动到第1秒09帧，设置"形状图层2"的【位置】为314.0,470.0，设置"形状图层1"的【位置】为822.0,891.0，如图3-64所示。

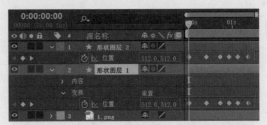

图3-64

07 将时间线拖动到第1秒09帧，分别打开【缩放】前面的◎按钮，设置"形状图层1"的【缩放】为100.0，100.0%，设置"形状图层2"的【缩放】为100.0,100.0%。将时间线拖动到第1秒12帧，设置"形状图层1"的【缩放】为200.0，200.0%，设置"形状图层2"的【缩放】为200.0，200.0%，如图3-65所示。

图3-65

08 将时间线拖动到第18帧，分别打开【不透明度】前面的◎按钮，设置"形状图层1"的【不透明度】为100%，设置"形状图层2"的【不透明度】为100%。将时间线拖动到第23帧，设置"形状图层1"的【不透明度】为60%，设置"形状图层2"的【不透明度】为60%，如图3-66所示。

图3-66

09 最终的动画效果如图3-67所示。

图3-67

实例045　红包动画

文件路径	第3章\例045 红包动画
难易指数	★★★★★
技术要点	【旋转】的关键帧动画

扫码深度学习

操作思路

本例通过对【旋转】属性添加关键帧，制作红包晃动的动画效果。

案例效果

案例效果如图3-68所示。

图3-68

操作步骤

01 在时间线窗口中右击鼠标，在弹出的快捷菜单中选择【新建】|【纯色】命令，新建一个白色的纯色图层，如图3-69所示。

图3-69

02 在时间线窗口中导入素材"02.png""03.png"和"04.png"，设置素材"04.png"的起点位置为3秒。设置素材"02.png"的【位置】为916.2,978.1。设置素材"03.png"的【位置】为898.4,764.7，【缩放】为66.0,66.0%。设置素材"04.png"的【位置】为1230.0,574.0，如图3-70所示。

图3-70

03 此时的效果如图3-71所示。

图3-71

04 将时间线拖动到第1秒，打开素材"03.png"中的【旋转】前面的■按钮，设置【旋转】为0×+0.0°，如图3-72所示。

图3-72

05 将时间线拖动到第2秒，设置素材"03.png"的【旋转】为0×+45.0°，如图3-73所示。

图3-73

06 将时间线拖动到第3秒，设置素材"03.png"的【旋转】为0×−45.0°，如图3-74所示。

图3-74

07 将时间线拖动到第4秒，设置素材"03.png"的【旋转】为0×+0.0°，如图3-75所示。

图3-75

08 最终的动画效果如图3-76所示。

图3-76

实例046　晃动的油画

文件路径	第3章 \ 例046 晃动的油画
难易指数	★★★★★
技术要点	● 【旋转】的关键帧动画 ● 【投影】效果

🔍扫码深度学习

操作思路

本例通过对素材添加【投影】效果制作阴影，对素材的【旋转】属性添加关键帧动画制作晃动动画效果。

案例效果

案例效果如图3-77所示。

图3-77

操作步骤

01 在时间线窗口中导入素材"01.jpg"，设置【锚点】为613.5,35.5，【位置】为726.7,83.6，【缩放】为70.0,70.0%，如图3-78所示。

图3-78

02 此时的效果如图3-79所示。

图3-79

03 为素材"01.jpg"添加【投影】效果，设置【不透明度】为80%，【距离】为15.0，【柔和度】为50.0，如图3-80所示。

图3-80

04 此时产生了阴影效果，如图3-81所示。

图3-81

05 将时间线拖动到第0秒，打开素材"01.jpg"中的【旋转】前面的◎按钮，设置【旋转】为0×+45.0°，如图3-82所示。

图3-82

06 将时间线拖动到第2秒，设置素材"01.jpg"的【旋转】为0×-40.0°，如图3-83所示。

图3-83

07 将时间线拖动到第4秒，设置素材"01.jpg"的【旋转】为0×+30.0°，如图3-84所示。

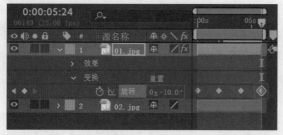

图3-84

08 将时间线拖动到第6秒，设置素材"01.jpg"的【旋转】为0×-10.0°，如图3-85所示。

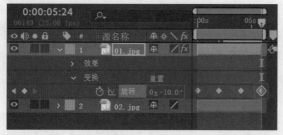

图3-85

09 最终的动画效果如图3-86所示。

图3-86

实例047　新年快乐动画

文件路径	第3章\例047 新年快乐动画
难易指数	★★★★★
技术要点	● 【旋转】的关键帧动画 ● 横排文字工具 ● 【动画预设】

扫码深度学习

操作思路

本例通过对素材创建关键帧动画制作旋转动画，使用横排文字工具创建画面文字，最后对文字添加【动画预设】制作文字动画。

案例效果

案例效果如图3-87所示。

图3-87

操作步骤

01 在时间线窗口中右击鼠标，在弹出的快捷菜单中选择【新建】|【纯色】命令，新建一个洋红色的纯色图层，如图3-88所示。

图3-88

02 将素材"01.png"导入时间线窗口中，设置【锚点】为3.0,3.0，【位置】为72.0,0.0，【缩放】为50.0,50.0%，如图3-89所示。

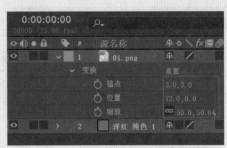

图3-89

03 此时的效果如图3-90所示。

图3-90

04 将时间线拖动到第0秒，打开素材"01.png"中的【旋转】前面的◎按钮，设置【旋转】为0×+45.0°。将时间线拖动到第3秒，设置素材"01.png"的【旋转】为0×-20.0°。将时间线拖动到第5秒，设置素材"01.png"的【旋转】为0×+17.0°，如图3-91所示。

图3-91

05 单击▣（横排文字工具）按钮，并输入文字，如图3-92所示。

06 在【字符】面板中设置相应的字体类型，设置【字体大小】为86像素，字体颜色为黄色，如图3-93所示。

图3-92   图3-93

07 选择此时的文字图层，设置【位置】为365.0,340.0，如图3-94所示。

图3-94

08 进入【效果和预设】面板搜索【3D下飞和展开】效果，然后将其拖动到文字上，如图3-95所示。

图3-95

09 拖动时间线滑块，已经产生了文字动画，如图3-96所示。

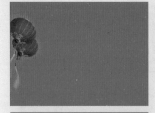

图3-96

提示

快速展开图层属性和关键帧

　　我们可以使用快捷键快速展开和隐藏图层的属性。首先选择该图层，然后执行相应的快捷键即可。快捷键对应如下。

　　快捷键A：锚点。

　　快捷键P：位置。

　　快捷键S：缩放。

　　快捷键R：旋转。

　　快捷键T：不透明度。

　　例如，先按快捷键A，再按住Shift键，再按其他快捷键可以展开多个属性。

实例048 散落的照片

文件路径	第3章\例048散落的照片
难易指数	★★★★★
技术要点	● 3D图层 ● 关键帧动画 ● 摄影机 ● 【投影】效果

🔍扫码深度学习

💡操作思路

本例通过使用3D图层和摄影机制作三维空间动画变换，使用【投影】效果制作阴影。

🖱案例效果

案例效果如图3-97所示。

图3-97

🎙操作步骤

01 在项目窗口中右击鼠标，然后在弹出的快捷菜单中选择【新建合成】命令，如图3-98所示。

图3-98

02 在弹出的【合成设置】对话框中设置【合成名称】为"Comp1"，【宽度】为2400px，【高度】为1800px，【帧速率】为29.97帧/秒，【持续时间】为12秒，如图3-99所示。

图3-99

03 在项目窗口空白处双击鼠标左键，然后在弹出的【导入文件】对话框中选择所需的素材文件，并单击【导入】按钮，如图3-100所示。

图3-100

04 将项目窗口中的"背景.jpg"素材文件拖动到时间线窗口中，然后单击◆（3D图层）按钮。接着将时间线拖动到起始帧位置处，开启【缩放】的关键帧，并设置【缩放】为280.0,280.0,280.0%。最后将时间线拖动到第10秒，设置【缩放】为200。如图3-101所示。

图3-101

05 将项目窗口中的"01.jpg"素材文件拖动到时间线窗口中，然后单击◆（3D图层）按钮。接着将时间线拖动到起始帧位置处，开启【位置】、【X轴旋转】和【Y轴旋转】的自动关键帧，并设置【位置】为1200.0,1003.0.0,－3526.0，【X轴旋转】为0×+90.8°，【Y轴旋转】为0×+35.0°，如图3-102所示。

图3-102

图3-106

06 将时间线拖动到第28帧，设置【X轴旋转】为0×+77.0°。接着将时间线拖动到第1秒27帧，设置【位置】为1116.0,851.0,−1641.0，【X轴旋转】为0×+84.0°，【Y轴旋转】为0×+15.8°，如图3-103所示。

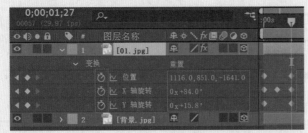

图3-103

07 将时间线拖动到第3秒12帧，设置【位置】为1063.0,608.0,−513.0，【X轴旋转】为0×+72.0°，【Y轴旋转】为0×+4.0°。接着将时间线拖动到第4秒，设置【位置】为1044.0,608.0,0.0，【X轴旋转】为0×+0.0°，【Y轴旋转】为0×+0.0°，如图3-104所示。

图3-104

08 为素材"01.jpg"添加【投影】效果，并设置【不透明度】为80%，【柔和度】为60.0，如图3-105所示。

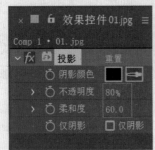

图3-105

09 拖动时间线滑块查看效果，如图3-106所示。

10 将项目窗口中的"02.jpg"素材文件拖动到时间线窗口中，并设置起始时间为第4秒，然后开启（3D图层）。接着开启【位置】、【Z轴旋转】和【不透明度】的自动关键帧，并设置【位置】为1386.0,1693.0,−642.0，【Z轴旋转】为0×−64.0°，【不透明度】为0，如图3-107所示。

图3-107

11 将时间线拖动到第4秒04帧，设置【不透明度】为100%。接着将时间线拖动到第4秒22帧，开启【X轴旋转】和【Y轴旋转】的自动关键帧，并设置【位置】为1604.0,1253.0,−316.0，【X轴旋转】为0×−27.0°，【Y轴旋转】为0×−25.0°，【Z轴旋转】为0×+14.0°，如图3-108所示。

图3-108

12 将时间线拖动到第5秒，设置【位置】为1810.0,853.0,0.0，【X轴旋转】为0×+0.0°，【Y轴旋转】为0×+0.0°，如图3-109所示。

图3-109

13 按照设置素材"02.jpg"的方法，为"03.jpg""04.jpg"和"05.jpg"添加关键帧，并设置每个图层相隔1秒的距离。最后将"01.jpg"图层的【投影】效果分别复制到每个图片的图层上，如图3-110所示。

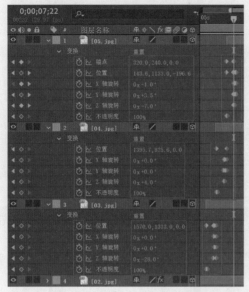

图3-110

14 在时间线窗口中右击鼠标，然后在弹出的快捷菜单中选择【新建】|【摄像机】命令，如图3-111所示。

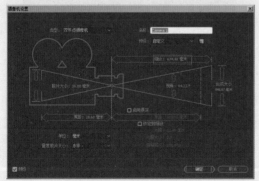

图3-111

15 在弹出的【摄像机设置】对话框中设置【缩放】为674.48，如图3-112所示。

图3-112

16 将时间线拖动到起始帧位置处，然后开启"Camera 1"图层的【位置】和【方向】的自动关键帧，并设置【位置】为1200.0,900.0,-2400.0，【方向】为0.0°,0.0°,340.0°。接着，将时间线拖动到第2秒，

设置【位置】为1200.0,900.0,-2300.0，【方向】为0.0°,0.0°,0.0°，如图3-113所示。

图3-113

17 将时间线拖动到第6秒，设置【位置】为1200.0,900.0,-2100.0，【方向】为0.0°,0.0°,12.0°。接着将时间线拖动到第10秒，设置【位置】为1200.0,900.0,-2534.0，【方向】为0.0°,0.0°,0.0°，如图3-114所示。

图3-114

18 拖动时间线滑块，查看最终关键帧制作照片散落的动画效果，如图3-115所示。

图3-115

实例049　汽车栏目动画

文件路径	第3章\例049 汽车栏目动画
难易指数	★★★★★
技术要点	● 【梯度渐变】效果 ● 【镜头光晕】效果 ● 【斜面 Alpha】效果 ● 【投影】效果 ● 关键帧动画 ● 圆角矩形工具 ● 横排文字工具

Q扫码深度学习

操作思路

本例综合应用【梯度渐变】效果、【镜头光晕】效果、【斜面Alpha】效果、【投影】效果，并使用关键帧动画制作动画，使用圆角矩形工具制作蒙版，使用横排文字工具创建文字。

案例效果

案例效果如图3-116所示。

图3-116

操作步骤

01 在时间线窗口中右击鼠标，在弹出的快捷菜单中选择【新建】|【纯色】命令，新建一个黑色的纯色图层，如图3-117所示。

图3-117

02 为纯色图层添加【梯度渐变】效果，设置【起始颜色】为浅灰色，【渐变终点】为360.0,1304.0，【结束颜色】为灰色，【渐变形状】为【径向渐变】，如图3-118所示。

图3-118

03 此时的效果如图3-119所示。

图3-119

04 继续为纯色图层添加【镜头光晕】效果，设置【光晕中心】为360.0,0.0，【光晕亮度】为160%，【镜头类型】为【35毫米定焦】，如图3-120所示。

图3-120

05 此时已经产生了光晕效果，如图3-121所示。

图3-121

06 在时间线窗口中导入素材"01.jpg"，将时间线拖动到第0秒，打开素材"01.jpg"中的【位置】前面的 按钮，设置【位置】为366.0，-424.0。将时间线拖动到第2秒，设置【位置】为366.0,329.0，【缩放】为50.0,50.0%，如图3-122所示。

图3-122

07 选择"01.jpg"图层，单击 （圆角矩形）按钮，并拖动产生一个遮罩，如图3-123所示。

图3-123

08 为"01.jpg"图层添加【斜面Alpha】效果，设置【边缘厚度】为5.00，【灯光角度】为0×+50.0°，【灯光强度】为0.60，如图3-124所示。

图3-124

09 此时，产生了厚度效果，如图3-125所示。

图3-125

10 在不选择任何图层的情况下，单击 🖋（钢笔工具）按钮，绘制出一个闭合图形，如图3-126所示。

图3-126

11 为新绘制出的图形添加【梯度渐变】效果，设置【渐变起点】为-42.0,396.0，【起始颜色】为青色，【渐变终点】为629.0,382.0，【结束颜色】为深蓝色，如图3-127所示。

图3-127

12 为新绘制出的图形添加【投影】效果，设置【柔和度】为50.0，如图3-128所示。

图3-128

13 单击 T（横排文字工具）按钮，并输入白色文字，如图3-129所示。

图3-129

14 选择文字和图形两个图层，如图3-130所示。

图3-130

15 按快捷键Ctrl+Shift+C进行预合成，命名为"文字合成"，如图3-131所示。

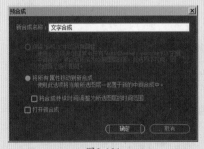

图3-131

16 将时间线拖动到第2秒，打开"文字合成"图层中的【位置】前面的 ⏱ 按钮，设置【位置】为-494.0,288.0。将时间线拖动到第3秒，设置【位置】为429.0,288.0，如图3-132所示。

图3-132

17 最终的动画效果如图3-133所示。

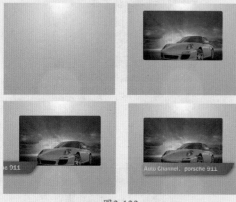

图3-133

实例050 清新文字动画效果

文件路径	第3章\例050 清新文字动画效果
难易指数	★★★★★
技术要点	【位置】、【不透明度】、【方向】属性的关键帧动画

Q 扫码深度学习

操作思路

本例通过对【位置】、【不透明度】、【方向】属性创建关键帧，制作清新文字动画效果。

案例效果

案例效果如图3-134所示。

图3-134

操作步骤

01 将素材"背景.png"导入时间线窗口中，如图3-135所示。

图3-135

02 背景效果如图3-136所示。

图3-136

03 将素材"01.png～06.png"导入时间线窗口中，如图3-137所示。

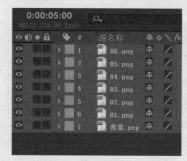

图3-137

04 合成效果如图3-138所示。

图3-138

05 将时间线拖动到第0秒，分别打开素材"06.png""05.png"和"03.png"中的【位置】前面的按钮，分别设置这3组参数为-100.0,270.0，815.0,270.0，909.0,270.0，如图3-139所示。

图3-139

06 将时间线拖动到第4秒，设置素材"06.png""05.png"和"03.png"的【位置】分别为399.0,270.0，399.0,270.0，399.0,270.0，如图3-140所示。

图3-140

07 拖动时间线滑块，查看此时的动画效果，如图3-141所示。

图3-141

08 将时间线拖动到第0秒，打开素材"01.png"中的【不透明度】前面的⏱️按钮，设置为0，将时间线拖动到第4秒，设置素材"01.png"的【不透明度】为100%，如图3-142所示。

图3-142

09 将时间线拖动到第0秒，打开素材"02.png"中的【缩放】前面的⏱️按钮，设置数值为0.0,0.0%。将时间线拖动到第4秒，设置素材"02.png"的【缩放】为100.0,100.0%，如图3-143所示。

图3-143

10 激活素材"04.png"的（3D图层）按钮。将时间线拖动到第0秒，打开素材"04.png"中的【方向】

前面的⏱️按钮，设置数值为0.0°,90.0°,0.0°。将时间线拖动到第4秒，设置素材"04.png"的【方向】为0.0°,0.0°,0.0°。如图3-144所示。

图3-144

11 拖动时间线滑块，查看最终动画效果如图3-145所示。

图3-145

实例051　梦幻动画效果

文件路径	第3章\例051 梦幻动画效果
难易指数	⭐⭐⭐⭐⭐
技术要点	● 关键帧动画 ● 矩形工具

扫码深度学习

💡**操作思路**

　　本例通过对素材的【缩放】和【位置】属性设置关键帧动画制作基本动画。应用矩形工具制作蒙版，并设置【蒙版路径】的动画，从而制作梦幻动画效果。

🖱️**案例效果**

　　案例效果如图3-146所示。

图3-146

图3-146（续）

🎙操作步骤

01 将素材"背景.jpg"导入时间线窗口中,如图3-147所示。

图3-147

02 背景效果如图3-148所示。

图3-148

03 将素材"01.png"导入时间线窗口中。将时间线拖动到第0秒,打开素材"01.png"中的【缩放】前面的◎按钮,设置数值为0.0,0.0%。将时间线拖动到第4秒,设置素材"01.png"中的【缩放】为100.0,100.0%,如图3-149所示。

图3-149

04 将素材"02.png"导入时间线窗口中。将时间线拖动到第0秒,打开素材"02.png"中的【位置】前面的◎按钮,设置数值为512.0,-257.0。将时间线拖动到第4秒,设置素材"02.png"的【位置】为512.0,363.0,如图3-150所示。

05 拖动时间线滑块,查看此时动画效果如图3-151所示。

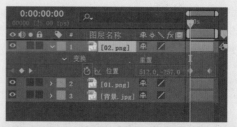

图3-150

图3-151

06 将素材"03.png"导入时间线窗口中。单击■(矩形工具)按钮,绘制一个矩形区域,如图3-152所示。

图3-152

07 设置素材"03.png"的【蒙版羽化】为50.0,50.0。将时间线拖动到第0秒,打开素材"03.png"中的【蒙版路径】前面的◎按钮,如图3-153所示。

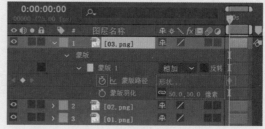

图3-153

08 将时间线拖动到第2秒,如图3-154所示。

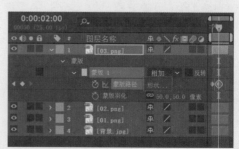

图3-154

09 改变矩形的区域大小,如图3-155所示。

10 将素材"04.png"导入时间线窗口中。单击■（矩形工具）按钮，绘制一个矩形区域，如图3-156所示。

图3-155　　　　　　　图3-156

11 设置素材"04.png"的【蒙版羽化】为50.0,50.0。将时间线拖动到第2秒，打开素材"04.png"中的【蒙版路径】前面的■按钮，如图3-157所示。

图3-157

12 将时间线拖动到第4秒，如图3-158所示。

图3-158

13 改变矩形的区域大小，如图3-159所示。

图3-159

14 拖动时间线滑块，查看此时的动画效果，如图3-160所示。

图3-160

15 将素材"05.png"导入时间线窗口中，并设置素材的起始时间为2秒，将时间线拖动到第2秒，打开素材"05.png"中的【位置】前面的■按钮，设置【位置】为1248.0,363.0，如图3-161所示。

图3-161

16 将时间线拖动到第4秒，设置素材"05.png"的【位置】为512.0,363.0，如图3-162所示。

图3-162

17 拖动时间线滑块，查看最终动画效果，如图3-163所示。

图3-163

实例052　卡通合成动画效果

文件路径	第3章\例052卡通合成动画效果	
难易指数	★★★★★	
技术要点	【位置】、【不透明度】属性的关键帧动画	扫码深度学习

💡操作思路

　　本例通过对【位置】、【不透明度】属性创建关键帧，从而制作卡通合成动画效果。

案例效果

案例效果如图3-164所示。

图3-164

操作步骤

01 将素材"背景.jpg"导入时间线窗口中，如图3-165所示。

02 背景效果如图3-166所示。

图3-165　　　　　　图3-166

03 将素材"01.png""02.png""03.png""04.png""07.png""05.png""06.png"和"08.png"导入时间线窗口中，并设置素材"07.png"的起始时间为1秒，如图3-167所示。

图3-167

04 合成效果如图3-168所示。

图3-168

05 将时间线拖动到第0秒，打开素材"01.png""02.png""03.png""04.png""07.png""05.png"和"06.png"中的【位置】前面的◎按钮，依次设置数值为544.0,300.0；608.0,−294.0；482.0,300.0；608.0,300.0；608.0,300.0；925.0,300.0；387.0,354.0，如图3-169所示。

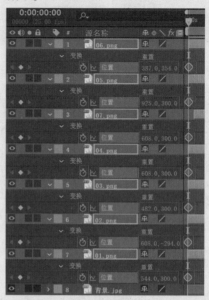

图3-169

06 将时间线拖动到第1秒，设置素材"04.png"的【位置】为608.0,280.8，设置素材"07.png"的【位置】为619.5,300.0，如图3-170所示。

图3-170

07 将时间线拖动到第2秒，设置素材"04.png"的【位置】为608.0,300.0，设置素材"07.png"的【位置】为608.0,300.0，设置素材"06.png"的【位置】为497.5,284.0，如图3-171所示。

图3-171

08 将时间线拖动到第3秒,设置素材"02.png"的【位置】为608.0,300.0,设置素材"04.png"的【位置】为608.0,280.0,设置素材"07.png"的【位置】为620.0,300.0,如图3-172所示。

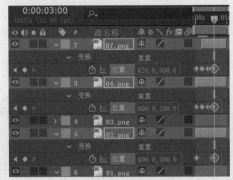

图3-172

09 将时间线拖动到第4秒,设置素材"01.png"的【位置】为673.0,300.0,设置【缩放】为110.0,100.0。设置素材"03.png"的【位置】为731.0,300.0,设置【缩放】为120.0,100.0。设置素材"04.png"的【位置】为608.0,300.0,设置素材"07.png"的【位置】为608.0,300.0,设置素材"05.png"的【位置】为608.0,300.0,设置素材"06.png"的【位置】为608.0,300.0,如图3-173所示。

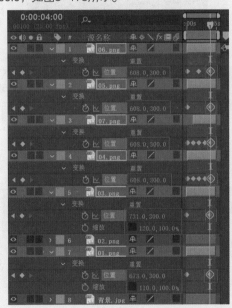

图3-173

10 拖动时间线滑块,查看此时的动画效果,如图3-174所示。

图3-174

11 将素材"08.png"导入时间线窗口中。将时间线拖动到第0秒,打开【不透明度】前面的按钮,设置素材"08.png"的【不透明度】为0,如图3-175所示。

图3-175

12 将时间线拖动到第4秒,设置素材"08.png"的【不透明度】为100%,如图3-176所示。

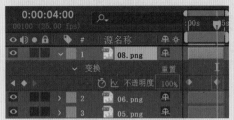

图3-176

13 拖动时间线滑块,查看最终的动画效果,如图3-177所示。

图3-177

实例053 关键帧制作荧幕显现效果

文件路径	第3章\例053 关键帧制作荧幕显现效果
难易指数	⭐⭐⭐⭐⭐
技术要点	● 【蒙版】效果 ● 关键帧动画

🔍扫码深度学习

操作思路

本例通过为素材添加【蒙版】效果制作荧幕显现效果,为属性添加关键帧动画制作蒙版位置、羽化的动画变化。

案例效果

案例效果如图3-178所示。

图3-178

🎙️ 操作步骤

01 将素材"1.png"导入时间线窗口中，如图3-179所示。

图3-179

02 背景效果如图3-180所示。

图3-180

03 选择"1.png"素材文件，在工具栏中单击 ◯（椭圆工具）按钮，在合适的位置处绘制一个圆形，制作一个圆形蒙版，如图3-181所示。

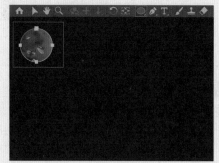

图3-181

04 展开【蒙版1】，将时间线拖动到第0秒，开启【蒙版路径】前面的 ◯ 按钮，如图3-182所示。

图3-182

05 将时间线拖动到第10帧，将蒙版移动至合适的位置处，如图3-183所示。

图3-183

06 将时间线拖动到第21帧，将蒙版移动至合适的位置处，如图3-184所示。

图3-184

07 将时间线拖动到第1秒08帧，将蒙版移动至合适的位置处，如图3-185所示。

图3-185

08 将时间线拖动到第1秒17帧，将蒙版移动至合适的位置，如图3-186所示。

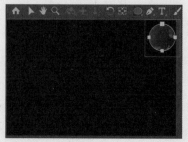

图3-186

艺境
中文版After Effects影视后期特效设计与制作全视频
实践228例
溢彩版

09 将时间线拖动到第1秒23帧，将蒙版移动至合适的位置，如图3-187所示。

图3-187

10 将时间线拖动到第1秒17帧，打开素材"1.png"中的【蒙版羽化】和【蒙版扩展】前面的◎按钮，设置【蒙版羽化】为0.0,0.0，设置【蒙版扩展】为0.0。将时间线拖动到第1秒23帧，设置【蒙版羽化】为90.0,90.0，设置【蒙版扩展】为1466.0，如图3-188所示。

图3-188

11 拖动时间线滑块，查看最终的动画效果，如图3-189所示。

图3-189

实例054	花店宣传海报	
文件路径	第3章\例054花店宣传海报	
难易指数	★★★★★	
技术要点	•【高斯模糊】效果 •关键帧动画 •混合模式	◉扫码深度学习

💡 操作思路

本例对素材的【旋转】、【不透明度】、【缩放】、【位置】属性设置关键帧动画，并应用【高斯模糊】效果制作花店宣传海报。

🖱 案例效果

案例效果如图3-190所示。

图3-190

🎤 操作步骤

01 将素材"背景.png"和"01.png"导入时间线窗口中，如图3-191所示。

图3-191

02 此时的背景效果如图3-192所示。

图3-192

03 将时间线拖动到第0秒，打开素材"01.png"中的【旋转】和【不透明度】前面的◎按钮，设置【旋转】为−1x+0.0°、【不透明度】为0，如图3-193所示。

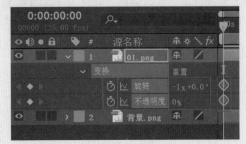

图3-193

04 将时间线拖动到第3秒，设置【不透明度】为100%，如图3-194所示。

图3-194

05 将时间线拖动到第4秒，设置【旋转】为0×+0.0°，如图3-195所示。

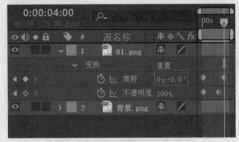

图3-195

06 拖动时间线滑块，查看此时动画效果，如图3-196所示。

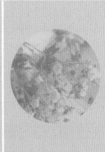

图3-196

07 将素材"02.png"导入时间线窗口中，并为其添加【高斯模糊】效果。将时间线拖动到第0秒，打开【模糊度】前面的◎按钮，设置数值为100.0。将时间线拖动到第3秒，设置【模糊度】为0.0，如图3-197所示。

图3-197

08 拖动时间线滑块，查看此时的动画效果，如图3-198所示。

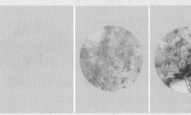

图3-198

09 将素材"03.png～06.png"导入时间线窗口中。将时间线拖动到第0秒，打开素材"03.png"中的【缩放】前面的◎按钮，设置数值为0.0,0。打开素材"04.png"中的【缩放】前面的◎按钮，设置数值为0.0,0。打开素材"05.png"中的【位置】前面的◎按钮，设置数值为328.5,651.5。打开素材"06.png"中的【不透明度】前面的◎按钮，设置数值为0.0,0，如图3-199所示。

图3-199

10 将时间线拖动到第1秒，设置素材"05.png"的【位置】为328.5,465.5，如图3-200所示。

图3-200

11 将时间线拖动到第3秒，设置素材"03.png"的【缩放】为100.0,100.0%，设置素材"04.png"的【缩放】为100.0,100.0%，如图3-201所示。

图3-201

12 将时间线拖动到第5秒,设置素材"06.png"的【不透明度】为100%,如图3-202所示。

图3-202

13 设置素材"04.png"的【模式】为【差值】,如图3-203所示。

图3-203

14 拖动时间线滑块,查看最终的动画效果,如图3-204所示。

图3-204

实例055　冬季恋歌

文件路径	第3章\例055 冬季恋歌
难易指数	★★★★★
技术要点	关键帧动画

🔍扫码深度学习

💡 操作思路

　　本例通过对素材的【不透明度】、【位置】、【旋转】属性设置关键帧,从而制作冬季恋歌动画效果。

🖱 案例效果

　　案例效果如图3-205所示。

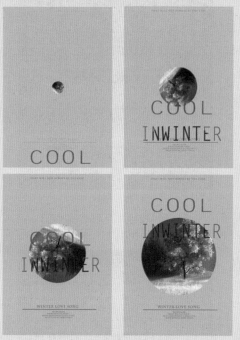

图3-205

🎤 操作步骤

01 将素材"背景.jpg"导入时间线窗口中,设置【缩放】为127.7,127.7%,如图3-206所示。

图3-206

02 背景效果如图3-207所示。

03 将素材"03.png~06.png"导入时间线窗口中。将时间线拖动到第0秒,打开素材"03.png~06.png"中的【不透明度】前面的▣按钮,设置数值为0,如

图3-208所示。

图3-207

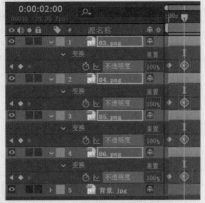

图3-208

04 将时间线拖动到第2秒,设置素材"03.png~06.png"的【不透明度】为100%,如图3-209所示。

图3-209

05 拖动时间线滑块,查看此时动画效果,如图3-210所示。

06 将素材"02.png"和"01.png"导入时间线窗口中。将时间线拖动到第0秒,打开素材"02.png"中的【位置】前面的⊙按钮,设置数值为328.5,1289.5,打开素材"01.png"中的【缩放】和【旋转】前面的⊙按钮,设置【缩放】为0.0,0,设置【旋转】为−1x+0.0°。将时间线拖动到第3秒,设置素材"02.png"的【位置】为328.5,465.5,设置素材"01.png"的【缩放】为100.0,100.0%。将时间线拖动到第4秒,设置素材"01.png"的【旋转】为0×+0.0°,如图3-211所示。

图3-210

图3-211

07 拖动时间线滑块,查看此时的动画效果,如图3-212所示。

图3-212

第4章

文字效果

本章概述

　　After Effects中的文字工具非常强大，操作方便快捷，因此可以高效地创建出很多文字效果。文字是静态作品和动态作品中必不可少的元素，好的文字设计可以表达作品的情感。文字本身的变化及文字的编排、组合对版面来说极为重要。文字不仅传递信息，而且是视觉传达最直接的方式。

本章重点

- 掌握文本工具的使用方法
- 掌握文本属性制作动画

艺境

中文版After Effects影视后期特效设计与制作全视频

实践228例 溢彩版

实例056　文字组合

文件路径	第4章 \ 例056 文字组合
难易指数	★★★★★
技术要点	多种创建文字的方法

扫码深度学习

💡 操作思路

　　在使用After Effects时，需要添加文字来加以点缀或说明等，这时就需要创建文字效果。本例主要掌握多种创建文字的方法。

🖱 案例效果

　　案例效果如图4-1所示。

图4-1

🎤 操作步骤

01 在时间线窗口中选择【新建】|【纯色】命令，如图4-2所示。

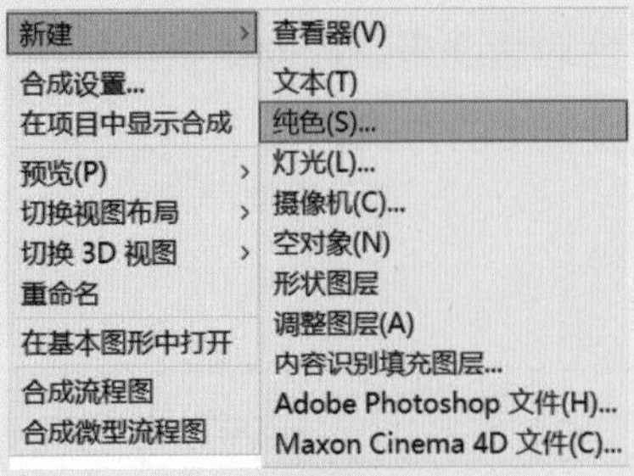

图4-2

02 设置【颜色】为黄色，如图4-3所示。

03 此时的效果如图4-4所示。

图4-3

图4-4

04 在时间线窗口中选择【新建】|【文本】命令，如图4-5所示。

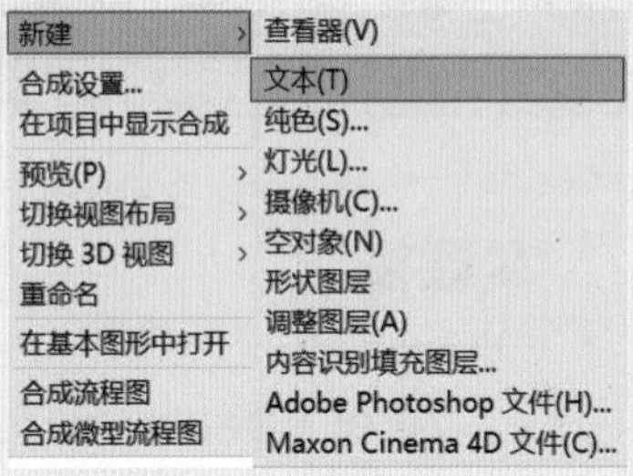

图4-5

05 输入文字，并摆放好位置，如图4-6所示。

图4-6

06 在【字符】面板设置相应的参数，注意文字的首字母的字号要大一些，如图4-7所示。

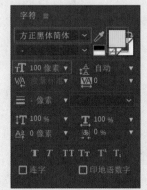

图4-7

07 继续新建文本图层，并输入文字，如图4-8所示。

图4-8

08 继续新建文本图层，并输入文字，如图4-9所示。

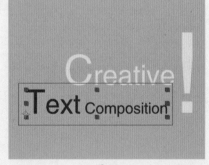

图4-9

09 最终的画面效果，如图4-10所示。

图4-10

> **提示** 在菜单栏中或使用快捷键创建文本层
>
> 可以在菜单栏中选择【图层】|【新建】|【文本】命令，或按快捷键Ctrl+Alt+Shift+T，即可创建文本图层，如图4-11所示。
>
> 图层(L) 效果(T) 动画(A) 视图(V) 窗口 帮助(H)
> 新建(N)
> 图层设置... Ctrl+Shift+Y
> 打开图层(O)
> 打开图层源(U) Alt+Numpad Enter
> 在资源管理器中显示
> 蒙版(M)
> 蒙版和形状路径
> 品质(Q)
> 开关(W)
> 文本(T) Ctrl+Alt+Shift+T
> 纯色(S)... Ctrl+Y
> 灯光(L)... Ctrl+Alt+Shift+L
> 摄像机(C)... Ctrl+Alt+Shift+C
> 空对象(N) Ctrl+Alt+Shift+Y
> 形状图层
> 调整图层(A) Ctrl+Alt+Y
> 内容识别填充图层...
> Adobe Photoshop 文件(H)...
> Maxon Cinema 4D 文件(C)...
>
> 图4-11

实例057 腐蚀文字

文件路径	第 4 章 \ 例 057 腐蚀文字	扫码深度学习
难易指数	★★★★★	
技术要点	【分形杂色】效果	

操作思路

本例主要掌握对纯色图层添加【分形杂色】效果，并使用【混合模式】使文字呈现文字腐蚀效果。

案例效果

案例效果如图4-12所示。

腐蚀文字
腐蚀文字

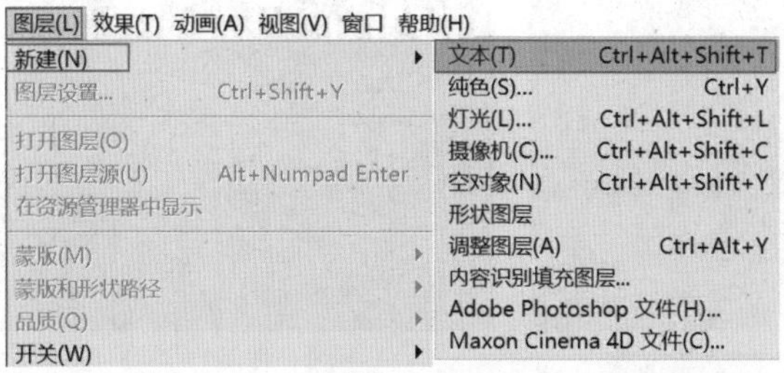

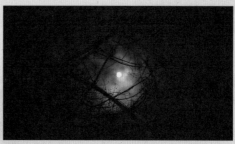

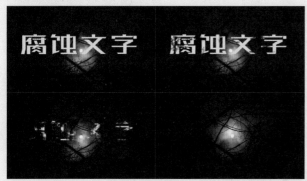

图4-12

操作步骤

01 将素材“01.mp4”导入时间线窗口中，如图4-13所示。

源名称
1
01.mp4

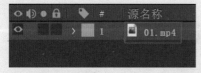

图4-13

02 背景效果如图4-14所示。

图4-14

03 单击T（横排文字工具）按钮，并输入文字，如图4-15所示。

腐蚀文字

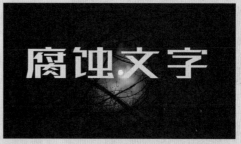

图4-15

04 在【字符】面板中设置相应的字体类型，设置【字体大小】为269像素，字体颜色为白色，设置【行距】为450像素，【字符间距】为-32，如图4-16所示。

字符
站酷高端黑
269 像素
450 像素
-32

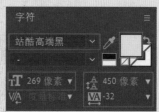

图4-16

05 创建一个白色的纯色图层，为纯色图层添加【分形杂色】效果，将时间线拖动到起始时间位置处，打开【亮度】和【演化】前面的⏱按钮，设置【亮度】为273.0【演化】为0x+0.00，将时间线滑动到第1秒，设置【亮度】为-239.0，【演化】为0x+200.00，设置【对比度】为561.0，并设置【混合模式】为模板亮度，如图4-17所示。

0:00:01:00
源名称
模式
白色 纯色 1
模板亮度
效果
分形杂色
重置
对比度
561.0
亮度
-239.0
演化
0x+200.0°
帧渲染时间 9毫秒

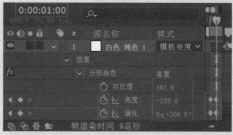

图4-17

06 框选纯色图层与文字图层并右击鼠标，在弹出的快捷菜单中选择【预合成】命令，如图4-18所示。接着在弹出的对话框中单击【确定】按钮即可。

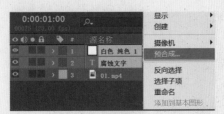

图4-18

07 最终的效果如图4-19所示。

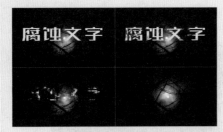

图4-19

实例058　金属凹陷文字

文件路径	第4章\例058金属凹陷文字
难易指数	★★★★★
技术要点	● 斜面和浮雕 ● 内阴影 ● 混合模式

扫码深度学习

操作思路

本例通过对文字添加【斜面和浮雕】和【内阴影】这两种图层样式，并修改混合模式来制作金属凹陷文字效果。

案例效果

案例效果如图4-20所示。

图4-20

操作步骤

01 将素材"01.jpg"导入时间线窗口中，如图4-21所示。

图4-21

02 背景效果如图4-22所示。

03 单击 Ｔ（横排文字工具）按钮，并输入文字，如图4-23所示。

图4-22

图4-23

04 在【字符】面板中设置相应的字体类型，设置【字体大小】为161像素，字体颜色为浅灰色，如图4-24所示。

05 选择文字图层，右击鼠标，在弹出的快捷菜单中选择【图层样式】|【斜面和浮雕】命令，如图4-25所示。

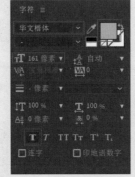

图4-24

图4-25

06 设置【样式】为【外斜面】，【方向】为【向下】，【大小】为1.0，【柔化】为1.0，【高亮模式】为【线性减淡】，【高光不透明度】为30%，【阴影不透明度】为30%，如图4-26所示。

图4-26

07 继续右击鼠标，在弹出的快捷菜单中选择【图层样式】|【内阴影】命令，如图4-27所示。

图4-27

08 设置文字图层的【模式】为【相乘】，如图4-28所示。

图4-28

09 最终的效果如图4-29所示。

图4-29

实例059 渐变色文字

文件路径	第4章 \ 例059 渐变色文字
难易指数	★★★★★
技术要点	● 横排文字工具 ● 【四色渐变】效果

（右侧二维码）扫码深度学习

操作思路

本例主要掌握对文字图层添加渐变特效，使文字产生彩色渐变效果。

案例效果

案例效果如图4-30所示。

图4-30

操作步骤

01 将素材"01.jpg"导入时间线窗口中，如图4-31所示。

图4-31

02 单击 T（横排文字工具）按钮，并输入文字，如图4-32所示。

图4-32

03 在【字符】面板中设置相应的字体类型，设置【字体大小】为360像素，然后单击 ☑（没有填充颜色）按钮，设置【字符间距】为102，设置【描边宽度】为15像素，如图4-33所示。

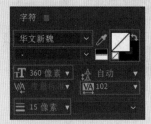

图4-33

04 为该文字图层添加【四色渐变】效果，参数保持默认即可，如图4-34所示。

图4-34

05 最终的效果如图4-35所示。

图4-35

第❹章 文字效果

61

实例060　发光文字动画

文件路径	第4章 \ 例060 发光文字动画
难易指数	★★★★★
技术要点	● 动画预设 ● 【发光】效果

⚲扫码深度学习

操作思路

本例通过对文字添加【动画预设】制作动画变化，并添加【发光】效果制作发光文字。

案例效果

案例效果如图4-36所示。

图4-36

操作步骤

01 将素材"01.jpg"导入时间线窗口中，如图4-37所示。

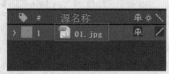

图4-37

02 单击 T（横排文字工具）按钮，并输入文字，如图4-38所示。

图4-38

03 在【字符】面板中设置相应的字体类型，设置【字体大小】为400，然后设置【颜色】为橘色，如图4-39所示。

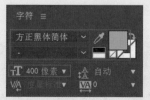

图4-39

04 进入【效果和预设】面板，搜索【蒸发】效果，然后将其拖动到文字上，如图4-40所示。

图4-40

05 拖动时间线滑块，已经看到产生了类似蒸发效果的文字动画，如图4-41所示。

图4-41

06 选择刚才的文字图层，按快捷键Ctrl+D，将其复制一层，如图4-42所示。

图4-42

07 选择复制出的文字图层，为其添加【发光】效果，设置【发光半径】为126.0，【发光强度】为3.0，如图4-43所示。

图4-43

08 最终的文字动画效果，如图4-44所示。

图4-44

实例061　多彩卡通文字

文件路径	第4章\例061 多彩卡通文字
难易指数	⭐⭐⭐⭐⭐
技术要点	横排文字工具

🔍扫码深度学习

💡 操作思路

　　依次对文字进行选择并设置不同的字体、颜色，然后统一进行描边效果。本例主要掌握制作彩色文字效果的方法。

🖱 案例效果

　　案例效果如图4-45所示。

图4-45

🎤 操作步骤

01 将素材"01.png"导入时间线窗口中，如图4-46所示。

图4-46

02 此时背景效果如图4-47所示。

图4-47

03 单击 **T**（横排文字工具）按钮，并输入文字，如图4-48所示。

图4-48

04 在【字符】面板中设置相应的字体类型，设置【字体大小】为149像素，然后设置【颜色】为红色，【描边颜色】为白色，设置【描边宽度】为35像素，如图4-49所示。

图4-49

05 选择第2个字母，设置【颜色】为橙色，如图4-50所示。

图4-50

06 依次更改为红色、橙色、黄色、绿色、青色、蓝色、紫色等颜色，如图4-51所示。

图4-51

实例062　卡通文字

文件路径	第4章\例062 卡通文字
难易指数	★★★★★
技术要点	横排文字工具 【投影】效果 【内阴影】效果 【斜面和浮雕】效果

扫码深度学习

操作思路

本案例使用横排文字工具创建文字，并使用【投影】【内阴影】【斜面和浮雕】效果制作卡通文字效果。

案例效果

案例效果如图4-52所示。

图4-52

操作步骤

01 将素材"01.png"导入时间线窗口中，如图4-53所示。

图4-53

02 此时的效果如图4-54所示。

图4-54

03 单击 🅣（横排文字工具）按钮，并输入文字，如图4-55所示。

图4-55

04 在【字符】面板中设置相应的字体类型，设置【字体大小】为314像素，然后设置【字体颜色】为橘色，【行距】为450像素，【字符间距】为-32，如图4-56所示。

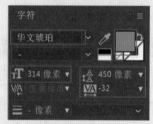

图4-56

05 为文字添加【投影】效果，设置【颜色】为棕色，【角度】为0x+135.0°，【距离】为10.0，如图4-57所示。

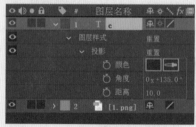

图4-57

06 为文字添加【内阴影】效果，设置【颜色】为肉色，【距离】为7.0，【杂色】为34.0%，如图4-58所示。

图4-58

07 为文字添加【斜面和浮雕】效果，设置【大小】为38.0，【角度】为0x+129.0°、【高度】为0x+40.0°、【加亮颜色】为黄色、【高光不透明度】为80%、【阴影颜色】为棕色、【阴影不透明度】为74%，如图4-59所示。

图4-59

08 接着使用同样的方法创建剩余的文字。最终的效果，如图4-60所示。

图4-60

实例063　条纹文字

文件路径	第4章\例063 条纹文字
难易指数	★★★★★
技术要点	● 椭圆工具 ● 横排文字工具 ●【投影】效果 ●【百叶窗】效果

扫码深度学习

操作思路

本例通过为纯色图层使用椭圆工具制作背景，使用横排文字工具创建文字，并应用【投影】效果、【百叶窗】效果制作百叶窗文字，创建关键帧动画。

案例效果

案例效果如图4-61所示。

图4-61

🎤 操作步骤

01 在项目窗口中右击鼠标，在弹出的快捷菜单中选择【新建合成】命令，在弹出的【合成设置】对话框中单击【确定】按钮，如图4-62所示。

图4-62

02 在时间线窗口中新建纯色图层，并设置颜色为青色，如图4-63所示。

图4-63

03 选择刚创建的纯色图层，单击█（椭圆工具）按钮，并拖动出一个椭圆形遮罩，如图4-64所示。

图4-64

04 设置【蒙版羽化】为350.0,350.0像素，【蒙版扩展】为150像素，如图4-65所示。

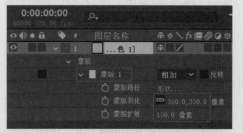

图4-65

05 此时产生了羽化的背景效果，如图4-66所示。

06 单击█（横排文字工具）按钮，并输入文字，如图4-67所示。

图4-66   图4-67

07 在【字符】面板中设置相应的字体类型，设置【字体大小】为330像素，设置【颜色】为黄色，如图4-68所示。

08 为该文字图层添加【投影】效果，设置【不透明度】为60%，【柔和度】为10.0，如图4-69所示。

图4-68   图4-69

09 此时产生投影的效果，如图4-70所示。

图4-70

10 为文字图层添加【百叶窗】效果。设置【方向】为0×−45.0°，【宽度】为24。将时间线拖动到第0秒，单击打开【过渡完成】前面的█按钮，设置其参数为

50%，如图4-71所示。

图4-71

11 将时间线拖动到第1秒，设置【过渡完成】为0，如图4-72所示。

图4-72

12 文字动画效果如图4-73所示。

图4-73

实例064　炫光游动文字动画

文件路径	第 4 章 \ 例 064 炫光游动文字动画
难易指数	★★★★★
技术要点	● 椭圆工具 ● 横排文字工具 ●【高斯模糊】效果 ●【镜头光晕】效果

扫码深度学习

操作思路

本例应用椭圆工具、横排文字工具、【高斯模糊】效果、【镜头光晕】效果制作炫光游动文字动画。

案例效果

案例效果如图4-74所示。

图4-74

操作步骤

01 在时间线窗口新建一个纯色图层，并设置颜色为褐色，如图4-75所示。

图4-75

02 背景效果如图4-76所示。

03 再次新建一个黑色的纯色图层，选择刚创建的纯色图层，单击■（椭圆工具）按钮，并拖动出一个椭圆形遮罩，如图4-77所示。

图4-76　　　　　　图4-77

04 勾选【反转】复选框，设置【蒙版羽化】为150.0，150.0像素，如图4-78所示。

图4-78

05 单击 T （横排文字工具）按钮，并输入文字，如图4-79所示。

图4-79

06 选择文字图层,设置【锚点分组】为【行】,【分组对齐】为0.0,-50.0%。然后为文字添加【高斯模糊】效果。开始制作动画,将时间线拖动到第0帧,打开【模糊度】、【位置】、【缩放】前面的◎按钮,并分别设置【模糊度】为45.0,【位置】为-55.6,302.3,【缩放】为246.0,246.0%,如图4-80所示。

图4-80

07 将时间线拖动到第1秒4帧,设置【模糊度】为0.0,如图4-81所示。

图4-81

08 将时间线拖动到第2秒19帧,设置【位置】为199.4,268.3,【缩放】为86.9,86.9%,如图4-82所示。

图4-82

09 将时间线拖动到第4秒,设置【缩放】为85.3,85.3%,如图4-83所示。

图4-83

10 接着设置【文字】图层【模式】为【相加】。再次新建一个黑色纯色图层,设置【模式】为【相加】。为其添加【镜头光晕】效果,设置【镜头类型】为105毫米定焦。开始制作动画,将时间线拖动到第0帧,打开【光晕中心】前面的◎按钮,并设置参数为7.0,232.2,如图4-84所示。

图4-84

11 将时间线拖动到第3秒29帧,设置【光晕中心】为603.1,251.1,如图4-85所示。

图4-85

12 最终的炫光游动文字动画效果,如图4-86所示。

图4-86

实例065　写字动画

文件路径	第4章\例065写字动画
难易指数	★★★★★
技术要点	● 钢笔工具 ● 【描边】效果

扫码深度学习

操作思路

本例通过应用钢笔工具绘制连笔字，并添加【描边】效果，通过设置关键帧制作写字动画。

案例效果

案例效果如图4-87所示。

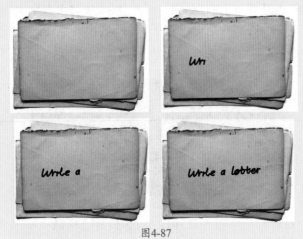

图4-87

操作步骤

01 将素材"01.jpg"导入时间线窗口中，如图4-88所示。

图4-88

02 此时的效果，如图4-89所示。

03 选择素材"01.jpg"图层，然后单击☑（钢笔工具）按钮。依次绘制出3个连笔英文单词，如图4-90所示。

图4-89

图4-90

04 为图层添加【描边】效果，选中第一个单词，设置【颜色】为黑色，【画笔大小】为5.4，【画笔硬

度】为80%。将时间线拖动到第0秒，打开【结束】前面的◎按钮，设置数值为0，如图4-91所示。

图4-91

05 将时间线拖动到第2秒，设置【结束】为100.0%，如图4-92所示。

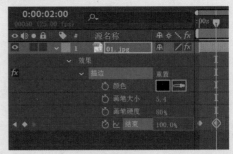

图4-92

06 此时拖动时间线滑块看到第一组单词出现了书写动画，如图4-93所示。

图4-93

07 继续为图层添加【描边】效果，选中第二个单词，设置【路径】为【蒙版2】，【颜色】为黑色，【画笔大小】为5.4，【画笔硬度】为80%。将时间线拖动到第2秒，打开【结束】前面的◎按钮，设置【数值】为0，如图4-94所示。

图4-94

08 将时间线拖动到第3秒，设置【结束】为100.0%，如图4-95所示。

图4-95

09 继续为图层添加【描边】效果，选中第三个单词，设置【路径】为【蒙版3】，【颜色】为黑色，【画笔大小】为5.4，【画笔硬度】为80%。将时间线拖动到第3秒，打开【结束】前面的◙按钮，设置数值为0，如图4-96所示。

图4-96

10 将时间线拖动到第4秒，设置【结束】为100.0%，如图4-97所示。

图4-97

11 最终的动画效果，如图4-98所示。

图4-98

图4-98（续）

实例066 梦幻文字效果

文件路径	第4章\例066 梦幻文字效果
难易指数	★★★★★
技术要点	● CC Particle World 效果 ● 【斜面 Alpha】效果 ● 【投影】效果

扫码深度学习

操作思路

本例应用CC Particle World效果制作梦幻粒子，应用【斜面Alpha】效果、【投影】效果制作三维文字。

案例效果

案例效果如图4-99所示。

图4-99

操作步骤

01 将素材"01.jpg"导入时间线窗口中，并设置【缩放】为79.0,79.0%，如图4-100所示。

图4-100

02 此时的效果，如图4-101所示。

图4-101

03 新建一个黑色纯色图层，为其添加CC Particle World效果，设置Birth Rate为0.1，Gravity为0.000，Particle Type为TriPolygon，Birth Size为0.150，Death Size为0.150，Birth Color为蓝色，Death Color为紫色，如图4-102所示。

图4-102

04 继续新建一个黑色纯色图层，为其添加CC Particle World效果，设置Birth Rate为0.2，Longevity（sec）为2.00，Velocity为0.50，Gravity为0.000，Particle Type为Faded Sphere，Birth Size为0.100，Death Size为0.100，Birth Color为白色，Death Color为白色，如图4-103所示。

图4-103

05 此时拖动时间线滑块，可以看到粒子动画。接着单击 **T** （横排文字工具）按钮，并输入文字，如图4-104所示。

图4-104

06 为文字图层添加【斜面Alpha】效果，设置【灯光角度】为0×-24.0°，如图4-105所示。

图4-105

07 继续添加【投影】效果，设置【阴影颜色】为紫色，【不透明度】为100%，【方向】为0×+0.0°，【距离】为0.0，【柔和度】为72.0，如图4-106所示。

图4-106

08 再次添加【投影】效果，设置【阴影颜色】为紫色，【不透明度】为100%，【方向】为0×+0.0°，【距离】为0.0，【柔和度】为72.0，如图4-107所示。

图4-107

09 最终文字效果，如图4-108所示。

图4-108

实例067 马赛克文字

文件路径	第4章\例067马赛克文字
难易指数	★★★★★
技术要点	【马赛克】效果

扫码深度学习

操作思路

本例使用横排文字工具创建一组文字，并应用【马赛克】效果制作马赛克效果文字。

案例效果

案例效果，如图4-109所示。

图4-109

操作步骤

01 将素材"01.jpg"导入时间线窗口中，设置【缩放】为80.0,80.0%，如图4-110所示。

图4-110

02 此时的效果，如图4-111所示。

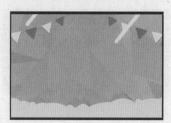

图4-111

03 单击 T（横排文字工具）按钮创建一组文字，如图4-112所示。

图4-112

04 在【字符】面板中设置相应的字体类型，设置【填充颜色】为黄绿色，设置【字体大小】为330像素，如图4-113所示。

05 为文字图层添加【马赛克】效果，设置【水平块】为40，【垂直块】为22，如图4-114所示。

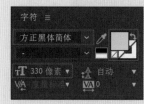

图4-113　　　　　　　图4-114

06 最终的效果，如图4-115所示。

图4-115

实例068 图像文字效果

文件路径	第4章\例068图像文字效果
难易指数	★★★★★
技术要点	● 【镜头光晕】效果 ● 【亮度和对比度】效果 ● 横排文字工具 ● 轨道遮罩

扫码深度学习

操作思路

本例应用【镜头光晕】效果、【亮度和对比度】效果制作背景，使用横排文字工具创建文字，并通过修改【轨道遮罩】制作文字和图像叠加的画面效果。

案例效果

案例效果如图4-116所示。

图4-116

🎤 操作步骤

01 在时间线窗口中右击鼠标，新建一个品蓝色纯色图层，如图4-117所示。

图4-117

02 再次新建一个黑色的纯色图层，并设置【模式】为【屏幕】，为其添加【镜头光晕】效果，设置【光晕中心】为860.4,86.7，【光晕亮度】为120%，如图4-118所示。

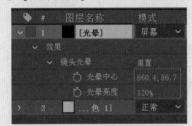

图4-118

03 此时的背景已经产生了光晕的效果，如图4-119所示。

图4-119

04 将素材"01.jpg"导入时间线窗口中，并为其添加【亮度和对比度】效果，设置【亮度】为-75，【使用旧版（支持HDR）】为【开】，设置【位置】为555.8,308.0，如图4-120所示。

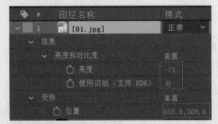

图4-120

05 单击**T**（横排文字工具）按钮，并输入文字。此时的文字效果，如图4-121所示。

06 在【字符】面板中设置填充颜色和描边颜色为黑色，设置【字体大小】为360像素，【描边宽度】为85像素，选中【仿粗体】按钮**T**，如图4-122所示。

07 将素材"01.jpg"的【轨道遮罩】设置为【FLOWER】，如图4-123所示。

图4-121

 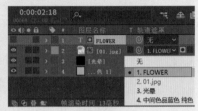

图4-122 图4-123

08 此时的文字效果，如图4-124所示。

图4-124

09 再次拖动素材"01.jpg"到时间线窗口中，设置【位置】为467.8,308.0，如图4-125所示。

图4-125

10 单击**T**（横排文字工具）按钮，并输入文字，如图4-126所示。

图4-126

11 在【字符】面板中设置【填充颜色】和【描边颜色】为黑色，设置【字体大小】为360像素，【描边宽度】为85像素，选中【仿粗体】按钮■，如图4-127所示。

12 将素材"01.jpg"的【轨道遮罩】设置为【FLOWER 2】，如图4-128所示。

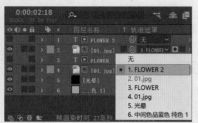

图4-127　　　　　图4-128

13 最终的效果，如图4-129所示。

图4-129

实例069	字景融合效果	
文件路径	第4章\例069 字景融合效果	
难易指数	★★★★★	
技术要点	● 【亮度和对比度】效果 ● 横排文字工具 ● 轨道遮罩	扫码深度学习

操作思路

本例应用【亮度和对比度】效果制作背景，使用横排文字工具创建文字，并通过修改【轨道遮罩】制作文字和图形叠加的画面效果。

案例效果

案例效果如图4-130所示。

图4-130

操作步骤

01 在时间线窗口中导入素材"01.jpg"，设置【缩放】为66.0,66.0%，如图4-131所示。

图4-131

02 此时的效果，如图4-132所示。

图4-132

03 选择时间线窗口中的素材"01.jpg"，按快捷键Ctrl+D复制一份。然后为其添加【亮度和对比度】效果，设置【亮度】为-65，【使用旧版（支持HDR）】为【开】，如图4-133所示。

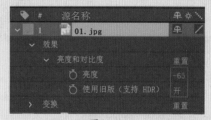

图4-133

04 单击■（横排文字工具）按钮，并输入文字。此时的文字效果如图4-134所示。

图4-134

05 在【字符】面板中设置填充颜色和描边颜色为黑色，设置【字体大小】为400像素，【描边宽度】为66像素，如图4-135所示。

06 设置素材"01.jpg"的【轨道遮罩】为Alpha遮罩【1.Life】，如图4-136所示。

图4-135

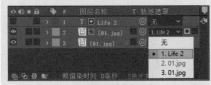

图4-136

07 此时的文字效果,如图4-137所示。

图4-137

08 继续将最初的素材"01.jpg"复制一份,如图4-138所示。

图4-138

09 单击 T (横排文字工具)按钮,并输入文字。此时的文字效果如图4-139所示。

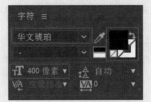

图4-139

10 在【字符】面板中设置填充颜色为黑色,设置【字体大小】为400像素,如图4-140所示。

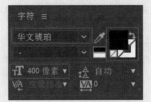

图4-140

11 设置素材"01.jpg"的【轨道遮罩】为Alpha遮罩【1.Life】,如图4-141所示。

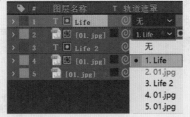

图4-141

12 最终的效果如图4-142所示。

图4-142

实例070 金属文字

文件路径	第4章\例070 金属文字
难易指数	★★★★★
技术要点	● 横排文字工具 ● 【梯度渐变】效果 ● 【斜面Alpha】效果 ● 【发光】效果 ● 【投影】效果

扫码深度学习

操作思路

本例使用横排文字工具创建文字,并添加【梯度渐变】效果、【斜面Alpha】效果、【发光】效果、【投影】效果制作金属文字。

案例效果

案例效果,如图4-143所示。

图4-143

操作步骤

01 将素材"01.jpg"导入时间线窗口中,设置【缩放】为52.0,52.0%,如图4-144所示。

图4-144

02 此时背景效果,如图4-145所示。

图4-145

03 单击 T (横排文字工具)按钮,并输入文字,如图4-146所示。

图4-146

04 在【字符】面板中设置相应的字体类型,设置【字体大小】为200像素,【字体颜色】为白色,如

图4-147所示。

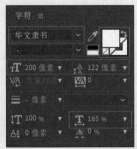

图4-147

05 为文字添加【梯度渐变】效果，设置【渐变起点】为455.0,419.0，【起始颜色】为浅灰色，【渐变终点】为455.0,485.0，【结束颜色】为黑色，如图4-148所示。

图4-148

06 为文字添加【斜面Alpha】效果，设置【边缘厚度】为3.50，【灯光强度】为1.00，如图4-149所示。

图4-149

07 为文字添加【发光】效果，设置【发光阈值】为80.0%，【发光半径】为20.0，【发光强度】为2.0，如图4-150所示。

图4-150

08 为文字添加【投影】效果，设置【柔和度】为20.0，如图4-151所示。

09 最终的效果如图4-152所示。

图4-151

图4-152

实例071　预设文字动画

文件路径	第4章\例071预设文字动画
难易指数	⭐⭐⭐⭐⭐
技术要点	● 横排文字工具 ● 【投影】效果 ● 动画预设

🔍扫码深度学习

💡**操作思路**

　　本例使用横排文字工具创建文字，并为其添加【投影】效果制作阴影，并应用【动画预设】制作文字的趣味动画。

🖱**案例效果**

　　案例效果如图4-153所示。

图4-153

🎤**操作步骤**

01 将素材"01.jpg"导入时间线窗口中，如图4-154所示。

02 此时，背景效果，如图4-155所示。

图4-154　　　　　　　图4-155

图4-161

03 单击 **T**（横排文字工具）按钮，并输入文字，如图4-156所示。

04 在【字符】面板中设置相应的字体类型，设置【字体大小】为200像素，【字体颜色】为黄色，如图4-157所示。

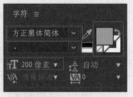

图4-156　　　　　　　图4-157

05 为文字添加【投影】效果，设置【柔和度】为20.0，如图4-158所示。

06 此时，文字产生了阴影效果，如图4-159所示。

图4-158　　　　　　　图4-159

07 进入【效果和预设】面板，选择【动画预设】|Text|3D Text|【3D从左侧振动进入】命令，然后将其拖到文字上，如图4-160所示。

图4-160

08 拖动时间线滑块，可以看到产生了文字动画，如图4-161所示。

实例072　三维立体文字

文件路径	第4章 \ 例072 三维立体文字	
难易指数	★★★★★	
技术要点	● 钢笔工具 ● 矩形工具 ● 横排文字工具	扫码深度学习

操作思路

本例使用钢笔工具、矩形工具模拟三维立体图案，使用横排文字工具创建文字。

案例效果

案例效果如图4-162所示。

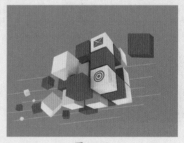

图4-162

操作步骤

01 将素材"背景.jpg""01.png"和"02.png"导入时间线窗口中，如图4-163所示。

图4-163

02 此时的背景效果如图4-164所示。

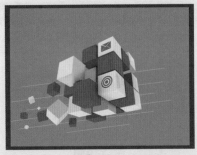

图4-164

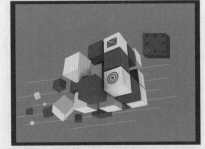

06 此时的文字效果如图4-168所示。

图4-170

03 不选择任何图层，直接单击 ✎（钢笔工具）按钮，设置【填充】为紫色，绘制一个闭合的图形，如图4-165所示。

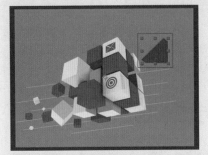

图4-165

图4-171

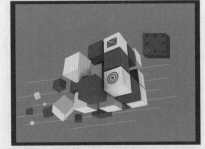

图4-168

03 此时的背景效果，如图4-172所示。

实例073	多彩三维文字效果
文件路径	第4章\例073 多彩三维文字效果
难易指数	★★★★★
技术要点	● 横排文字工具 ● 【四色渐变】效果 ● 【色相/饱和度】效果 ● 【投影】效果

🔍扫码深度学习

图4-172

04 不选择任何图层，直接单击 ▢（矩形工具）按钮，绘制一个矩形，设置【填充】为浅紫色，如图4-166所示。

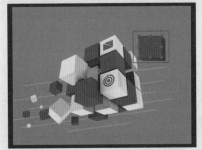

图4-166

💡**操作思路**

本例使用横排文字工具创建文字，并为其添加【四色渐变】效果、【色相/饱和度】效果、【投影】效果制作多彩三维文字效果。

🖱**案例效果**

案例效果如图4-169所示。

04 单击 Ｔ（横排文字工具）按钮，并输入文字，如图4-173所示。

图4-173

05 进入【字符】面板，设置【字体大小】为300像素，【填充颜色】为灰色，设置为【仿粗体】，如图4-174所示。

05 单击 Ｔ（横排文字工具）按钮，输入文字，并进入【字符】面板，设置【字体大小】为125像素、【填充颜色】为灰色，设置为【仿粗体】，如图4-167所示。

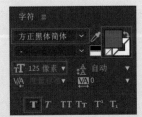

图4-167

图4-169

🎤**操作步骤**

01 在时间线窗口中右击鼠标，新建一个白色纯色图层，如图4-170所示。

02 在时间线窗口中导入"背景.jpg"素材，如图4-171所示。

图4-174

06 为该文字图层添加【四色渐变】效果，如图4-175所示。

图4-175

07 为该文字图层添加【色相/饱和度】效果，设置【主饱和度】为100，如图4-176所示。

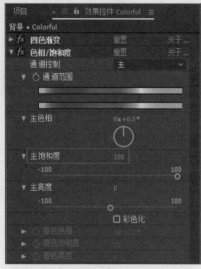

图4-176

08 此时文字四色渐变效果，如图4-177所示。

图4-177

09 继续创建一组文字，与刚才的文字一样。为该文字图层添加【四色渐变】效果，并设置4个颜色比之前的浅一些，如图4-178所示。

图4-178

10 为该文字图层添加【投影】效果，设置【不透明度】为60%，【距离】为20.0，【柔和度】为50.0，如图4-179所示。

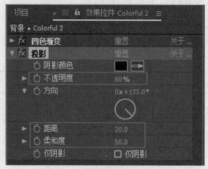

图4-179

11 设置复制出的文字的【位置】为229.7,574.9，如图4-180所示。

图4-180

12 最终的彩色文字效果，如图4-181所示。

图4-181

实例074　炫酷文字动画

文件路径	第4章\例074炫酷文字动画
难易指数	★★★★★
技术要点	● 横排文字工具 ● 【梯度渐变】效果 ● 【卡片擦除】效果 ● 【发光】效果

扫码深度学习

操作思路

本例使用横排文字工具创建文字，并为其添加【梯度渐变】效果、【卡片擦除】效果、【发光】效果制作炫酷彩色文字动画。

案例效果

案例效果如图4-182所示。

图4-182

操作步骤

01 在时间线窗口中导入素材"01.mp4"，如图4-183所示，设置【位置】为384.5,638.0。接着导入素材"背景.jpg"。

图4-183

02 单击 T（横排文字工具）按钮，并输入文字，如图4-184所示。

图4-184

03 进入【字符】面板，设置【字体大小】为90像素，【填充颜色】为白色，【行距】为122像素，如图4-185所示。

图4-185

04 为该文字图层添加【梯度渐变】效果，并设置【渐变起点】为943.3,497.6，【起始颜色】为蓝色，【渐变终点】为946.0,590.6，【结束颜色】为黄色，如图4-186所示。

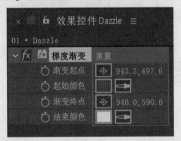

图4-186

05 接着选择文字图层，使用快捷键Ctrl+Shift+C进行预合成。此时画面效果，如图4-187所示。

图4-187

06 为该文字图层添加【卡片擦除】与【发光】效果，设置【行数】为16，【列数】为16，【翻转轴】为X，【翻转方向】为【正向】，【翻转顺序】为【从左到右】，【随机时间】为1.00，【随机植入】为34，【Y抖动速度】为0.00。将时间线拖动至起始时间位置处，分别打开【过渡完成】、【X抖动量】、【Y抖动量】、【Z抖动量】前面的 按钮，设置【过渡完成】为0，【X抖动量】为0.00，【Y抖动量】为0.00，【Z抖动量】为0.00。将时间线拖动到第1秒03帧，设

置【X抖动量】为1.26，【Y抖动量】为2.39，【Z抖动量】为3.90。将时间线拖动到第2秒03帧，设置【过渡完成】为100%，【X抖动量】为0.00，【Y抖动量】为0.00，【Z抖动量】为0.00，如图4-188所示。

图4-188

07 接着选择文字预合成，使用快捷键Ctrl+D进行复制。并使用同样的方法创建文字，并制作文字动画，并关闭显示效果，如图4-189所示。

图4-189

08 接着选择复制的文字预合成，展开【卡片擦除】，设置【背面图层】为3.Text 合成1。添加【梯度渐变】效果，设置【渐变起点】为976.7,490.9。设置【起始颜色】为红色，【渐变终点】为974.1,617.5，【结束颜色】为青色，如图4-190所示。

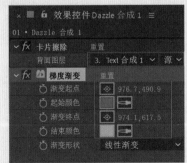

图4-190

09 最终的文字效果如图4-191所示。

图4-191

实例075 海报组合文字

文件路径	第4章\例075 海报组合文字
难易指数	⭐⭐⭐⭐⭐
技术要点	● 横排文字工具 ● 【梯度渐变】效果

🔍扫码深度学习

💡操作思路

本例使用横排文字工具创建文字，并应用【梯度渐变】效果制作金属质感的海报组合文字效果。

🖱案例效果

案例效果如图4-192所示。

图4-192

🎤操作步骤

01 在时间线窗口中导入素材"背景.jpg"，如图4-193所示。

图4-193

02 背景效果如图4-194所示。

03 单击 T（横排文字工具）按钮，并输入文字，如图4-195所示。

图4-194   图4-195

04 进入【字符】面板，设置【字体大小】为85像素，【填充颜色】为绿色，单击 T（仿粗体）和 TT（全部大写字母）按钮，如图4-196所示。

05 为该文字图层添加【梯度渐变】效果，并设置【渐变起点】为80.9,381.6，【起始颜色】为浅灰色，【渐变终点】为499.7,727.7，【结束颜色】为黑色，继续添加【投影】效果，设置【不透明度】为30%、【距离】为10.0，【柔和度】为20.0，如图4-197所示。

图4-196   图4-197

06 此时，文字产生了强烈的渐变质感，如图4-198所示。

07 单击 T（横排文字工具）按钮，并输入文字。进入【字符】面板，设置【字体大小】为77像素、【填充颜色】为红色，单击 T（仿粗体）按钮和 TT（全部大写字母）按钮，如图4-199所示。

图4-198   图4-199

08 设置该文字图层的【位置】为59.8,244.2、【不透明度】为75%，如图4-200所示。

09 最终海报组合文字效果，如图4-201所示。

图4-200   图4-201

第5章

滤镜特效

本章概述

    滤镜是After Effects中强大的功能之一，通过对素材添加滤镜并修改参数，可以使素材产生更炫酷的、更唯美的、更具情感的、更夸张的变化。滤镜可以单独添加于图层上，也可以添加多个滤镜。

本章重点

- 了解滤镜效果
- 掌握滤镜的使用方法
- 掌握视频效果的运用

实例076　边角定位效果制作广告牌

文件路径	第5章 \ 例076 边角定位效果制作广告牌	
难易指数	★★★★★	
技术要点	● 【边角定位】效果 ● 【发光】效果	扫码深度学习

操作思路

本例为素材添加【边角定位】效果，将素材和广告牌完美地对位，并添加【发光】效果，制作广告牌发光效果。

案例效果

案例效果如图5-1所示。

图5-1

操作步骤

01 将素材"01.jpg"和"02.jpg"导入时间线窗口中，并设置素材"02.jpg"的【缩放】为43.0,43.0%，如图5-2所示。

图5-2

02 此时画面效果如图5-3所示。

图5-3

03 为素材"02.jpg"添加【边角定位】效果，并设置【左上】为556.9,-147.4，【右上】为

2402.0,558.7、【左下】为551.5,1904.6、【右下】为2410.3,1308.7，如图5-4所示。

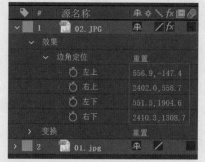

图5-4

04 广告已经准确地将四个角定位到广告牌的位置，如图5-5所示。

图5-5

05 为素材"02.jpg"添加【发光】效果，设置【发光阈值】为100.0%，【发光半径】为5.0，【发光强度】为8.0，【A和B中点】为50%，如图5-6所示。

图5-6

06 最终效果如图5-7所示。

图5-7

实例077 编织条纹效果

文件路径	第5章\例077编织条纹效果
难易指数	⭐⭐⭐⭐⭐
技术要点	CC Threads效果

🔍扫码深度学习

💡操作思路

本例为素材添加CC Threads效果制作编织条纹效果。

🖱案例效果

案例效果如图5-8所示。

图5-8

🎤操作步骤

01 将素材"01.jpg"导入时间线窗口中，如图5-9所示。

图5-9

02 此时画面效果如图5-10所示。

图5-10

03 为素材"01.jpg"添加CC Threads效果，并设置Width为

80.0，Height为80.0，Overlaps为2，Direction为0×+45.0°，Coverage为100.0，Shadowing为40.0，Texture为10.0，如图5-11所示。

04 此时，最终效果如图5-12所示。

图5-11

图5-12

实例078 吹泡泡效果

文件路径	第5章\例078吹泡泡效果
难易指数	⭐⭐⭐⭐⭐
技术要点	● 【泡沫】效果 ● 【四色渐变】效果

🔍扫码深度学习

💡操作思路

本例通过对纯色图层添加【泡沫】效果制作泡泡，并添加【四色渐变】效果制作彩色泡泡。

🖱案例效果

案例效果如图5-13所示。

图5-13

🎤操作步骤

01 将素材"01.jpg"导入时间线窗口中，如图5-14所示。

图5-14

【制作者】的【产生X大小】为0.050，【产生Y大小】为0.050，【气泡】的【大小】为2.000，【缩放】为2.000，【正在渲染】的【气泡纹理】为【小雨】、【模拟品质】为【强烈】、【随机植入】为2，如图5-19所示。

02 此时画面效果如图5-15所示。

图5-15

03 在时间线窗口中右击鼠标，在弹出的快捷菜单中选择【新建】|【纯色】命令，如图5-16所示。

图5-18

图5-19

07 为纯色图层添加【四色渐变】效果，设置【不透明度】为70.0%、【混合模式】为【强光】，如图5-20所示。

图5-16

图5-20

04 设置颜色为黑色，并为其命名，如图5-17所示。

08 拖动时间线滑块查看此时的最终效果，如图5-21所示。

图5-17

05 将新建的纯色图层放置到最顶层，如图5-18所示。

06 为纯色图层添加【泡沫】效果，设置【视图】为【已渲染】，

图5-21

实例079　放大镜效果

文件路径	第5章\例079放大镜效果
难易指数	⭐⭐⭐⭐⭐
技术要点	【放大】效果

🔍扫码深度学习

💡**操作思路**

　　本例通过为素材添加【放大】效果，制作类似放大镜的效果。

🖱**案例效果**

　　案例效果如图5-22所示。

图5-22

🎤**操作步骤**

01 将素材"01.jpg"导入时间线窗口中，如图5-23所示。

02 此时画面效果如图5-24所示。

图5-23

图5-24

03 为素材"01.jpg"添加【放大】效果，并设置【中心】为888.4,630.8，【大小】为220.0，【羽化】为5.0，如图5-25所示。

04 此时的最终效果如图5-26所示。

图5-25

图5-26

实例080　浮雕效果

文件路径	第5章\例080浮雕效果
难易指数	⭐⭐⭐⭐⭐
技术要点	● 【浮雕】效果 ● 【黑色和白色】效果

🔍扫码深度学习

💡**操作思路**

　　本例通过为素材添加【浮雕】效果制作三维浮雕质感，并添加【黑色和白色】效果，制作出土黄色浮雕效果。

🖱**案例效果**

　　案例效果如图5-27所示。

图5-27

🎤**操作步骤**

01 将素材"01.jpg"导入时间线窗口中，如图5-28所示。

图5-28

02 此时画面效果如图5-29所示。

图5-29

03 为素材"01.jpg"添加【浮雕】效果，并设置【起伏】为2.50，【与原始图像混合】为20％，如图5-30所示。

图5-30

04 浮雕效果如图5-31所示。

图5-31

05 继续为素材"01.jpg"图层添加【黑色和白色】效果，勾选【淡色】，【色调颜色】为黄色，如图5-32所示。

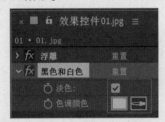

图5-32

06 最终效果如图5-33所示。

图5-33

实例081　夜晚闪电效果

文件路径	第5章 \ 例081 夜晚闪电效果
难易指数	★★★★★
技术要点	● 【高级闪电】效果 ● 【色相/饱和度】效果

扫码深度学习

操作思路

本例通过对素材添加【高级闪电】效果制作多个闪电，并添加【色相/饱和度】效果制作夜晚的效果。

案例效果

案例效果如图5-34所示。

图5-34

操作步骤

01 将素材"01.jpg"导入时间线窗口中，如图5-35所示。

图5-35

02 夜晚背景效果如图5-36所示。

图5-36

03 为素材"01.jpg"图层添加【高级闪电】效果，并设置

【源点】为245.1，-3.0，【方向】为248.1,714.5，【核心半径】为1.5，【发光半径】为15.0，【发光颜色】为蓝色，【湍流】为1.13，【分叉】为51.0％，【衰减】为0.32，勾选【在原始图像上合成】，设置【复杂度】为6，设置【核心消耗】为6.0％，如图5-37所示。

图5-37

04 接着勾选【在原始图像上合成】，此时在左侧产生了一个闪电效果，并且与自然中的闪电效果一样出现分支，如图5-38所示。

图5-38

05 继续重复刚才的操作，在中间位置制作出第2个闪电，如图5-39所示。

图5-39

06 继续重复刚才的操作，在右侧位置制作出第3个闪电，如图5-40所示。

图 5-40

07 在时间线窗口中右击鼠标，在弹出的快捷菜单中选择【新建】|【调整图层】命令，新建一个调整图层，如图 5-41 所示。

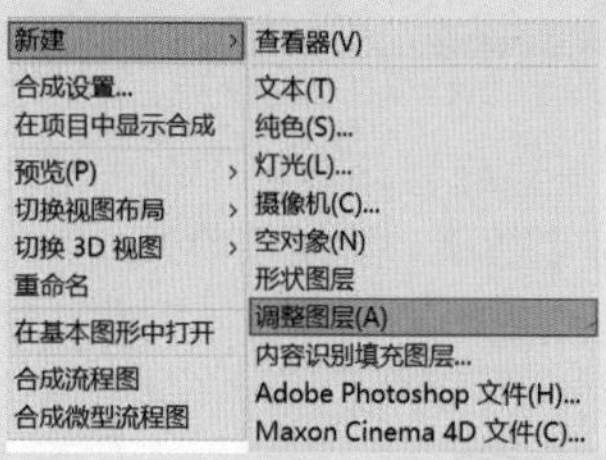

新建	>	查看器(V)
合成设置...		文本(T)
在项目中显示合成		纯色(S)...
预览(P)	>	灯光(L)...
切换视图布局	>	摄像机(C)...
切换 3D 视图	>	空对象(N)
重命名		形状图层
在基本图形中打开		调整图层(A)
		内容识别填充图层...
合成流程图		Adobe Photoshop 文件(H)...
合成微型流程图		Maxon Cinema 4D 文件(C)...

图 5-41

08 为调整图层添加【色相/饱和度】效果，设置【主饱和度】为30，如图 5-42 所示。

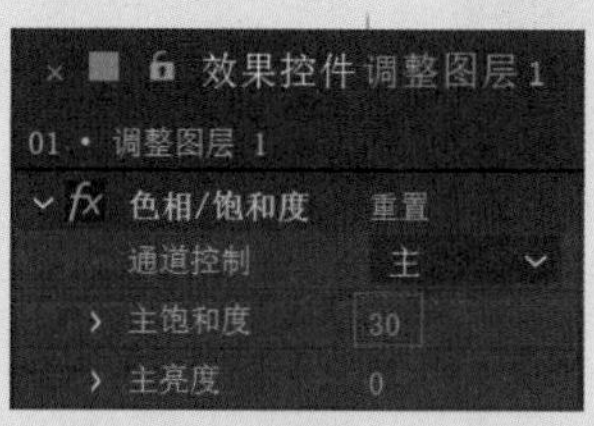

× ■ 🔒 效果控件调整图层 1		
01·调整图层 1		
𝑓𝑥 色相/饱和度	重置	
通道控制	主	∨
> 主饱和度	30	
> 主亮度	0	

图 5-42

09 此时，整体颜色产生了更饱和的效果，最终效果如图 5-43 所示。

图 5-43

实例082　照相效果

文件路径	第 5 章 \ 例 082 照相效果
难易指数	★★★★★
技术要点	【边角定位】效果

🔍 扫码深度学习

💡 **操作思路**

　　本例通过对素材添加【边角定位】效果，模拟出将素材对位于平板电脑的四个角上，出现真实的拍照效果。

🖱 **案例效果**

　　案例效果如图 5-44 所示。

图 5-44

🎤 **操作步骤**

01 将素材 "01.png" 和 "02.jpg" 导入时间线窗口中，设置素材 "01.png" 的【位置】为 966.0,696.0，【缩放】为 40.0，40.0%，如图 5-45 所示。

🏷 # 源名称	𝑓𝑥
∨ 1 　01.png	
∨ 变换	重置
位置	966.0,696.0
缩放	40.0,40.0%
> 2 　02.jpg	

图 5-45

02 此时画面效果如图 5-46 所示。

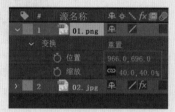

图 5-46

03 选择素材 "02.jpg"，按快捷键 Ctrl+D 将其复制一份，并移动到最顶层，如图 5-47 所示。

图 5-47

---

04 为素材 "02.jpg" 添加【高斯模糊】效果，设置【模糊度】为19.6，【重复边缘像素】为【关】，如图 5-48 所示。

🏷 # 图层名称	🌣 𝑓𝑥
> 1 　[02.jpg]	
> 2 　[01.png]	
∨ 3 　[02.jpg]	
∨ 效果	
∨ 高斯模糊	重置
模糊度	19.6
重复边缘像素	关

图 5-48

05 为复制出的素材 "02.jpg" 添加【边角定位】效果，在【效果控件】面板中，设置【左上】为 596.6,324.2，【右上】为 1327.6,324.8，【左下】为 598.6,771.9，【右下】为 1325.9,771.5，如图 5-49 所示。

× ■ 🔒 效果控件 02.jpg	≡
02·02.jpg	
∨ 𝑓𝑥 边角定位	重置
左上	596.6,324.2
右上	1327.6,324.8
左下	598.6,771.9
右下	1325.9,771.5

图 5-49

06 最终效果如图 5-50 所示。

图 5-50

实例083　偷天换日效果

文件路径	第 5 章 \ 例 083 偷天换日效果
难易指数	★★★★★
技术要点	● Keylight（1.2）效果 ● 【内部 / 外部键】效果 ● 【镜头光晕】效果

🔍 扫码深度学习

图 5-48

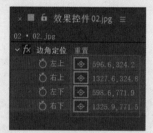

图 5-49

图 5-50

💡 操作思路

本例通过对素材添加Keylight（1.2）效果、【内部/外部键】效果，非常准确地抠除天空，最后应用【镜头光晕】效果制作光晕。

🖱 案例效果

案例效果如图5-51所示。

图5-51

🎙 操作步骤

01 将素材"02.jpg"导入时间线窗口中，设置【位置】为960.0,327.0，【缩放】为96.0,96.0%，如图5-52所示。

图5-52

02 夜晚背景效果如图5-53所示。

图5-53

03 将素材"01.jpg"导入时间线窗口中，如图5-54所示。

图5-54

04 为素材"01.jpg"添加Keylight（1.2）效果，然后单击Screen Colour后面的█按钮，然后吸取素材的天空位置，如图5-55所示。

05 此时，可以看到天空已经被抠除了，出现了素材"02.jpg"中的天空，如图5-56所示。

图5-55　　　　　图5-56

06 由于刚才的边缘会有很小的瑕疵，需要把边缘抠除得更干净一些，因此继续为素材"01.jpg"添加【内部/外部键】效果，设置【前景（内部）】为【无】，【背景（外部）】为【无】，【薄化边缘】为1.0，【羽化边缘】为1.0，如图5-57所示。

图5-57

07 此时，边缘部分已经被抠除得很干净了，如图5-58所示。

08 在时间线窗口中右击鼠标，在弹出的快捷菜单中选择【新建】|【纯色】命令，如图5-59所示。

图5-58

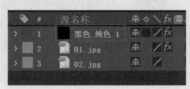

图5-59

09 将纯色图层移动到最顶层，如图5-60所示。

10 为纯色图层添加【镜头光晕】效果，设置【光晕中心】为1904.6,390.7，【光晕亮度】为136%，【镜头类型】为【50-300毫米变焦】，如图5-61所示。然后设置纯色图层的混合模式为【屏幕】。

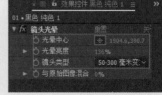

图5-60　　　　　图5-61

11 此时，产生了镜头光晕效果，如图5-62所示。

图5-62

实例084　水波纹效果

文件路径	第5章\例084 水波纹效果
难易指数	★★★★★
技术要点	● 【梯度渐变】效果 ● 3D 图层 ● 【波纹】效果

🔍扫码深度学习

操作思路

　　本例为纯色图层添加【梯度渐变】效果，制作浅蓝色的渐变背景，应用3D图层制作水面旋转效果，应用【波纹】效果制作水波纹。

案例效果

　　案例效果如图5-63所示。

图5-63

操作步骤

01 在时间线窗口新建一个黑色的纯色图层，如图5-64所示，然后设置【位置】为512.0,379.0。

02 为纯色图层添加【梯度渐变】效果，设置【起始颜色】为蓝色，【结束颜色】为浅蓝色，如图5-65所示。

图5-64　　　　　　　图5-65

03 此时，制作出了蓝色渐变背景，如图5-66所示。

图5-66

04 在时间线窗口再次新建一个黑色纯色图层，然后单击▣（3D图层）按钮，并设置【位置】为518.3,613.6,0.0，设置【X轴旋转】为0×−77.0°，如图5-67所示。

图5-67

05 此时，黑色图层已经放置到下方，如图5-68所示。

图5-68

06 为该纯色图层添加【梯度渐变】效果，设置【起始颜色】为浅蓝色，【结束颜色】为蓝色，如图5-69所示。

图5-69

07 此时，水面和背景已经很好地融合在一起，如图5-70所示。

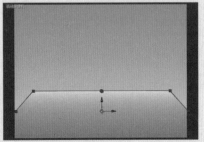

图5-70

08 继续为纯色图层添加【波纹】效果，设置【半径】为80.0，【转换类型】为【对称】，【波形宽度】为33.7，【波形高度】为400.0，【波纹相】为0×+201.0°，如图5-71所示。

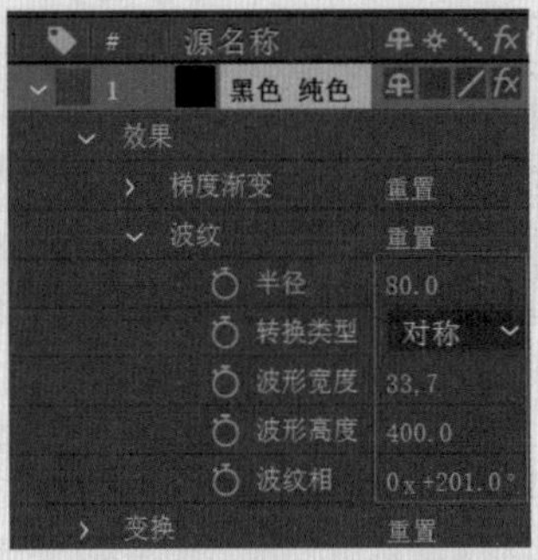

图5-71

09 此时，水面出现了波纹，如图5-72所示。

图5-72

10 将素材"02.png"导入时间线窗口中，设置【位置】为581.2,355.8，【缩放】为25.0,25.0%，如图5-73所示。

图5-73

11 选择时间线中的素材"02.png"，按快捷键Ctrl+D复制一份，将其放置到第2层的位置。然后，单击🔲（3D图层）按钮，并设置【位置】为564.1,553.2,-662.0，【缩放】为17.6,6.5,100.0%，【方向】为145.0°,0.0°,0.0°，【不透明度】为29%，如图5-74所示。

12 水波纹最终效果如图5-75所示。

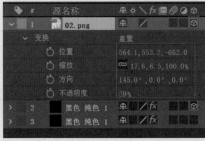

图5-74

图5-75

实例085　棋盘格背景

文件路径	第5章\例085 棋盘格背景	
难易指数	⭐⭐⭐⭐⭐	
技术要点	● 【棋盘】效果 ● 【投影】效果	🔍扫码深度学习

💡**操作思路**

本例应用【棋盘】效果、【投影】效果制作棋盘格背景。

🖱**案例效果**

案例效果如图5-76所示。

图5-76

🎙**操作步骤**

01 在时间线窗口新建一个浅粉色的纯色图层，如图5-77所示。

图5-77

02 浅粉色效果如图5-78所示。

图5-78

03 为纯色图层添加【棋盘】效果，设置【宽度】为77.3，【颜色】为粉色，【混合模式】为【柔光】，如图5-79所示。

图5-79

04 此时，出现了两种粉色相间的棋盘格效果，如图5-80所示。

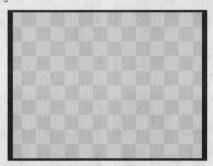

图5-80

05 将素材"02.png"导入时间线窗口中，设置【位置】为429.2,412.2，【缩放】为70.0,70.0%，如图5-81所示。

图5-81

06 此时，气球及背景效果如图5-82所示。

图5-82

07 为素材"02.png"添加【投影】效果，设置【不透明度】为20%，【距离】为60.0，【柔和度】为30.0，如图5-83所示。

08 此时气球产生了投影的效果，画面层次感更强了，如图5-84所示。

图5-83　　　　　　　　图5-84

09 将素材"01.png"导入时间线窗口中，设置【位置】为824.0,639.6，【缩放】为50.0,50.0%，如图5-85所示。

图5-85

10 最终合成效果如图5-86所示。

图5-86

实例086　马赛克背景效果

文件路径	第5章\例086马赛克背景效果
难易指数	★★★★★
技术要点	【马赛克】效果

🔍扫码深度学习

操作思路

本例为素材添加【马赛克】效果，制作彩色的马赛克背景。

案例效果

案例效果如图5-87所示。

图5-87

操作步骤

01 将素材"01.jpg"导入项目窗口中，然后将其拖动到时间线窗口中，如图5-88所示。

图5-88

02 此时彩色背景效果如图5-89所示。

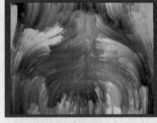

图5-89

03 为素材"01.jpg"添加【马赛克】效果，设置【水平块】为17，【垂直块】为13，如图5-90所示。

图5-90

04 此时出现了彩色的马赛克背景效果，如图5-91所示。

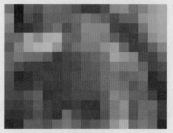

图5-91

实例087　图形变异动画

文件路径	第5章\例087图形变异动画
难易指数	★★★★★
技术要点	● CC Kaleida效果 ● 关键帧动画

🔍扫码深度学习

操作思路

本例为素材添加CC Kaleida效果，制作奇幻的图形分离效果，使用关键帧动画制作图形变异动画效果。

案例效果

案例效果如图5-92所示。

图5-92

操作步骤

01 将素材"01.jpg"导入时间线窗口中，如图5-93所示。

图5-93

02 汽车背景效果如图5-94所示。

图5-94

03 为素材"01.jpg"添加CC Kaleida效果，设置Mirroring为Wheel。将时间线拖动到第0秒，打开Size前面的◎按钮，并设置数值为40.0。打开Rotation前面的◎按钮，并设置数值为0×+0.0°，如图5-95所示。

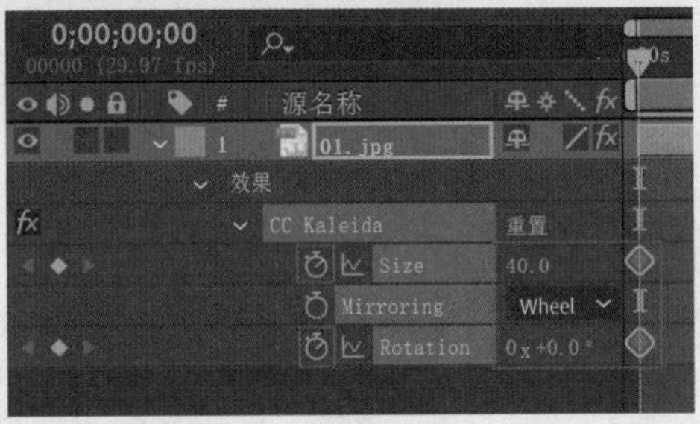

图5-95

04 将时间线拖动到第4秒29帧处，设置Size为60.0，设置Rotation为0×+270.0°，如图5-96所示。

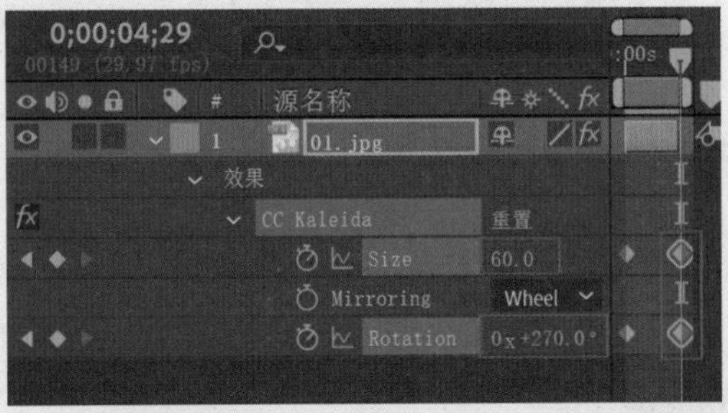

图5-96

05 拖动时间线滑块，可以看到炫酷的图形变异动画效果，如图5-97所示。

图5-97

实例088 下雪效果

文件路径	第5章\例088 下雪效果	
难易指数	★★★★★	
技术要点	CC Snowfall 效果	扫码深度学习

操作思路

本例为素材添加CC Snowfall效果，制作真实的雪花飘落动画效果。

案例效果

案例效果如图5-98所示。

图5-98

操作步骤

01 将素材"01.png"导入时间线窗口中，如图5-99所示。

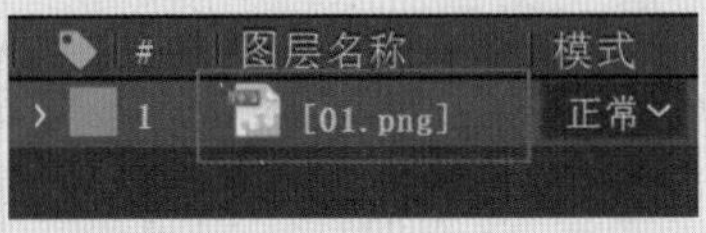

🏷	#	图层名称	模式
>	1	[01.png]	正常

图5-99

02 此时，画面背景效果如图5-100所示。

03 为素材"01.jpg"添加CC Snowfall效果，设置Size为15.00，Opacity为100.0，如图5-101所示。

图5-100

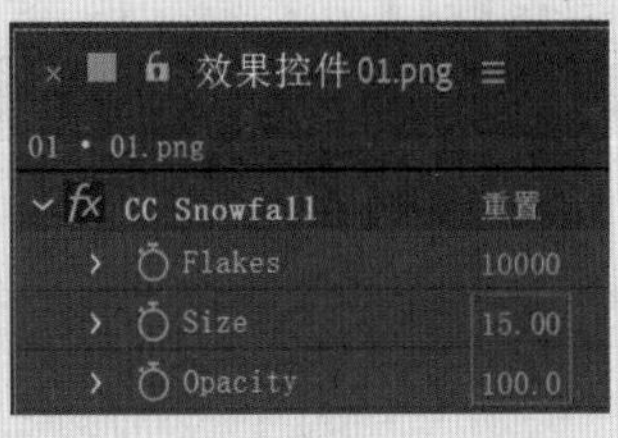

效果控件 01.png ≡
01 · 01.png
∨ fx CC Snowfall   重置
> Ö Flakes   10000
> Ö Size   15.00
> Ö Opacity   100.0

图5-101

04 拖动时间线滑块，可以看到雪花飘落动画效果，如图5-102所示。

图5-102

实例089 镜头光晕效果

文件路径	第5章\例089 镜头光晕效果
难易指数	★★★★★
技术要点	● 【照片滤镜】效果 ● 【曝光度】效果 ● 【颜色平衡】效果 ● 【镜头光晕】效果 ● 混合模式

扫码深度学习

操作思路

本例为素材添加【照片滤镜】效果、【曝光度】效果、【颜色平衡】效果调整画面颜色，为素材添加【镜头光晕】效果，并修改混合模式制作光晕效果。

案例效果

案例效果如图5-103所示。

图5-103

操作步骤

01 将素材"01.jpg"导入时间线窗口中，如图5-104所示。

图5-104

02 此时，背景效果如图5-105所示。

图5-105

03 为素材"01.jpg"添加【照片滤镜】效果，设置【密度】为80.0%，如图5-106所示。

图5-106

04 为素材"01.jpg"添加【曝光度】效果，设置【曝光度】为0.50，如图5-107所示。

图5-107

05 为素材"01.jpg"添加【颜色平衡】效果，设置【阴影蓝色平衡】为50.0，【高光绿色平衡】为-20.0，如图5-108所示。

图5-108

06 在时间线窗口新建一个黑色的纯色图层，如图5-109所示。

图5-109

07 为纯色图层添加【镜头光晕】效果，设置【光晕中心】为2232.0,312.4，【光晕亮度】为170%，【镜头类型】为【50-300毫米变焦】，如图5-110所示。

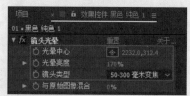

图5-110

08 设置纯色图层的【模式】为【相加】，如图5-111所示。

图5-111

09 最终出现了漂亮的镜头光晕效果，如图5-112所示。

图5-112

实例090 卡通画效果

文件路径	第5章\例090 卡通画效果
难易指数	★★★★★
技术要点	● 【卡通】效果 ● 【色调分离】效果 ● 【色相/饱和度】效果

扫码深度学习

操作思路

本例为素材添加【卡通】效果、

【色调分离】效果、【色相/饱和度】效果制作卡通画。

🖱案例效果

案例效果如图5-113所示。

图5-113

🎤操作步骤

01 将素材"01.jpg"导入时间线窗口中,如图5-114所示。

图5-114

02 汽车背景效果如图5-115所示。

图5-115

03 为素材"01.jpg"添加【卡通】效果,如图5-116所示。

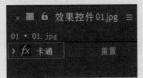

图5-116

04 为素材"01.jpg"添加【色调分离】效果,设置【级别】为7,如图5-117所示。

图5-117

05 为素材"01.jpg"添加【色相/饱和度】效果,设置【主饱和度】

为20,【主亮度】为10,如图5-118所示。

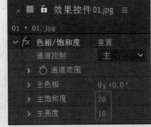

图5-118

06 最终出现了有趣的卡通画效果,如图5-119所示。

图5-119

实例091	窗外雨滴动画
文件路径	第5章\例091 窗外雨滴动画
难易指数	⭐⭐⭐⭐⭐
技术要点	● 【高斯模糊】效果 ● CC Mr.Mercury 效果

🔍扫码深度学习

💡操作思路

本例为素材添加【高斯模糊】效果,并设置关键帧动画制作模糊动画。添加CC Mr.Mercury效果,制作水滴滑落效果。

🖱案例效果

案例效果如图5-120所示。

图5-120

图5-120(续)

🎤操作步骤

01 将素材"01.jpg"导入时间线窗口中,设置【缩放】为75.0,75.0%,如图5-121所示。

图5-121

02 风景背景效果如图5-122所示。

图5-122

03 为素材"01.jpg"添加【高斯模糊】效果。将时间线拖动到第2

秒，打开【模糊度】前面的◌按钮，并设置数值为13.0，如图5-123所示。

图5-123

04 将时间线拖动到第3秒，设置【模糊度】为0.0，如图5-124所示。

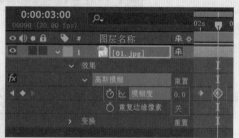

图5-124

05 拖动时间线滑块，可以看到模糊背景动画，如图5-125所示。

图5-125

06 选择"01.jpg"图层，并按快捷键Ctrl+D将其复制一份，并重命名为"水滴"，如图5-126所示。

图5-126

07 为"水滴"图层添加CC Mr.Mercury效果，设置Radius X为179.0，Radius Y为107.0，Velocity为0.0，Birth Rate为0.3，Longevity（sec）为5.0，Gravity为0.2，Animation为Direction，Influence Map为Constant Blobs，Blob Birth Size为0.45，Material Opacity为60.0，如图5-127所示。

图5-127

08 拖动时间线滑块，可以看到水滴下落的效果，如图5-128所示。

图5-128

09 由于复制出的"水滴"图层具有【高斯模糊】效果，这里只需要修改参数即可，不需要重新创建关键帧。将时间线拖动到第2秒，修改【模糊度】为0.0，如图5-129所示。

图5-129

10 将时间线拖动到第3秒，修改【模糊度】为13.0，如图5-130所示。

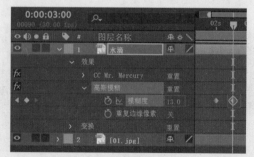

图5-130

艺境
中文版After Effects影视后期特效设计与制作全视频
实践228例 溢彩版

11 拖动时间线滑块，可以看到最终的动画效果，如图5-131所示。

图5-131

实例092　玻璃擦除效果

文件路径	第5章\例092 玻璃擦除效果
难易指数	★★★★★
技术要点	【复合模糊】效果

扫码深度学习

💡**操作思路**

本例为素材添加【复合模糊】效果制作玻璃擦除效果。

🖱**案例效果**

案例效果如图5-132所示。

图5-132

🎙**操作步骤**

01 将素材"01.jpg"导入时间线窗口中，如图5-133所示。

图5-133

---

02 背景效果如图5-134所示。

03 将素材"02.jpg"导入时间线窗口中，并设置【缩放】为66.0,66.0%，如图5-135所示。

图5-134　　　　　　　　　图5-135

04 风景效果如图5-136所示。

图5-136

05 为素材"02.jpg"添加【复合模糊】效果，设置【模糊图层】为【2.01.jpg】，【最大模糊】为80.0，【反转模糊】为【开】，如图5-137所示。

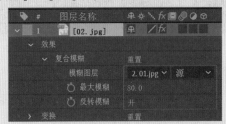

图5-137

06 最终出现了玻璃擦除效果，如图5-138所示。

图5-138

实例093	冰冻过程动画
文件路径	第5章\例093冰冻过程动画
难易指数	★★★★★
技术要点	● CC WarpoMatic 效果 ● 关键帧动画

🔍扫码深度学习

💡**操作思路**

本例通过对素材添加CC WarpoMatic效果制作冰花，并设置关键帧动画制作冰冻动画过程。

🖱️**案例效果**

案例效果如图5-139所示。

图5-139

🎤**操作步骤**

01 将素材"01.JPG"导入时间线窗口中，如图5-140所示。

图5-140

02 花朵背景效果如图5-141所示。

图5-141

03 为素材"01.JPG"添加CC WarpoMatic效果，设置Completion为75.0，Warp Direction为Twisting，如图5-142所示。

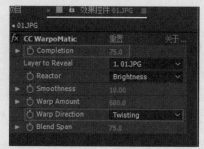

图5-142

04 将时间线拖动到第0秒，打开Smoothness前面的◎按钮，并设置数值为5.00；打开Warp Amount前面的◎按钮，并设置数值为0.0，如图5-143所示。

图5-143

05 将时间线拖动到第5秒，设置Smoothness为10.00，设置Warp Amount为600.0，如图5-144所示。

图5-144

06 拖动时间线滑块，可以看到冰冻过程的动画效果，如图5-145所示。

图5-145

实例094　碎片制作破碎动画

文件路径	第 5 章 \ 例 094 碎片制作破碎动画
难易指数	★★★★★
技术要点	● 横排文字工具 ● 【梯度渐变】效果 ● 【斜面 Alpha】效果 ● CC Light Sweep 效果 ● 【投影】效果 ● 【碎片】效果

操作思路

本例使用横排文字工具创建文字，为文字添加【梯度渐变】效果、【斜面 Alpha】效果制作三维质感，添加 CC Light Sweep 效果制作光感，添加【投影】效果制作阴影，添加【碎片】效果制作破碎动画效果。

案例效果

案例效果如图5-146所示。

图5-146

操作步骤

01 将素材"背景.jpg"导入时间线窗口中，如图5-147所示。

图5-147

02 背景效果如图5-148所示。

03 单击 T（横排文字工具）按钮，并输入文字，如图5-149所示。

图5-148　　　　　　　图5-149

04 在【字符】面板中设置相应的字体类型，设置【字体大小】为178像素，【字体颜色】为白色，并单击 T（仿粗体）和 TT（全部大写字母）按钮，如图5-150所示。

图5-150

05 选择文本图层，并设置【位置】为120.6,366.9，如图5-151所示。

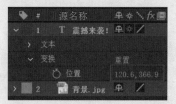

图5-151

06 为文本图层添加【梯度渐变】效果，设置【渐变起点】为500.2,234.9，【起始颜色】为咖啡色，【渐变终点】为502.7,385.4，【结束颜色】为浅灰色，如图5-152所示。

图5-152

07 此时，渐变文字效果如图5-153所示。

图5-153

08 为文本图层添加【斜面Alpha】效果，设置【边缘厚度】为4.00，【灯光角度】为0×+53.0°，【灯光强度】为0.60，如图5-154所示。

图5-154

09 此时，出现了类似三维的文字效果，如图5-155所示。

图5-155

10 为文本图层添加CC Light Sweep效果，设置Width为80.0，如图5-156所示。

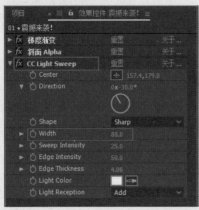
图5-156

11 将时间线拖动到第1秒，打开Center前面的⬤按钮，并设置数值为157.4,179.0，设置Width为80.0，如图5-157所示。

图5-157

12 将时间线拖动至第3秒20帧，设置Center为768.4,179.0，如图5-158所示。

图5-158

13 拖动时间线滑块，可以看到文字出现了扫光效果，如图5-159所示。

图5-159

14 为文本图层添加【投影】效果，设置【距离】为36.0，【柔和度】为15.0，如图5-160所示。

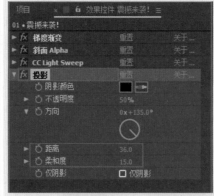
图5-160

15 此时，出现了三维文字的阴影效果，如图5-161所示。

图5-161

16 将素材"01.jpg"导入时间线窗口中，如图5-162所示。

图5-162

17 素材"01.jpg"的效果，如图5-163所示。

图5-163

18 为素材"01.jpg"添加【碎片】效果，设置【视图】为【已渲染】，【图案】为【正方形】，【方向】为0×+37.0°，【凸出深度】为0.41，【旋转速度】为0.40，【随机性】为0.30，如图5-164所示。

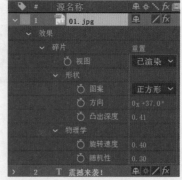
图5-164

19 拖动时间线滑块，出现了墙面爆炸文字的动画效果，如图5-165所示。

图5-165

实例095	炫动闪耀动画效果	
文件路径	第5章\例095炫动闪耀动画效果	
难易指数	★★★★★	
技术要点	● 【分形杂色】效果 ● CC Toner 效果 ● 【曲线】效果 ● 【动画预设】	扫码深度学习

操作思路

本例通过为纯色图层添加【分形杂色】效果、CC Toner效果、【曲线】效果制作梦幻动态背景。应用横排文字工具创建文字，并添加【动画预设】制作文字动画变换。

案例效果

案例效果如图5-166所示。

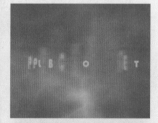

图5-166

操作步骤

01 在时间线窗口中新建一个黑色的纯色图层，命名为"背景"，如图5-167所示。

图5-167

02 背景效果如图5-168所示。

03 为黑色的纯色图层添加【分形杂色】效果，设置【分形类型】为【湍流锐化】，【杂色类型】为【线性】，勾选【反转】，【对比度】为160.0，设置【溢出】为【柔和固定】，【缩放】为1500.0，勾选【透视位移】，勾选【循环演化】，如图5-169所示。

图5-168　　　　　　图5-169

04 将时间线拖动到第0秒，打开【演化】前面的⏱按钮，并设置数值为0×+0.0°，如图5-170所示。

图5-170

05 将时间线拖动到第5秒，设置【演化】为2x+0.0°，如图5-171所示。

图5-171

06 拖动时间线滑块,查看动态背景效果,如图5-172所示。

图5-172

07 为【背景】图层添加CC Toner效果,设置Midtones为蓝色,如图5-173所示。

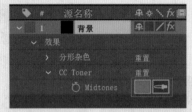

图5-173

08 拖动时间线滑块,查看蓝色动态背景效果,如图5-174所示。

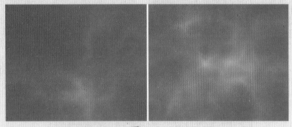

图5-174

09 为【背景】图层添加【曲线】效果,并调整曲线,如图5-175所示。

10 此时的背景看起来更明亮,如图5-176所示。

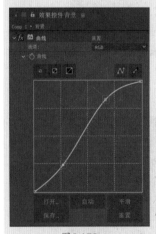

图5-175　　　　　　　　　图5-176

11 单击T(横排文字工具)按钮,并输入文字,如图5-177所示。

12 在【字符】面板中设置相应的字体类型,设置【字体大小】为45像素,【字体颜色】为黄色,并单击T(仿粗体)按钮和TT(全部大写字母)按钮,如图5-178所示。

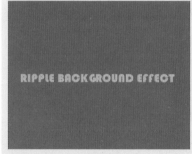

图5-177　　　　　　　　　图5-178

13 设置文本图层的【位置】为45.9,315.2,如图5-179所示。

图5-179

14 进入【效果和预设】面板,选择【动画预设】|Text|Blurs|【运输车】命令,然后将其拖到文字上,如图5-180所示。

图5-180

15 最终文字动画效果如图5-181所示。

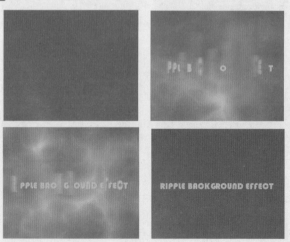

图5-181

实例096　光圈擦除转场

文件路径	第5章\例096 光圈擦除转场
难易指数	★★★★★
技术要点	● 【光圈擦除】效果 ● 关键帧动画

🔍扫码深度学习

💡操作思路

本例通过为素材添加【光圈擦除】效果，并设置关键帧动画制作光圈擦除转场动画。

🖱案例效果

案例效果如图5-182所示。

图5-182

🎤操作步骤

01 将素材"01.jpg"和"02.jpg"导入时间线窗口中，如图5-183所示。

图5-183

02 背景效果如图5-184所示。

图5-184

03 为"01.jpg"图层添加【光圈擦除】效果，设置【点光圈】为6，如图5-185所示。

04 将时间线拖动到第0秒，打开【外径】前面的◎按钮，并设置数值为0.0。打开【旋转】前面的◎按钮，并设置数值为0×+0.0°，设置【点光圈】为6，如图5-186所示。

图5-185　　　　　　　　　　图5-186

05 将时间线拖动到第1秒，打开【羽化】前面的◎按钮，并设置数值为0.0，如图5-187所示。

图5-187

06 将时间线拖动到第3秒，设置【外径】为1500.0，【旋转】为0×+60.0°，【羽化】为100.0，如图5-188所示。

图5-188

07 拖动时间线滑块，查看动态转场效果，如图5-189所示。

图5-189

实例097　渐变擦除转场

文件路径	第5章\例097 渐变擦除转场
难易指数	★★★★★
技术要点	● 【渐变擦除】效果 ● 关键帧动画

操作思路

本例为素材添加【渐变擦除】效果，并通过设置关键帧动画制作渐变擦除转场效果。

案例效果

案例效果如图5-190所示。

图5-190

操作步骤

01 将素材 "01.jpg" 和 "02.jpg" 导入时间线窗口中，如图5-191所示。

图5-191

02 背景效果如图5-192所示。

图5-192

03 为 "01.jpg" 图层添加【渐变擦除】效果，设置【过渡柔和度】为30%，如图5-193所示。

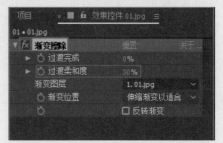

图5-193

04 将时间线拖动到第0秒，打开【过渡完成】前面的 按钮，并设置数值为0，如图5-194所示。

图5-194

05 将时间线拖动到第4秒，设置【过渡完成】为100%，如图5-195所示。

图5-195

06 拖动时间线滑块，查看最终转场动画效果，如图5-196所示。

图5-196

实例098　径向擦除和卡片擦除转场

文件路径	第5章 \ 例098 径向擦除和卡片擦除 转场
难易指数	★★★★★
技术要点	● 【卡片擦除】效果 ● 【径向擦除】效果 ● 关键帧动画

扫码深度学习

操作思路

本例为素材添加【卡片擦除】效果、【径向擦除】效果，并设置关键帧动画制作转场。

案例效果

案例效果如图5-197所示。

图5-197

操作步骤

01 将素材"01.jpg"和"02.jpg"导入时间线窗口中，如图5-198所示。

	#	源名称	模式
>	1	01.jpg	正常∨
>	2	02.jpg	正常∨

图5-198

02 背景效果如图5-199所示。

03 为"01.jpg"图层添加【卡片擦除】效果，设置【翻转轴】为【X】，【翻转方向】为【正向】，【翻转顺序】为【从左到右】，如图5-200所示。

图5-199　　　　图5-200

04 将时间线拖动到第0秒，打开【过渡完成】前面的◎按钮，并设置数值为0，如图5-201所示。

图5-201

05 将时间线拖动到第3秒，设置【过渡完成】为100%，如图5-202所示。

图5-202

06 拖动时间线滑块，查看转场动画效果，如图5-203所示。

图5-203

07 为"01.jpg"图层添加【径向擦除】效果。将时间线拖动到第0秒，打开【过渡完成】前面的◎按钮，并设置数值为0。打开【起始角度】前面的◎按钮，并设置数值为0×+0.0°，如图5-204所示。

图5-204

08 将时间线拖动到第3秒，设置【过渡完成】为100%，【起始角度】为0×+30.0°，如图5-205所示。

图5-205

09 拖动时间线滑块，查看两种最终转场动画效果，如图5-206所示。

图5-206

实例099 线性擦除转场

文件路径	第5章\例099 线性擦除转场
难易指数	★★★★★
技术要点	【线性擦除】效果

🔍扫码深度学习

💡**操作思路**

本例通过对素材添加【线性擦除】效果，并设置关键帧动画制作线性擦除转场。

🖱**案例效果**

案例效果如图5-207所示。

图5-207

🎤**操作步骤**

01 将素材"01.jpg"和"02.jpg"导入时间线窗口中，如图5-208所示。

图5-208

02 背景效果如图5-209所示。

图5-209

03 为01.jpg图层添加【线性擦除】效果。将时间线拖动到第0秒，打开【过渡完成】前面的◎按钮，并设置数值为0。打开【擦除角度】前面的◎按钮，并设置数值为0×+0.0°，如图5-210所示。

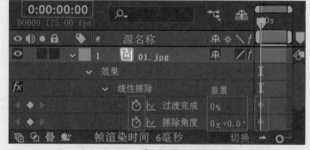

图5-210

04 将时间线拖动到第2秒，设置【擦除角度】为0×+90.0°，如图5-211所示。

图5-211

05 将时间线拖动到第3秒，打开【羽化】前面的◎按钮，设置【羽化】为0.0，如图5-212所示。

图5-212

06 将时间线拖动到第4秒，设置【过渡完成】为100%，如图5-213所示。

图5-213

07 将时间线拖动到第5秒，设置【羽化】为200.0，如图5-214所示。

图5-214

08 拖动时间线滑块，查看转场动画效果，如图5-215所示。

图5-215

实例100 网格擦除转场

文件路径	第5章\例100 网格擦除转场	
难易指数	★★★★★	扫码深度学习
技术要点	● CC Grid Wipe 效果 ● 关键帧动画 ● 椭圆工具	

操作思路

本例为素材添加CC Grid Wipe效果，设置关键帧动画制作网格擦除转场效果，并使用椭圆工具制作画面四周变暗效果。

案例效果

案例效果如图5-216所示。

图5-216

操作步骤

01 将素材"01.jpg"和"02.jpg"导入时间线窗口中，如图5-217所示。

图5-217

02 背景效果如图5-218所示。

图5-218

03 为"01.jpg"图层添加CC Grid Wipe效果。将时间线拖动到第0秒，打开Completion前面的◎按钮，并设置数值为0。打开Rotation前面的◎按钮，并设置数值为0×+0.0°，如图5-219所示。

图5-219

04 将时间线拖动到第3秒，设置Completion为100.0%，Rotation为0×+45.0°，如图5-220所示。

图5-220

05 在时间线窗口中新建一个黑色的纯色图层，如图5-221所示。

图5-221

06 选择该纯色图层，单击◼（椭圆工具）按钮，拖动并绘制一个黑色遮罩，如图5-222所示。

图5-222

07 勾选【反转】，设置【蒙版羽化】为160.0,160.0，【蒙版扩展】为160.0，如图5-223所示。

图5-223

08 此时，出现了柔和的黑色遮罩，如图5-224所示。

图5-224

09 拖动时间线滑块，查看转场动画效果，如图5-225所示。

图5-225

实例101 风景油画

文件路径	第5章\例101 风景油画	
难易指数	★★★★★	
技术要点	● 【画笔描边】效果 ● 【投影】图层样式	扫码深度学习

💡 操作思路

本例为素材添加【画笔描边】效果制作风景油画质感，添加【投影】图层样式制作阴影效果。

🖱 案例效果

案例效果如图5-226所示。

图5-226

操作步骤

01 将素材"01.jpg"导入时间线窗口中,设置【位置】为712.0,440.0,【缩放】为81.0,81.0%,如图5-227所示。

图5-227

02 背景效果如图5-228所示。

03 为"01.jpg"图层添加【画笔描边】效果,设置【画笔大小】为5.0,【描边长度】为30,如图5-229所示。

图5-228　　　　　　图5-229

04 此时,出现了类似油画的画面效果,如图5-230所示。

图5-230

05 将素材"02.png"导入时间线窗口中,如图5-231所示。

图5-231

06 在素材"02.png"上右击鼠标,在弹出的快捷菜单中选择【图层样式】|【投影】命令,如图5-232所示。

图5-232

07 设置投影【距离】为6.0,【大小】为10.0,如图5-233所示。

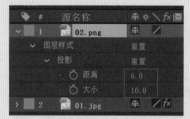

图5-233

08 拖动时间线滑块,查看此时的风景油画效果,如图5-234所示。

图5-234

实例102	动感时尚栏目动画	
文件路径	第5章\例102 动感时尚栏目动画	
难易指数	★★★★★	
技术要点	● 矩形工具 ●【百叶窗】效果 ●【投影】效果	🔍扫码深度学习

操作思路

本例通过使用矩形工具绘制矩形,使用【百叶窗】效果制作动画,添加【投影】效果制作阴影,从而完成动感时尚栏目动画的制作。

案例效果

案例效果如图5-235所示。

图5-235

🎙️操作步骤

01 将素材"01.png"导入时间线窗口中,设置【缩放】为86.0,86.0%,如图5-236所示。

图5-236

02 背景效果如图5-237所示。

图5-237

03 在时间线窗口中新建一个白色纯色图层,命名为"斜线",如图5-238所示。

图5-238

04 选择白色的"斜线"图层,单击▇(矩形工具)按钮,拖动并画出一个矩形遮罩,如图5-239所示。

图5-239

05 勾选【反转】,设置【蒙版羽化】为75.0,75.0像素,如图5-240所示。

图5-240

06 拖动时间线滑块,查看柔和画面效果,如图5-241所示。

图5-241

07 为"斜线"图层添加【百叶窗】效果,设置【方向】为0×+35.0°。将时间线拖动到第0秒,打开【过渡完成】前面的◎按钮,并设置【数值】为0。打开【宽度】前面的◎按钮,并设置数值为30,如图5-242所示。

图5-242

08 将时间线拖动到第3秒,设置【过渡完成】为50%,设置【宽度】为15,如图5-243所示。

图5-243

09 拖动时间线滑块,查看此时的百叶窗动画效果,如图5-244所示。

图5-244

10 在不选择任何图层的情况下，单击■（矩形工具）按钮，拖动并画出一个矩形遮罩。在【内容】中，设置【大小】为737.0,176.5，【Stroke 1】为【正常】，【描边宽度】为0.0，【Fill 1】为【正常】，【颜色】为粉色，设置【位置】为−258.1,−128.5。在【变换】中，设置【位置】为376.0,74.0，【缩放】为81.0,84.2%，【旋转】为0×−40.0°。将时间线拖动到第0秒，打开【比例】前面的回按钮，并设置数值为257.4,600.0%，如图5-245所示。

图5-245

11 将时间线拖动到第1秒，设置【比例】为257.4,100.0%，如图5-246所示。

图5-246

12 拖动时间线滑块，查看时尚动画效果，如图5-247所示。

13 在不选择任何图层的情况下，单击■（矩形工具）按钮，拖动并画出一个矩形遮罩。在【内容】中，设置【大小】为737.0,176.5，【Stroke 1】为【正常】，【描

边宽度】为0.0，【Fill 1】为【正常】，【颜色】为粉色，设置【位置】为−258.1,−128.5。在【变换】中，设置【位置】为1097.1,591.2，【缩放】为81.0,88.3%，【旋转】为0×−40.0°。将时间线拖动到第0秒，打开【比例】前面的回按钮，并设置数值为255.5,600.0%，如图5-248所示。

图5-247

图5-248

14 将时间线拖动到第1秒，设置【比例】为255.5,100.0%，如图5-249所示。

图5-249

15 拖动时间线滑块，查看时尚动画效果，如图5-250所示。

图5-250

16 单击 T（横排文字工具）按钮，并输入文字，如图5-251所示。

图5-251

17 在【字符】面板中设置相应的字体类型，设置【字体大小】为90像素，【字体颜色】为白色，如图5-252所示。

18 选择此时的文本图层，设置【位置】为104.0,206.0，【旋转】为0×-40.0°，如图5-253所示。

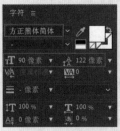

图5-252　　　　　　　图5-253

19 为文本图层添加【投影】效果，设置【方向】为0×+300.0°，【距离】为8.0，【柔和度】为15.0，如图5-254所示。

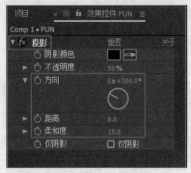

图5-254

20 上方文字效果如图5-255所示。

21 以同样的方法继续制作出下方的文字，如图5-256所示。

图5-255　　　　　　　图5-256

22 拖动时间线滑块，查看最终动画效果，如图5-257所示。

图5-257

实例103　下雨动画

文件路径	第5章\例103 下雨动画	
难易指数	★★★★★	
技术要点	●【色阶】效果 ●【自然饱和度】效果 ●【亮度和对比度】效果 ● CC Rainfall 效果	扫码深度学习

操作思路

本例通过对素材添加【色阶】效果、【自然饱和度】效果、【亮度和对比度】效果、CC Rainfall效果制作阴天下雨动画。

案例效果

案例效果如图5-258所示。

图5-258

操作步骤

01 将素材"01.jpg"导入时间线窗口中,设置【缩放】为73.0,73.0%,如图5-259所示。

图5-259

02 背景效果如图5-260所示。

图5-260

03 为"01.jpg"图层添加【色阶】效果,设置【输入白色】为324.0,如图5-261所示。

04 为"01.jpg"图层添加【自然饱和度】效果,设置【自然饱和度】为-34.0,如图5-262所示。

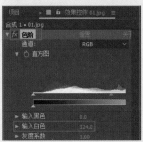

图5-261   图5-262

05 为"01.jpg"图层添加【亮度和对比度】效果,设置【亮度】为-12,【对比度】为17,如图5-263所示。

06 此时画面变得更暗淡了,如图5-264所示。

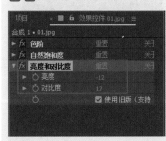

图5-263   图5-264

07 为"01.jpg"图层添加CC Rainfall效果,设置Drops为2200,Size为8.00,Speed为5230,Wind

为-1240.0,Opacity为45.0,如图5-265所示。

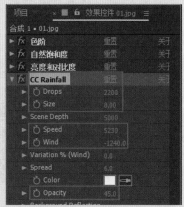

图5-265

08 拖动时间线滑块,查看最终下雨效果,如图5-266所示。

图5-266

实例104 彩虹球分散动画

文件路径	第5章\例104 彩虹球分散动画
难易指数	★★★★★
技术要点	● CC Ball Action 效果 ● 【色相/饱和度】效果 ● CC Plastic 效果

扫码深度学习

操作思路

本例通过对素材添加CC Ball Action效果制作分散小球效果,添加【色相/饱和度】效果增强画面色彩感,添加CC Plastic效果制作塑料质感。

案例效果

案例效果如图5-267所示。

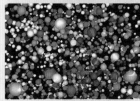 

图5-267

图5-272

🎤 操作步骤

06 为"03.jpg"图层添加【色相/饱和度】效果，设置【主饱和度】为50，如图5-273所示。

07 为"03.jpg"图层添加CC Plastic效果，设置Light Intensity为200.0，Dust为30.0，Roughness为0.050，如图5-274所示。

01 将素材"03.jpg"导入时间线窗口中，如图5-268所示。

02 背景效果如图5-269所示。

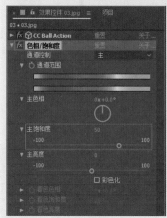 

图5-268　　　　　图5-269

图5-273　　　　　图5-274

08 拖动时间线滑块，查看彩虹球分散动画效果，如图5-275所示。

03 为"03.jpg"图层添加CC Ball Action效果。将时间线拖动到第0秒，打开Scatter前面的⏱按钮，并设置数值为0.0，如图5-270所示。

图5-270

04 将时间线拖动到第5秒，设置Scatter数值为1000.0，如图5-271所示。

图5-271

图5-275

05 拖动时间线滑块，查看动画效果，如图5-272所示。

实例105　复古风格画面

文件路径	第5章\例105 复古风格画面	
难易指数	★★★★★	
技术要点	● 椭圆工具 ● 【分形杂色】效果 ● 关键帧动画	🔍扫码深度学习

操作思路

本例为素材使用椭圆工具制作蒙版效果，应用【分形杂色】效果、关键帧动画制作复古风格的画面。

案例效果

案例效果如图5-276所示。

图5-276

操作步骤

01 将视频素材 "01.mp4" 导入时间线窗口中，设置【缩放】为30.0,30.0%，如图5-277所示。

图5-277

02 动态背景效果如图5-278所示。

03 选择 "01.mp4" 图层，单击██（椭圆工具）按钮，拖动出一个区域，如图5-279所示。

图5-278　　　　　　　图5-279

04 设置【蒙版羽化】为190.0,190.0像素，如图5-280所示。

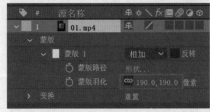

图5-280

05 产生了柔和的过渡效果，如图5-281所示。

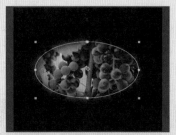

图5-281

06 在时间线窗口新建一个黑色纯色图层，设置【模式】为【相加】。并为其添加【分形杂色】效果，设置【对比度】为250.0，【亮度】为–100.0，【溢出】为【剪切】。设置【统一缩放】为【关】，【缩放宽度】为520.0，【缩放高度】为10000.0，【透视位移】为【开】。将时间线拖动到第0秒，打开【偏移（湍流）】前面的██按钮，并设置数值为360.0,288.0，如图5-282所示。

图5-282

07 将时间线拖动到第3秒19帧处，设置【偏移（湍流）】为240.0,7259.0，如图5-283所示。

图5-283

08 拖动时间线滑块，查看动画效果，如图5-284所示。

图5-284

09 继续在时间线窗口新建一个黑色纯色图层，设置【模式】为【轮廓亮度】，并为其添加【分形杂色】效果，设置【对比度】为350.0，【亮度】为-100.0，【不透明度】为50.0%。将时间线拖动到第0秒，打开【演化】前面的⊙按钮，并设置数值为0×+0.0°，如图5-285所示。

图5-285

10 将时间线拖动到第3秒19帧处，设置【演化】为2x+170.0°，如图5-286所示。

图5-286

11 将素材"02.jpg"导入时间线窗口中，设置【缩放】为73.0,73.0%，如图5-287所示。

图5-287

12 此时画面效果如图5-288所示。

13 选择"02.jpg"图层，单击▣（椭圆工具）按钮，并拖动出一个区域，如图5-289所示。

图5-288

图5-289

14 设置【蒙版羽化】为190.0,190.0像素，勾选【反转】，如图5-290所示。

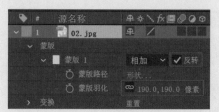

图5-290

15 拖动时间线滑块，查看此时的效果，如图5-291所示。

图5-291

实例106	蒙尘与划痕制作画面模糊效果
文件路径	第5章\例106 蒙尘与划痕制作画面模糊效果
难易指数	★★★★★
技术要点	【蒙尘与划痕】效果

扫码深度学习

💡操作思路

本例为素材应用【蒙尘与划痕】效果和关键帧制作画面模糊效果。

🖱案例效果

案例效果如图5-292所示。

图5-292

操作步骤

01 将视频素材"1.png"导入时间线窗口中，如图5-293所示。

图5-293

02 画面效果如图5-294所示。

图5-294

03 为素材"1.png"添加【蒙尘与划痕】效果，接着将时间线拖动至起始时间位置处，打开【半径】前面的按钮，设置【半径】为67，如图5-295所示。

图5-295

04 将时间线拖动到第1秒，设置【半径】为0，如图5-296所示。

图5-296

05 拖动时间线滑块，查看最终效果，如图5-297所示。

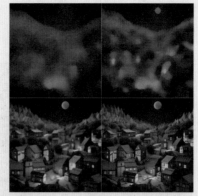

图5-297

实例107 三维名片效果

文件路径	第5章\例107 三维名片效果
难易指数	★★★★★
技术要点	● 【斜面Alpha】效果 ● 【投影】效果

扫码深度学习

操作思路

本例使用【斜面Alpha】效果、【投影】效果制作三维名片。

案例效果

案例效果如图5-298所示。

图5-298

操作步骤

01 在时间线窗口中新建一个淡灰色的纯色图层，如图5-299所示。

图5-299

02 淡灰色的背景效果如图5-300所示。

图5-300

03 将素材"01.jpg"导入时间线窗口中，设置【位置】为709.4,548.9，【缩放】为75.0,75.0%，【旋转】为0×−32.0°，如图5-301所示。

图5-301

04 名片效果如图5-302所示。

图5-302

05 为素材"01.jpg"添加【斜面Alpha】效果，设置【边缘厚度】为8.00，【灯光强度】为0.60，如图5-303所示。

图5-303

06 名片产生了三维质感，如图5-304所示。

117

图5-304

07 再次拖动素材"01.jpg"到第2个图层位置，并单击 🔲（3D图层）按钮，如图5-305所示。

图5-305

08 设置该图层的【位置】为 917.2,1027.0,139.6，【缩放】为75.0,75.0,75.0%，【方向】为98.0°,0.0°,49.0°，【Z轴旋转】为0×−32.0°，【不透明度】为30%，如图5-306所示。

图5-306

09 查看倒影效果，如图5-307所示。

图5-307

10 为素材"01.jpg"添加【斜面Alpha】效果，设置【边缘厚度】为8.00，【灯光强度】为0.60，如图5-308所示。

11 为素材"01.jpg"添加【投影】效果，设置【距离】为80.0，【柔和度】为60.0，如图5-309所示。

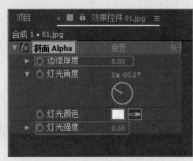

图5-308

图5-309

12 拖动时间线滑块，查看此时的效果，如图5-310所示。

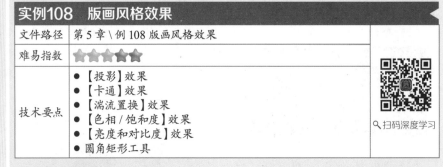

图5-310

实例108　版画风格效果

文件路径	第5章 \ 例108 版画风格效果	
难易指数	★★★★★	
技术要点	● 【投影】效果 ● 【卡通】效果 ● 【湍流置换】效果 ● 【色相/饱和度】效果 ● 【亮度和对比度】效果 ● 圆角矩形工具	🔍扫码深度学习

💡操作思路

　　本例通过应用【投影】效果、【卡通】效果、【湍流置换】效果、【色相/饱和度】效果、【亮度和对比度】效果、圆角矩形工具制作版画风格效果。

🖱案例效果

　　案例效果如图5-311所示。

图5-311

艺境　中文版After Effects影视后期特效设计与制作全视频　实践228例　溢彩版

☷ 操作步骤

01 在时间线窗口中新建一个淡灰色的纯色图层，如图5-312所示。

图5-312

02 淡灰色的背景效果，如图5-313所示。

图5-313

03 将素材"02.jpg"导入时间线窗口中，如图5-314所示。

图5-314

04 纸张效果如图5-315所示。

图5-315

05 为素材"02.jpg"添加【投影】效果，设置【距离】为10.0，【柔和度】为35.0，如图5-316所示。

图5-316

06 纸张产生了阴影效果，如图5-317所示。

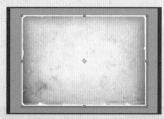

图5-317

07 拖动素材"01.jpg"到时间线窗口中，设置【模式】为【强光】，【缩放】为54.0,54.0%，如图5-318所示。

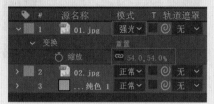

图5-318

08 画面合成效果如图5-319所示。

图5-319

09 为素材"01.jpg"添加【卡通】效果，如图5-320所示。

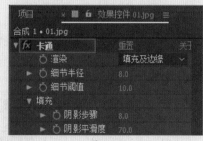

图5-320

10 为素材"01.jpg"添加【湍流置换】效果，设置【数量】为60.0，【大小】为10.0，如图5-321所示。

11 为素材"01.jpg"添加【色相/饱和度】效果，设置【主饱和度】为-100，如图5-322所示。

12 查看画面效果，如图5-323所示。

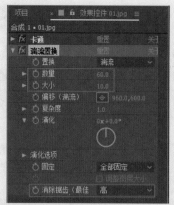

图5-321

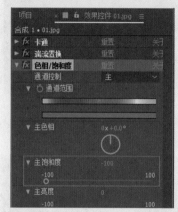

图5-322

图5-323

13 为素材"01.jpg"添加【亮度和对比度】效果，设置【亮度】为60，【对比度】为60，如图5-324所示。

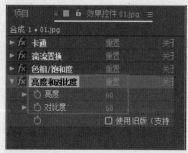

图5-324

14 查看画面效果，如图5-325所示。

图5-325

15 选择素材"01.jpg"图层，并单击 ■（圆角矩形工具）按钮，绘制一个圆角矩形，如图5-326所示。

图5-326

16 设置【蒙版羽化】为10.0,10.0像素，如图5-327所示。

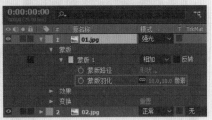

图5-327

17 最终版画效果如图5-328所示。

图5-328

实例109　拉开电影的序幕

文件路径	第5章\例109 拉开电影的序幕	
难易指数	★★★★★	扫码深度学习
技术要点	● Keylight(1.2) 效果 ● 横排文字工具 ●【投影】效果 ● 动画预设	

操作思路

本例为素材添加Keylight（1.2）效果进行素材抠像，然后进行风景合成。接着使用横排文字工具创建文字，为其添加【投影】效果、【动画预设】制作文字动画。

案例效果

案例效果如图5-329所示。

图5-329

操作步骤

01 将视频素材"02.mp4"导入时间线窗口中，如图5-330所示。

02 冬季的动态背景效果，如图5-331所示。

图5-330　　　　　　　　　图5-331

03 将视频素材"01.mp4"导入时间线窗口中，如图5-332所示。

04 此时，可以看到素材犹如在绿棚中拍摄的幕布，中间为绿色，如图5-333所示。

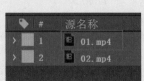

图5-332　　　　　　　　　图5-333

05 此时需要将绿色部分抠除。首先，为视频素材"01.mp4"添加Keylight（1.2）效果，单击 ■ 按钮，吸取画面中的绿色部分，如图5-334所示。

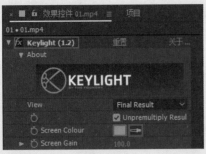

图5-334

06 绿色已经成功地被抠除，并且看到了背景的雪景，如图5-335所示。

07 单击 T（横排文字工具）按钮，并输入文字，如图5-336所示。

图5-335 　　　　　　　图5-336

08 在【字符】面板中设置【字体大小】为120像素，【填充颜色】为白色，激活"全部大写字母" TT 按钮，如图5-337所示。

09 为文字图层添加【投影】效果，设置【柔和度】为20.0，如图5-338所示。

图5-337 　　　　　　　图5-338

10 将该文字图层的起始时间设置为1秒18帧，如图5-339所示。

图5-339

11 进入【效果和预设】面板，搜索【3D翻转进入旋转X】效果，然后将其拖到文字上，如图5-340所示。

图5-340

12 拖动时间线滑块，查看最终动画效果，如图5-341所示。

图5-341

实例110　时间伸缩加快视频速度

文件路径	第5章 \ 例110 时间伸缩加快视频速度	
难易指数	★★★★★	
技术要点	时间伸缩	扫码深度学习

💡 操作思路

　　本例应用【时间伸缩】技术将时间进行缩短，从而将视频播放速度变快。

🖱 案例效果

　　案例效果如图5-342所示。

图5-342

🎤 操作步骤

01 将视频素材"01.mov"导入时间线窗口中，如图5-343所示。

图5-343

02 此时，可以看到视频共计58秒22帧，并且播放速度比较慢，如图5-344所示。

图5-344

03 在视频素材"01.mov"图层右击鼠标,在弹出的快捷菜单中选择【时间】|【时间伸缩】命令,如图5-345所示。

蒙版	▶	场景编辑检测...
蒙版和形状路径	▶	
品质	▶	
开关	▶	
变换	▶	
时间	▶	启用时间重映射 Ctrl+Alt+T
帧混合	▶	时间反向图层 Ctrl+Alt+R
3D 图层		时间伸缩(C)...
参考线图层		冻结帧
环境图层		在最后一帧上冻结
标记	▶	将视频对齐到数据

图5-345

04 设置【拉伸因数】为30,如图5-346所示。

05 原来的视频长度已经变短了很多,如图5-347所示。

图5-346　　　　　图5-347

06 再次播放时,速度变快了大概3倍,如图5-348所示。

图5-348

实例111　翻开日历动画

文件路径	第5章\例111 翻开日历动画
难易指数	★★★★★
技术要点	● 椭圆工具 ● 矩形工具 ● 横排文字工具 ● CC Page Turn 效果 ● 【投影】效果

扫码深度学习

💡 **操作思路**

本例使用椭圆工具、矩形工具制作遮罩和图形,使用横排文字工具创建文字,使用CC Page Turn效果制作素材翻页。

🖱 **案例效果**

案例效果如图5-349所示。

图5-349

🎤 **操作步骤**

01 在时间线窗口中新建一个黄色的纯色图层,如图5-350所示。

图5-350

02 背景效果如图5-351所示。

03 选择黄色的纯色图层,单击■(椭圆工具)按钮,绘制一个椭圆遮罩,如图5-352所示。

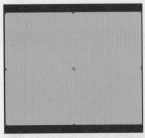

图5-351　　　　　　　　图5-352

04 设置【蒙版羽化】为100.0,100.0像素，【蒙版扩展】为60.0像素，如图5-353所示。

图5-353

05 背景出现了柔和的过渡效果，如图5-354所示。

06 在时间线窗口中新建一个深灰色的纯色图层，如图5-355所示。

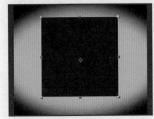

图5-354　　　　　　　　图5-355

07 选择深灰色的纯色图层，然后单击■（矩形工具）按钮，绘制一个矩形遮罩，如图5-356所示。

08 在时间线窗口中新建一个蓝色的纯色图层，如图5-357所示。

图5-356　　　　　　　　图5-357

09 选择蓝色的纯色图层，然后单击■（矩形工具）按钮绘制一个矩形遮罩，如图5-358所示。

10 单击■（横排文字工具）按钮，并输入文字，如图5-359所示。

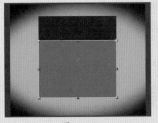

图5-358　　　　　　　　图5-359

11 在【字符】面板中设置【字体大小】为300像素，【填充颜色】为白色，激活■（仿粗体）按钮，如图5-360所示。

12 继续单击■（横排文字工具）按钮，并输入文字，如图5-361所示。

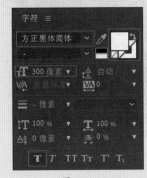

图5-360　　　　　　　　图5-361

13 在【字符】面板中设置【字体大小】为91像素，【填充颜色】为白色，单击■（仿粗体）按钮，如图5-362所示。

14 选择上面的4个图层，按快捷键Ctrl+Shift+C，进行预合成，如图5-363所示。

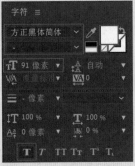
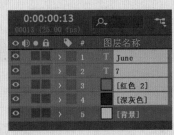

图5-362　　　　　　　　图5-363

15 在弹出的【预合成】对话框中命名为"日历1"，如图5-364所示。

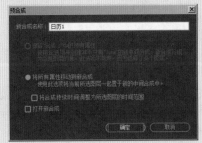

图5-364

16 选择预合成的"日历1"图层，如图5-365所示。

图5-365

17 为"日历1"图层添加CC Page Turn效果，设置Back Page为【无】，Back Opacity为100.0，Paper Color为浅灰色。将时间线拖动到第0秒，打开Fold Position前面的码按钮，并设置数值为521.0,430.0，如图5-366所示。

图5-366

18 将时间线拖动到第4秒，设置Fold Position为-897.0，-30.0，如图5-367所示。

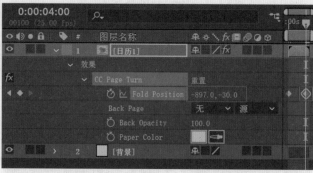

图5-367

19 拖动时间线滑块，出现了日历翻页的动画效果，如图5-368所示。

图5-368

20 为【日历1】图层添加【投影】效果，设置【距离】为3.0，【柔和度】为20.0，如图5-369所示。

21 此时，翻页效果出现了阴影，如图5-370所示。

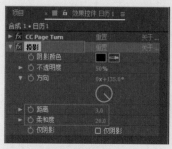

图5-369   图5-370

22 以同样的方法制作出【日历2】的动画效果，如图5-371所示。

图5-371

23 拖动时间线滑块，最终日历翻页效果，如图5-372所示。

图5-372

实例112 塑料质感效果

文件路径	第 5 章 \ 例 112 塑料质感效果	
难易指数	★★★★★	
技术要点	● CC Glass 效果 ● CC Plastic 效果 ● 【色相 / 饱和度】效果	扫码深度学习

操作思路

本例为素材添加CC Glass效果、CC Plastic效果制作具有塑料质感的画面，使用【色相/饱和度】效果增强画面色彩感。

案例效果

案例效果如图5-373所示。

图5-373

🎙操作步骤

01 将素材"01.jpg"导入时间线窗口中，如图5-374所示。

图5-374

02 画面效果如图5-375所示。

图5-375

03 为素材"01.jpg"添加CC Glass效果，设置Softness为39.6，Height为73.0，如图5-376所示。

图5-376

04 出现了类似塑料的画面质感，如图5-377所示。

图5-377

05 继续为素材"01.jpg"添加CC Plastic效果，如图5-378所示。

06 此时，画面高光质感更强烈了，如图5-379所示。

图5-378

图5-379

07 继续为素材"01.jpg"添加【色相/饱和度】效果，设置【主饱和度】为40，如图5-380所示。

08 最终塑料质感效果，如图5-381所示。

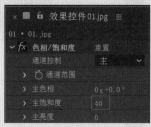

图5-380

图5-381

实例113　图像分裂粒子效果

文件路径	第5章\例113 图像分裂粒子效果
难易指数	★★★★★
技术要点	CC Ball Action 效果

💡操作思路

本例为素材添加CC Ball Action效果，制作由一张图片变为三维小球的效果，创建关键帧动画制作图像分裂粒子动画。

🖱案例效果

案例效果如图5-382所示。

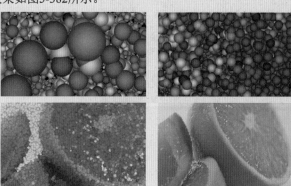

图5-382

第**5**章　滤镜特效

125

操作步骤

01 将视频素材"01.mp4"导入时间线窗口中，如图5-383所示。

图5-383

02 画面效果如图5-384所示。

图5-384

03 为素材"01.mp4"添加CC Ball Action效果，设置Ball Size为300.0，如图5-385所示。

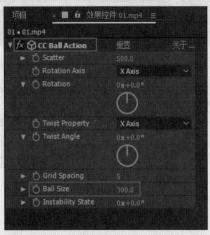

图5-385

04 将时间线拖动到第0秒，打开Scatter前面的◎按钮，并设置数值为500.0，如图5-386所示。

图5-386

05 将时间线拖动到第12秒，设置Scatter为0.0，如图5-387所示。

06 拖动时间线滑块，查看此时的动画效果，如图5-388所示。

图5-387

图5-388

实例114　三维纽扣

文件路径	第5章 \ 例114 三维纽扣	
难易指数	★★★★★	
技术要点	● 椭圆工具 ● 【斜面 Alpha】效果 ● 【投影】效果	扫码深度学习

操作思路

本例为纯色图层使用椭圆工具绘制圆形，为其添加【斜面Alpha】效果、【投影】效果制作具有起伏感的三维纽扣效果。

案例效果

案例效果如图5-389所示。

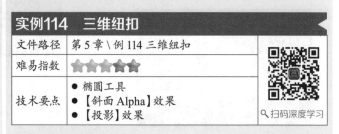

图5-389

操作步骤

01 在时间线窗口中，新建一个浅橙色的纯色图层，如图5-390所示。

图5-390

02 画面效果如图5-391所示。

图5-391

03 将素材"coast-192979.jpg"导入时间线窗口中，如图5-392所示。

图5-392

04 素材效果如图5-393所示。

图5-393

05 选择素材"coast-192979.jpg"，并单击■（椭圆工具）按钮，按住Shift键，拖动鼠标左键3次，绘制3个圆形蒙版，如图5-394所示。

图5-394

06 为素材"coast-192979.jpg"添加【斜面Alpha】效果，设置【边缘厚度】为50.00，【灯光强度】为0.50，如图5-395所示。

图5-395

07 为素材"coast-192979.jpg"添加【投影】效果，设置【距离】为20.0，【柔和度】为30.0，如图5-396所示。

图5-396

08 最终，三维纽扣效果如图5-397所示。

图5-397

实例115 杂色效果

文件路径	第5章\例115 杂色效果
难易指数	⭐⭐⭐⭐⭐
技术要点	● 【杂色】效果 ● 【杂色 Alpha】效果

扫码深度学习

操作思路

本例通过对素材添加【杂色】效果、【杂色Alpha】效果制作复古的杂色颗粒感效果。

案例效果

案例效果如图5-398所示。

图5-398

操作步骤

01 将素材"01.jpg"导入时间线窗口中，如图5-399所示。

图5-399

02 画面效果如图5-400所示。

图5-400

03 将素材"01.jpg"添加【杂色】效果，设置【杂色数量】为100.0%，如图5-401所示。

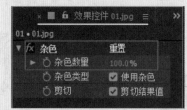

图5-401

04 将素材"01.jpg"添加【杂色Alpha】效果，设置【杂色】为【方形随机】，设置【数量】为19.0%，如图5-402所示。

图5-402

05 最终，杂色效果如图5-403所示。

图5-403

第6章

蒙版

本章概述

　　蒙版就是选框的外部（选框的内部是选区）。通过在After Effects中新建圆形、矩形，使用钢笔工具等操作，可使图层产生蒙版效果，并可以设置蒙版羽化效果。

本章重点

- 了解什么是蒙版
- 掌握创建蒙版的多种方法
- 掌握蒙版的应用效果

实例116　蒙版制作电脑播放效果

文件路径	第6章\例116蒙版制作电脑播放效果
难易指数	★★★★★
技术要点	"矩形工具"【内阴影】效果

🔍扫码深度学习

💡 操作思路

本例通过选择素材并应用矩形工具绘制出遮罩，从而制作播放效果。

🖱 案例效果

案例效果如图6-1所示。

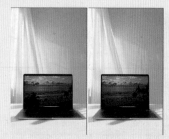

图6-1

🎤 操作步骤

01 将项目窗口中的"01.mp4"与"02.mp4"素材文件拖曳到时间线窗口中，并设置"02.mp4"的【位置】为1098.0,2262.0，如图6-2所示。

图6-2

02 拖动时间线滑块查看效果，如图6-3所示。

03 单击■（矩形工具）按钮，然后在"02.mp4"图层上绘制一个矩形遮罩，如图6-4所示。

图6-3　　　　图6-4

04 选择"02.mp4"素材文件并右击鼠标，在弹出的快捷菜单中选择【图层样式】|【内阴影】命令，如图6-5所示。

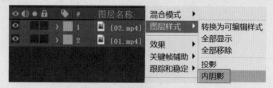

图6-5

05 打开"02.mp4"图层下的【内阴影】效果，然后设置【不透明度】为39%，【距离】为16.0，如图6-6所示。

图6-6

06 拖动时间线滑块查看电脑合成效果，如图6-7所示。

图6-7

> 💬 **提示**　遮罩的注意问题
>
> 遮罩必须在图层载体上才能绘制，所以在绘制遮罩前，需要选择绘制遮罩路径的图层，任何在【时间线】窗口中的图层都可以绘制遮罩。若没有选择任何图层的情况下绘制，则会在【时间线】窗口中出现形状图层。

实例117　蒙版制作画面切换效果

文件路径	第6章\例117蒙版制作画面切换效果
难易指数	★★★★★
技术要点	● 关键帧动画 ● 钢笔工具

🔍扫码深度学习

💡 操作思路

本例使用关键帧动画制作【位置】动画，应用钢笔工具绘制三角形遮罩。

案例效果

案例效果如图6-8所示。

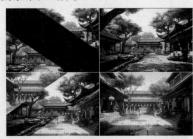

图6-8

操作步骤

01 将素材"1.png"和"2.png"导入时间线窗口中，如图6-9所示。

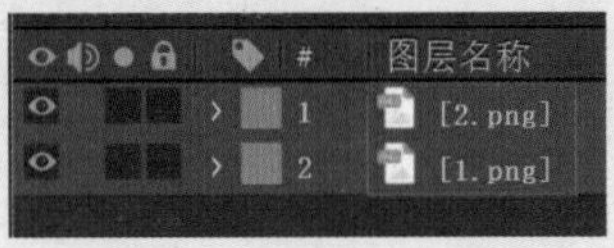

图6-9

02 选择"1.png"和"2.png"素材文件，使用快捷键Ctrl+D进行复制，并关闭"2.png"素材文件前方的👁️按钮，如图6-10所示。

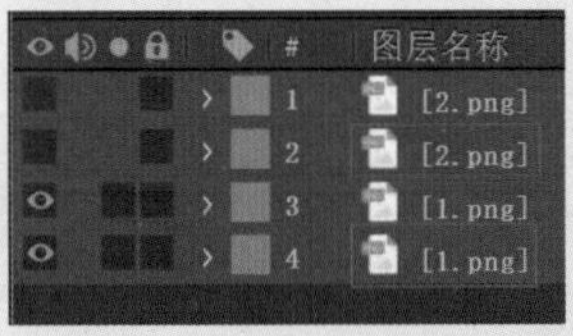

图6-10

03 单击🖊️（钢笔工具）按钮，然后在"1.png"图层上绘制一个三角形遮罩，如图6-11所示。

图6-11

04 选择刚刚复制的"1.png"，并在该图层上绘制一个三角形遮罩，如图6-12所示。

图6-12

05 选择"1.png"素材文件，将时间线拖动到第0秒，分别打开【位置】前面的⏱️按钮，并分别设置【位置】为–108.0,964.0，1416.0和–40.0。将时间线拖动至第10帧位置处，分别设置【位置】为672.0,448.0与672.0,448.0，如图6-13所示。

图6-13

06 使用同样的方法设置"2.png"素材文件。拖动时间线滑块查看最终效果，如图6-14所示。

图6-14

提示 **闭合遮罩**

当绘制的遮罩首尾相接时，才会呈现一个完整的遮罩，否则只显示绘制的路径，如图6-15所示。

图6-15

实例118　透明玻璃中的风景

文件路径	第6章\例118 透明玻璃中的风景	
难易指数	⭐⭐⭐⭐⭐	
技术要点	● 关键帧动画 ● 钢笔工具	🔍扫码深度学习

操作思路

本例使用关键帧动画制作【位置】和【缩放】动画，使用钢笔工具绘制遮罩。

案例效果

案例效果如图6-16所示。

图6-16

操作步骤

01 在时间线窗口右击鼠标，新建一个白色的纯色图层，如图6-17所示。

图6-17

02 将素材 "01.png" "02.jpg" "03.png" "04.png" 导入时间线窗口中。设置素材 "03.png" 的【位置】为802.0,382.0，【缩放】为250.0,250.0%；设置素材 "04.png" 的【位置】为1014.0,428.0；设置素材 "01.png" 的【位置】为814.0,600.0；设置素材 "02.jpg" 的【位置】为844.0,654.0，【缩放】为120.0,120.0%，如图6-18所示。

图6-18

03 画面效果如图6-19所示。

04 单击 ⬥（钢笔工具）按钮，然后在 "02.jpg" 图层上沿玻璃瓶绘制遮罩，如图6-20所示。

图6-19

图6-20

05 设置【蒙版羽化】为60.0,60.0像素，【蒙版不透明度】为90%，【蒙版扩展】为-30.0像素，如图6-21所示。

图6-21

06 拖动时间线滑块查看最终效果，如图6-22所示。

图6-22

实例119　圆角矩形工具制作风景合成

文件路径	第 6 章 \ 例 119 圆角矩形工具制作风景合成	
难易指数	★★★★★	
技术要点	圆角矩形工具	扫码深度学习

操作思路

本例通过为素材使用圆角矩形工具，制作圆角矩形的这种效果，使风景画面与画板进行合成。

案例效果

案例效果如图6-23所示。

图6-23

操作步骤

01 将素材 "01.jpg" 导入时间线窗口，如图6-24所示。

图6-24

02 背景效果如图6-25所示。

图6-25

03 将素材 "02.jpg" 导入时间线窗口中，设置【位置】为408.8,628.5，【缩放】为40.0,40.0%，如图6-26所示。

04 画面效果如图6-27所示。

图6-26 图6-27

05 单击▣（圆角矩形工具）按钮，然后在"02.jpg"图层上绘制圆角矩形，如图6-28所示。

06 拖动时间线滑块查看最终效果，如图6-29所示。

图6-28 图6-29

实例120 化妆品广告

文件路径	第6章\例120 化妆品广告
难易指数	★★★★★
技术要点	● 钢笔工具 ● 【投影】效果

扫码深度学习

操作思路

本例使用钢笔工具绘制四个不同颜色的图形，并为素材添加【投影】效果制作化妆品广告。

案例效果

案例效果如图6-30所示。

图6-30

操作步骤

01 单击▣（钢笔工具）按钮，然后绘制一个图形，设置【填充】为蓝色，如图6-31所示。

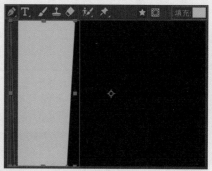

图6-31

02 继续在不选择任何图层的状态下，单击▣（钢笔工具）按钮，绘制一个图形，设置【填充】为粉色，如图6-32所示。

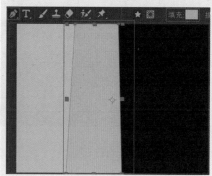

图6-32

03 继续在不选择任何图层的状态下，单击▣（钢笔工具）按钮，绘制一个图形，设置【填充】为蓝色，如图6-33所示。

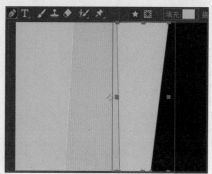

图6-33

04 继续在不选择任何图层的状态下，单击▣（钢笔工具）按钮，绘制一个图形，设置【填充】为绿色，如图6-34所示。

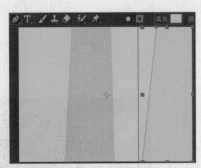

图6-34

05 将素材"01.png"导入时间线窗口中，设置【位置】为139.6,319.3，【缩放】为70.0,70.0%，如图6-35所示。

图6-35

06 为素材"01.png"添加【投影】效果，设置【距离】为10.0，【柔和度】为30.0，如图6-36所示。

图6-36

07 画面效果如图6-37所示。

08 继续以同样的方法，将素材"02.png""03.png""04.png"导入时间线窗口中，并添加【投影】效果，如图6-38所示。

图6-37　　　　　图6-38

09 拖动时间线滑块查看最终效果，如图6-39所示。

图6-39

实例121　橙色笔刷动画

文件路径	第6章\例121 橙色笔刷动画	
难易指数	★★★★★	
技术要点	● 矩形工具 ● 关键帧动画	扫码深度学习

操作思路

本例通过创建纯色图层，使用【矩形工具】绘制一个矩形，并应用关键帧动画制作笔刷动画。

案例效果

案例效果如图6-40所示。

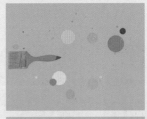
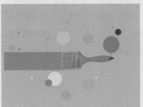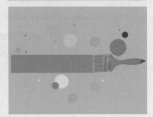

图6-40

操作步骤

01 在时间线窗口中新建一个青色的纯色图层，如图6-41所示。

图6-41

02 继续新建一个橙色的纯色图层，并设置【位置】为683.9,630.2，如图6-42所示。

图6-42

03 画面效果如图6-43所示。

04 选择创建的橙色纯色图层，单击 （矩形工具）按钮，绘制一个矩形，如图6-44所示。

图6-43   图6-44

05 将时间线拖动到第0秒，打开【蒙版路径】前面的◎按钮，如图6-45所示。

图6-45

06 设置蒙版的形状，如图6-46所示。

图6-46

07 将时间线拖动到第2秒，如图6-47所示。

图6-47

08 设置蒙版的形状，如图6-48所示。

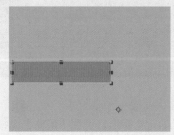

图6-48

09 将素材"timg.png"导入时间线窗口中，设置【缩放】为55.0,55.0%，【旋转】为0×+90.0°。将时间线拖动到第0秒，打开【位置】前面的◎按钮，设置【位置】为207.0,402.0，如图6-49所示。

图6-49

10 将时间线拖动到第2秒，设置【位置】为811.0,402.0，如图6-50所示。

图6-50

11 动画效果如图6-51所示。

图6-51

12 将素材"02.png"导入时间线窗口中，如图6-52所示。

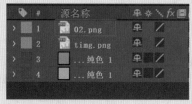

图6-52

13 最终动画效果如图6-53所示。

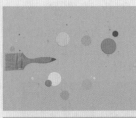
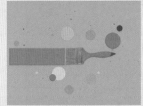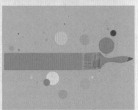

图6-53

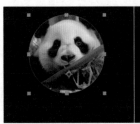

蒙版扩展

当【蒙版扩展】的参数为负值时，蒙版会收缩，图6-54所示为【蒙版扩展】为0和-100时的对比效果。

图6-54

实例122 卡通剪纸图案

文件路径	第6章\例122 卡通剪纸图案
难易指数	★★★★★
技术要点	● 钢笔工具 ● 【投影】效果

Q 扫码深度学习

操作思路

本例通过创建纯色图层，并使用钢笔工具绘制多个图形，并添加【投影】效果，从而制作剪纸效果。

案例效果

案例效果如图6-55所示。

图6-55

操作步骤

01 在时间线窗口中新建一个红色的纯色图层，如图6-56所示。

🏷	#	源名称	平
>	1	中间色红色 纯色 1	平

图6-56

02 背景效果如图6-57所示。

图6-57

03 在不选择任何图层的情况下，单击▇（钢笔工具）按钮，绘制一个图形，设置【填充】为蓝色，命名为"形状图层4"，如图6-58所示。

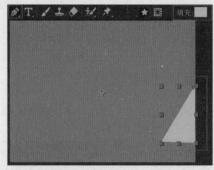

图6-58

04 在不选择任何图层的情况下，单击▇（钢笔工具）按钮，绘制一个图形，设置【填充】为蓝色，命名为"形状图层5"，如图6-59所示。

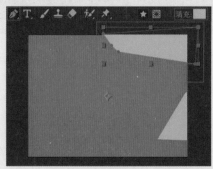

图6-59

05 在不选择任何图层的情况下，单击▇（钢笔工具）按钮，绘制一个图形，设置【填充】为绿色，命名为"形状图层1"，如图6-60所示。

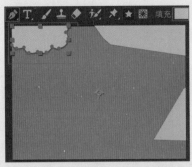

图6-60

06 为"形状图层1"添加【投影】效果，设置【不透明度】为60%，【柔和度】为20.0，如图6-61所示。

图6-61

07 产生了投影效果，如图6-62所示。

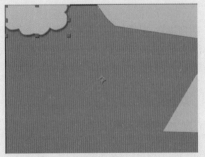

图6-62

08 使用同样的方法制作出"形状图层2""形状图层3""形状图层6"，如图6-63所示。

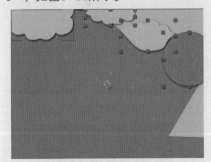

图6-63

09 使用同样的方法制作出"形状图层7""形状图层8"，如图6-64所示。

图6-64

10 将素材"01.png"导入时间线窗口中，如图6-65所示。

图6-65

11 素材效果如图6-66所示。

图6-66

12 最终案例效果如图6-67所示。

图6-67

实例123	海岛旅游宣传
文件路径	第6章\例123 海岛旅游宣传
难易指数	⭐⭐⭐⭐⭐
技术要点	● 钢笔工具 ● 【投影】效果 ● 横排文字工具

🔍扫码深度学习

💡**操作思路**

　　本例通过对素材使用钢笔工具绘制多个图形，制作多个颜色区域叠加的效果，应用【投影】效果制作投影，最后创建文字。

🖱**案例效果**

　　案例效果如图6-68所示。

图6-68

🎙**操作步骤**

01 在项目窗口右击鼠标，在弹出的快捷菜单中选择【新建合成】命令，在弹出的【合成设置】对话框中设置合适的参数，然后单击"确定"按钮。接着将素材"01.jpg"导入项目窗口中，然后将其拖动到时间线窗口中，设置【位置】为250.0,288.0，【缩放】为49.0,49.0%，如图6-69所示。

图6-69

02 背景效果如图6-70所示。

图6-70

03 在不选择任何图层的情况下，单击（钢笔工具）按钮，绘制一个图形，设置【填充】为蓝色，命名为"图形1"，如图6-71所示。

图6-71

04 为"图形1"添加【投影】效果，设置【不透明度】为70%，【方向】为0×+63.0°，【柔和度】为40.0，如图6-72所示。

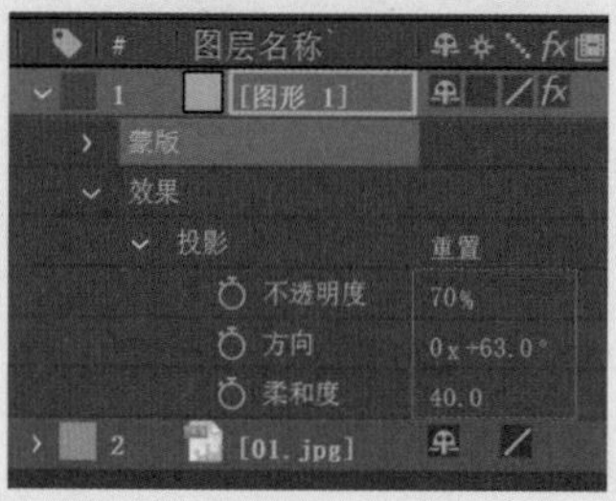

图6-72

05 此时，"图形1"产生了阴影效果，如图6-73所示。

图6-73

06 使用同样的方法制作出"图形2""图形3""图形4"，如图6-74所示。

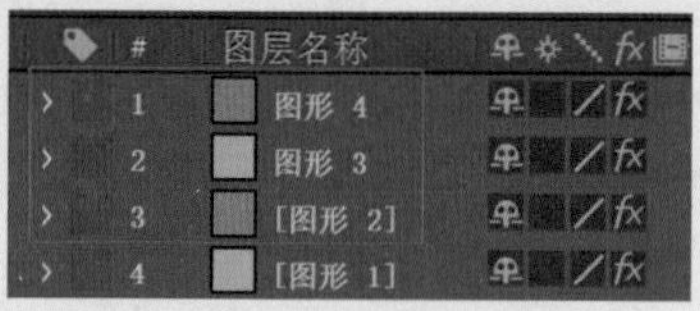

图6-74

07 画面效果如图6-75所示。

图6-75

08 单击T（横排文字工具）按钮，并输入白色文字，如图6-76所示。

图6-76

09 进入【字符】面板，设置【字体大小】为63像素，【填充颜色】为白色，如图6-77所示。

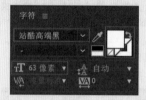

图6-77

10 选择文字图层，按快捷键Ctrl+D复制一份，并将其变形为倒影效果。设置【位置】为198.1,258.2，【缩放】为100.0,-80.9%，【不透明度】为8%，如图6-78所示。

图6-78

11 文字的倒影效果如图6-79所示。

图6-79

12 最终效果如图6-80所示。

图6-80

操作思路

本例通过对素材使用椭圆形工具绘制多个圆形，并设置这几个遮罩的混合模式，然后为其添加【投影】效果制作投影。

案例效果

案例效果如图6-81所示。

图6-81

操作步骤

01 在时间线窗口中右击鼠标，新建一个黄色纯色图层，如图6-82所示。

图6-82

02 黄色背景效果如图6-83所示。

图6-83

03 将素材"01.jpg"导入时间线窗口中，如图6-84所示。

图6-84

04 选择素材"01.jpg"，单击 ◯（椭圆形工具）按钮，按住Shift键拖动鼠标绘制出一个圆形遮罩，如图6-85所示。

图6-85

05 在时间线窗口中新建一个青色的纯色图层，如图6-86所示。

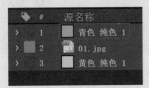

图6-86

06 选择纯色图层，单击 ◯（椭圆形工具）按钮，按住Shift键拖动鼠标依次绘制出两个圆形遮罩，如图6-87所示。

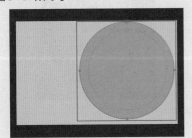

图6-87

07 设置【蒙版1】的【模式】为【相加】，【蒙版2】的【模式】为【相减】。设置【位置】为1345.0,791.0，【缩放】为112.8,112.8%，如图6-88所示。

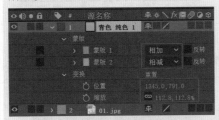

图6-88

08 出现了同心圆效果，如图6-89所示。

图6-89

09 为纯色图层添加【投影】效果，设置【距离】为15.0，【柔和度】为35.0，如图6-90所示。

图6-90

10 产生了阴影效果，如图6-91所示。

图6-91

11 新建一个红色的纯色图层，单击 ◯（椭圆形工具）按钮绘制两个圆，如图6-92所示。

图6-92

12 设置【蒙版1】的【模式】为【相加】，【蒙版2】的【模式】为【相减】，如图6-93所示。

图6-93

13 画面效果如图6-94所示。

图6-94

14 输入文字，并设置文字的颜色、字体大小等，放到画面左侧，如图6-95所示。

图6-95

15 最终效果如图6-96所示。

图6-96

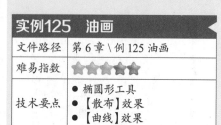

实例125　油画

文件路径	第6章 \ 例125 油画
难易指数	★★★★★
技术要点	● 椭圆形工具 ● 【散布】效果 ● 【曲线】效果

搜码深度学习

中文版After Effects影视后期特效设计与制作全视频

实践228例　溢彩版

💡 **操作思路**

　　本例为素材使用椭圆形工具制作遮罩，为素材添加【散布】效果、【曲线】效果制作油画。

🖱 **案例效果**

　　案例效果如图6-97所示。

图6-97

🎙 **操作步骤**

01 将素材"背景.jpg"导入时间线窗口中，设置【位置】为373.0,829.5，【缩放】为45.0,45.0%，如图6-98所示。

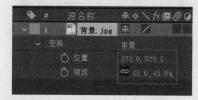

图6-98

02 将素材"01.jpg"导入时间线窗口中，设置【缩放】为24.0,24.0%，【不透明度】为61%，如图6-99所示。

03 画面效果如图6-100所示。

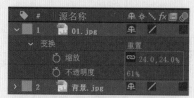

图6-99

图6-100

04 选择素材"01.jpg"，单击 ⬭（椭圆形工具）按钮，拖动鼠标绘制出一个椭圆形遮罩，如图6-101所示。

图6-101

05 为素材"01.jpg"添加【散布】效果，设置【散布数量】为191.0，【颗粒】为【垂直】。添加【彩色浮雕】效果，设置【起伏】为4.40。添加【自然饱和度】效果，设置【自然饱和度】为100.0，【饱和度】为50.0，如图6-102所示。

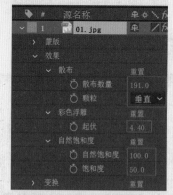

图6-102

06 画面效果如图6-103所示。

图6-103

07 为素材"01.jpg"添加【曲线】效果，并调整曲线形状，如图6-104所示。

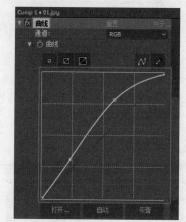

图6-104

08 油画效果如图6-105所示。

图6-105

09 最终效果如图6-106所示。

图6-106

第7章

调色特效

本章概述

　　调色是指After Effects中用于颜色调整的滤镜效果，通过这些调色滤镜可以将作品的画面色调气氛调整为适合的效果，如黑白的调色、唯美的调色、电影的调色、电视节目的调色等。

本章重点

- 了解色调
- 掌握调色效果及属性
- 掌握调色特效的应用

实例126 黑白色效果

文件路径	第7章\例126黑白色效果
难易指数	★★★★★
技术要点	● 【黑色和白色】效果 ● 【亮度和对比度】效果

🔍 扫码深度学习

💡 操作思路

本例通过为素材添加【黑色和白色】效果、【亮度和对比度】效果制作明暗对比强烈的黑白色效果。

🖱 案例效果

案例效果如图7-1所示。

图7-1

🎤 操作步骤

01 将项目窗口中的"01.jpg"素材文件拖曳至时间线窗口中，并设置【缩放】为74.0,74.0%，如图7-2所示。

图7-2

02 拖动时间线滑块查看效果，如图7-3所示。

图7-3

03 为"01.jpg"素材添加【黑色和白色】效果，如图7-4所示。

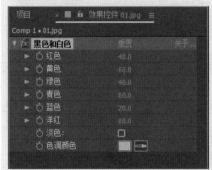

图7-4

04 拖动时间线滑块查看效果，如图7-5所示。

图7-5

05 为"01.jpg"素材添加【亮度和对比度】效果，设置【亮度】为24，【对比度】为50，勾选【使用旧版】复选框，如图7-6所示。

图7-6

06 最终黑白色效果如图7-7所示。

图7-7

实例127 草坪变色效果

文件路径	第7章\例127草坪变色效果
难易指数	★★★★★
技术要点	【四色渐变】效果 【镜头光晕】效果

🔍 扫码深度学习

💡 操作思路

本例通过为素材添加【四色渐变】、【镜头光晕】效果制作四种颜色的变色效果。

🖱 案例效果

案例效果如图7-8所示。

图7-8

🎤 操作步骤

01 将项目窗口中的"01.mp4"素材文件拖动到时间线窗口中，如图7-9所示。

图7-9

02 拖动时间线滑块查看效果，如图7-10所示。

图7-10

03 为"01.mp4"素材添加【四色渐变】效果，设置【点1】为77.0,51.3，【颜色1】为淡黄色；【点2】

为1728.0,108.0，【颜色2】为绿色；【点3】为101.0,993.0，【颜色3】为紫色；【点4】为1795.6,1011.7，【颜色4】为蓝色。设置【不透明度】为61.0%。【混合模式】为【叠加】，如图7-11所示，并添加【镜头光晕】效果，设置【光晕中心】为35.6,44.6。

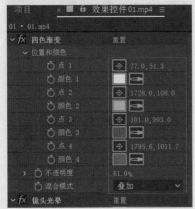

图7-11

04 最终画面效果如图7-12所示。

图7-12

实例128	统一色调
文件路径	第7章\例128 统一色调
难易指数	★★★★★
技术要点	● 【色相/饱和度】效果 ● 【亮度和对比度】效果 ● 【颜色平衡】效果 ● 【曲线】效果

扫码深度学习

💡操作思路

　　本例通过为素材添加【色相/饱和度】效果、【亮度和对比度】效果、【颜色平衡】效果、【曲线】效果制作绿色色调的风景。

🖱案例效果

　　案例效果如图7-13所示。

图7-13

🎙操作步骤

01 将项目窗口中的"01.jpg"素材文件拖动到时间线窗口中，如图7-14所示。

图7-14

02 拖动时间线滑块查看效果，如图7-15所示。

图7-15

03 为"01.jpg"素材添加【色相/饱和度】效果，设置【通道控制】为【红色】，设置【红色色相】为0x+78.0°，如图7-16所示。

图7-16

04 设置【通道控制】为【黄色】，设置【黄色色相】为0x+36.0°，如图7-17所示。

图7-17

05 产生了绿色画面效果，如图7-18所示。

图7-18

06 为"01.jpg"素材添加【亮度和对比度】效果，设置【亮度】为5，【对比度】为15，如图7-19所示。

图7-19

07 为"01.jpg"素材添加【颜色平衡】效果，设置【阴影红色平衡】为-10.0，【中间调绿色平衡】为-10.0，如图7-20所示。

08 为"01.jpg"素材添加【曲线】效果，并设置曲线形状，如图7-21所示。

图7-20

图7-21

09 最终统一色调效果，如图7-22所示。

图7-22

实例129 只保留红色花朵

文件路径	第7章 \ 例129 只保留红色花朵
难易指数	★★★★★
技术要点	● 【保留颜色】效果 ● 【色相/饱和度】效果

扫码深度学习

操作思路

本例通过为素材添加【保留颜色】效果，制作只包括红色的画面，为其添加【色相/饱和度】效果，增强红色色调。

案例效果

案例效果如图7-23所示。

图7-23

操作步骤

01 将"01.jpg"素材文件导入项目窗口中，然后将其拖动到时间线窗口中，如图7-24所示。

图7-24

02 拖动时间线滑块查看效果，如图7-25所示。

图7-25

03 为"01.jpg"素材添加【保留颜色】效果，先单击 按钮，并吸取画面中花朵的红色，设置【脱色量】为100.0%，设置【容差】为30.0%，设置【匹配颜色】为【使用色相】，如图7-26所示。

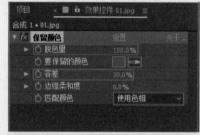

图7-26

04 为"01.jpg"素材添加【色相/饱和度】效果，设置【主饱和度】为16，设置【主亮度】为5，如图7-27所示。

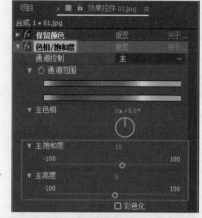

图7-27

05 画面只保留了花朵的红色，其他部分都变成了黑白灰效果，如图7-28所示。

图7-28

实例130 春天变秋天

文件路径	第7章 \ 例130 春天变秋天
难易指数	★★★★★
技术要点	【色相/饱和度】效果

扫码深度学习

操作思路

本例通过对素材添加【色相/饱和度】效果，并对不同的通道进行颜色的调整，从而将绿色调的画面效果更改为橙色调的画面效果。

案例效果

案例效果如图7-29所示。

图7-29

🎙️操作步骤

01 将项目窗口中的"01.jpg"素材文件拖动到时间线窗口中,如图7-30所示。

图7-30

02 拖动时间线滑块查看效果,如图7-31所示。

图7-31

03 为"01.jpg"素材添加【色相/饱和度】效果,设置【通道控制】为【主】,设置【主色相】为0x-6.0°,【主饱和度】为27,如图7-32所示。接着设置【通道控制】为【黄色】,设置【黄色色相】为-1x-42°。

04 设置【通道控制】为【绿色】,设置【绿色色相】为0x+266.0°,如图7-33所示。

图7-32　　　　　　图7-33

05 为"01.jpg"素材添加【自然饱和度】效果,设置【自然饱和度】为15.0,【饱和度】为5.0,如图7-34所示。

06 最终得到了春天变秋天的色彩效果,如图7-35所示。

图7-34　　　　　　图7-35

提示💬

色彩冷暖

对颜色冷暖的感受是人类对颜色最为敏感的感觉,而在色相环中绿色一侧的色相为冷色,红色一侧的色相为暖色。冷色给人一种冷静、沉着、寒冷的感觉,暖色给人一种温暖、热情、活泼的感觉。

1.色彩冷暖的主观感觉

色彩的冷暖受人的生理、心理等因素的影响,它是个人的感受。而每个人对颜色的感受都有所不同,且色彩的冷与暖是相互联系、衬托的两个方面,并且主要通过它们之间的对比体现出感受。

2.色彩冷暖的属性

色彩的冷暖感觉是人们在生活实践中由于联想形成的感受。例如,红、橙、黄等暖色系的颜色可以使人联想到太阳、火焰,从而产生温暖的视觉感受,应用此类颜色能够使画面产生一定的温馨感。而青、蓝、紫以及黑、白、灰则会给人清凉爽朗的感觉;但绿色和紫色等邻近色给人的感觉是不冷不暖,故称为"中性色",主要用于表现稳定、慎重的感觉。

远近感也与冷、暖色系相关联。暖色给人突出、前进的感受,冷色给人后退、远离的感受,如图7-36所示。

图7-36

实例131　黑白铅笔画效果

文件路径	第 7 章 \ 例 131 黑白铅笔画效果
难易指数	★★★★★
技术要点	● 【黑色和白色】效果 ● 【查找边缘】效果 ● 【亮度和对比度】效果 ● 【曲线】效果

扫码深度学习

🔆 操作思路

本例通过为素材添加【黑色和白色】效果、【查找边缘】效果、【亮度和对比度】效果、【曲线】效果，将正常拍摄的风景作品处理为黑白色铅笔画。

🖱 案例效果

案例效果如图7-37所示。

图7-37

🎙 操作步骤

01 将项目窗口中的"01.jpg"素材文件拖动到时间线窗口中，如图7-38所示。

图7-38

02 拖动时间线滑块查看效果，如图7-39所示。

图7-39

03 为"01.jpg"素材添加【黑色和白色】效果，设置【蓝色】为300.0，【色调颜色】为白色，如图7-40所示。

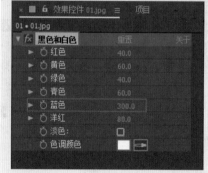

图7-40

04 此时，产生了黑白效果，如图7-41所示。

图7-41

05 为"01.jpg"素材添加【查找边缘】效果，如图7-42所示。

图7-42

06 画面出现了类似铅笔画的质感，如图7-43所示。

图7-43

07 为"01.jpg"素材添加【亮度和对比度】效果，设置【亮度】为-50，【对比度】为30，如图7-44

所示。

图7-44

08 画面对比度增强了，如图7-45所示。

图7-45

09 为"01.jpg"素材添加【曲线】效果，并调整曲线的形状，如图7-46所示。

图7-46

10 最终黑白色铅笔画作品效果如图7-47所示。

图7-47

实例132 老照片动画

文件路径	第7章 \ 例132 老照片动画
难易指数	★★★★★
技术要点	● 【照片滤镜】效果 ● 【三色调】效果 ● 【投影】效果 ● 3D图层 ● 关键帧动画

扫码深度学习

操作思路

本例通过为素材添加【照片滤镜】效果、【三色调】效果、【投影】效果将素材处理为复古效果，使用3D图层、关键帧动画制作动画。

案例效果

案例效果如图7-48所示。

图7-48

操作步骤

01 将项目窗口中的"背景.jpg"素材文件拖动到时间线窗口中，如图7-49所示。

图7-49

02 拖动时间线滑块查看效果，如图7-50所示。

图7-50

03 将素材"01.png"导入时间线窗口中，单击 🔲（3D图层）按钮，设置【Z轴旋转】为

0x+15.0°。将时间线拖动到第0秒，打开"01.png"的【位置】前面的 🔘 按钮，设置数值为427.0,280.0,-1500.0，如图7-51所示。

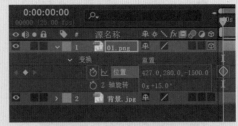

图7-51

04 将时间线拖动到第3秒，设置素材"01.png"的【位置】为427.0,280.0,0.0，如图7-52所示。

图7-52

05 拖动时间线滑块，查看照片下落动画，如图7-53所示。

图7-53

06 为素材"01.png"添加【照片滤镜】效果，设置【滤镜】为【暖色滤镜（81）】，如图7-54所示。

图7-54

07 为素材"01.png"添加【三色调】效果，设置【中间调】为土黄色，如图7-55所示。

图7-55

08 为素材"01.png"添加【投影】效果，设置【距离】为15.0，【柔和度】为20.0，如图7-56所示。

图7-56

09 画面色调比较统一，具有老照片的特点，如图7-57所示。

图7-57

10 将素材"02.png"导入时间线窗口中，单击▣（3D图层）按钮，设置【Z轴旋转】为0x-6.0°。将时间线拖动到第0秒，打开"02.png"的【位置】前面的▣按钮，设置数值为637.0,436.0,-1500.0。打开【方向】前面的▣按钮，设置数值为60.0°,10.0°,0.0°，如图7-58所示。

图7-58

11 将时间线拖动到第4秒，设置"02.png"的【位置】为637.0,436.0,0.0，设置【方向】为0.0°,0.0°,0.0°，如图7-59所示。

图7-59

12 拖动时间线滑块，查看照片下落动画，如图7-60所示。

图7-60

13 为素材"02.png"添加【照片滤镜】效果，设置【滤镜】为【暖色滤镜（81）】，如图7-61所示。

图7-61

14 为素材"02.png"添加【三色调】效果，设置【中间调】为土黄色，如图7-62所示。

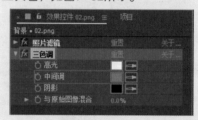

图7-62

15 为素材"02.png"添加【投影】效果，设置【距离】为15.0，【柔和度】为20.0，如图7-63所示。

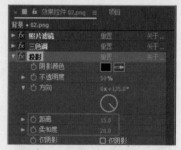

图7-63

16 此时，画面的对比度增强了，如图7-64所示。

图7-64

实例133 电影调色

文件路径	第7章 \ 例133 电影调色
难易指数	⭐⭐⭐⭐⭐
技术要点	● 【曲线】效果 ● 【色相/饱和度】效果 ● 【颜色平衡】效果 ● 【高斯模糊】效果 ● 【锐化】效果 ● 【四色渐变】效果

🔍 扫码深度学习

💡操作思路

本例通过为素材添加【曲线】效果、【色相/饱和度】效果、【颜色平衡】效果、【高斯模糊】效果、【锐化】效果、【四色渐变】效果制作电影调色效果。

🖱案例效果

案例效果如图7-65所示。

图7-65

🎙操作步骤

01 将项目窗口中的"01.png"素材文件拖动到时间线窗口中，如图7-66所示。

图7-66

02 拖动时间线滑块查看效果，如图7-67所示。

图7-67

03 为素材"01.png"添加【曲线】效果，并调整曲线效果，如图7-68所示。

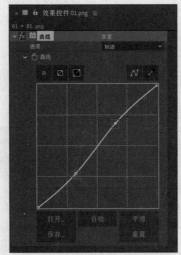

图7-68

04 为素材"01.png"添加【色相/饱和度】效果，并设置【主饱和度】为-30，如图7-69所示。

图7-69

05 为素材"01.png"添加【颜色平衡】效果，设置【阴影红色平衡】为80.0，【阴影蓝色平衡】为11.0，【中间调红色平衡】为30.0，【高光红色平衡】为20.0，【高光绿色平衡】为6.0，【高光蓝色平衡】为-50.0，如图7-70所示。

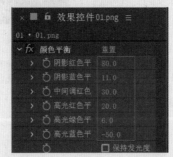

图7-70

06 拖动时间线滑块查看效果，如图7-71所示。

图7-71

07 为素材"01.png"添加【高斯模糊】效果，设置【模糊度】为1.0，接着取消勾选【重复边缘像素】，如图7-72所示。

图7-72

08 为素材"01.png"添加【锐化】效果，设置【锐化量】为50，如图7-73所示。

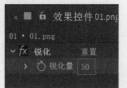

图7-73

09 为素材"01.png"添加【四色渐变】效果，设置【点1】为192.0,108.0，【颜色1】为绿色；【点2】为1728.0,108.0，【颜色2】为深灰色；【点3】为192.0,972.0，【颜色3】为紫色；【点4】为1692.0,878.0，【颜色4】为深蓝色，【混合模式】为【滤色】，如图7-74所示。

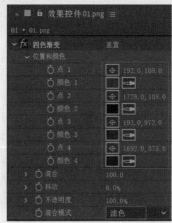

图7-74

10 为素材"01.png"添加【曲线】效果，调整曲线的形状，如图7-75所示。

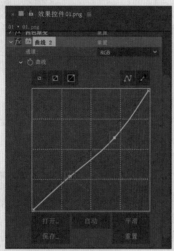

图7-75

11 最终电影调色效果如图7-76所示。

图7-76

实例134 制作漫画效果

文件路径	第7章 \ 例134 制作漫画效果	
难易指数	⭐⭐⭐⭐⭐	
技术要点	● 【卡通】效果 ● CC Plastic 效果 ● 【毛边】效果	

🔦 操作思路

本例通过为素材添加【卡通】与CC plastic效果制作出漫画质感，并添加【毛边】效果使画面更加真实。

🖱 案例效果

案例效果如图7-77所示。

图7-77

🖱 操作步骤

01 将"01.png"素材文件导入项目窗口中，然后将其拖动到时间线窗口中，如图7-78所示。

02 拖动时间线滑块查看效果，如图7-79所示。

图7-78　　　　　　　图7-79

03 为素材"01.png"添加【卡通】与CC plastic效果，如图7-80所示。

04 拖动时间线滑块查看效果，如图7-81所示。

图7-80　　　　　　　图7-81

05 为素材"01.png"添加【毛边】效果，设置【边界】为10.00，【边缘锐度】为1.56，如图7-82所示。

06 最终效果如图7-83所示。

图7-82　　　　　　　图7-83

实例135 图像混合效果

文件路径	第7章 \ 例135 图像混合效果	
难易指数	⭐⭐⭐⭐⭐	
技术要点	● 【混合】效果 ● 【曲线】效果 ● 横排文字工具 ● 混合模式	

操作思路

本例通过为素材添加【混合】效果、【曲线】效果调整画面颜色，使用横排文字工具创建文字，并设置【混合模式】将图像进行叠加。

案例效果

案例效果如图7-84所示。

图7-84

操作步骤

01 将"01.png"和"02.jpg"素材文件导入项目窗口中，然后将其依次拖动至时间线窗口中，设置"01.png"的【缩放】为65.0,65.0%，如图7-85所示。

02 拖动时间线滑块查看效果，如图7-86所示。

图7-85

图7-86

03 为素材"01.png"添加【混合】效果，设置【与图层混合】为"02.jpg"，【模式】为【仅变暗】，【与原始图像混合】为28.0%，【如果图层大小不同】为【伸缩以适合】，如图7-87所示。

04 为素材"01.png"添加【曲线】效果，设置曲线的形状，如图7-88所示。

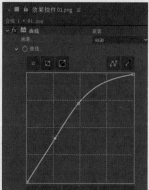

图7-87

图7-88

05 单击 （取消）按钮，将"02.jpg"图层隐藏显示，如图7-89所示。

06 拖动时间线滑块查看效果，如图7-90所示。

图7-89　　　　　　　　　图7-90

07 单击 （横排文字工具）按钮，并输入文字，如图7-91所示。

08 在【字符】面板中设置相应的字体类型，设置字体大小为100像素，按下 （仿粗体）按钮和 （全部大写字母）按钮，如图7-92所示。

图7-91　　　　　　　　　图7-92

09 设置文本图层的【模式】为【叠加】，如图7-93所示。

图7-93

10 最终混合画面效果如图7-94所示。

图7-94

实例136　暖意效果

文件路径	第7章＼例136暖意效果
难易指数	★★★★★
技术要点	●【色调均化】效果 ●【色相／饱和度】效果 ●【颜色平衡】效果 ●【镜头光晕】效果

扫码深度学习

操作思路

本例通过为素材添加【色调均化】效果、【色相/饱和度】效果、【颜色平衡】效果、【镜头光晕】效果制作暖意效果。

案例效果

案例效果如图7-95所示。

图7-95

操作步骤

01 将素材"背景.jpg"导入时间线窗口中，如图7-96所示。

图7-96

02 拖动时间线滑块查看效果，如图7-97所示。

图7-97

03 为素材"背景.jpg"添加【色调均化】效果，设置【色调均化】为【Photoshop样式】，【色调均化量】为40.0%，如图7-98所示。

图7-98

04 为素材"背景.jpg"添加【色相/饱和度】效果，设置【主色相】为0x+2.0°，【主饱和度】为33，如图7-99所示。

05 拖动时间线滑块查看效果，如图7-100所示。

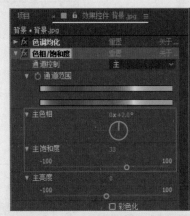

图7-99

图7-100

06 为素材"背景.jpg"添加【颜色平衡】效果，设置【中间调红色平衡】为60.0，【中间调绿色平衡】为15.0，如图7-101所示。

07 为素材"背景.jpg"添加【镜头光晕】效果，设置【光晕中心】为1014.6,18.0，【光晕亮度】为130%，【镜头类型】为【105毫米定焦】，如图7-102所示。

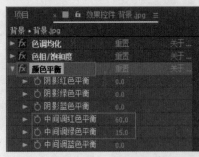

图7-101

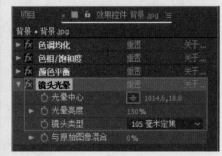

图7-102

08 最终暖意画面效果如图7-103所示。

图7-103

提示

色彩远近

色彩的远近感是由色彩的明度、纯度、面积等多种因素造成的错觉现象。色彩的远近错觉可用于制造出空间感，能产生各种美妙构想，并使画面主题得以突出，是设计的重要造型手段之一。

特点：

色彩的远近与色彩的冷暖有着直接的联系，高明度、暖色调的颜色会令人感觉靠前，这类颜色被称为前进色；低明度、冷色调的颜色会令人感觉靠后，这类颜色被称为后褪色，如图7-104所示。

图7-104

实例137 童话感风景调色

文件路径	第7章\例137 童话感风景调色
难易指数	★★★★★
技术要点	● 【色调】效果 ● 【四色渐变】效果 ● 【色阶】效果 ● 【曲线】效果 ● 【色相/饱和度】效果 ● 【颜色平衡】效果

扫码深度学习

操作思路

本例通过为素材添加【色调】效果、【四色渐变】效果、【色阶】效果、【曲线】效果、【色相/饱和度】效果、【颜色平衡】效果制作童话感风景调色效果。

案例效果

案例效果如图7-105所示。

图7-105

操作步骤

01 将素材"01.jpg"导入时间线窗口中，如图7-106所示。

图7-106

02 拖动时间线滑块查看效果，如图7-107所示。

图7-107

03 为素材"01.jpg"添加【色调】效果，设置【将黑色映射到】为【棕色】，【将白色映射到】为【黄色】，【着色数量】为7.0%，如图7-108所示。

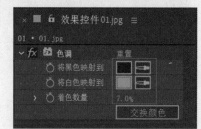

图7-108

04 为素材"01.jpg"添加【四色渐变】效果，设置【点1】为161.8,220.5，【颜色1】为蓝色。设置【点2】为1212.6,723.8，【颜色2】为黄色。设置【点3】为975.1,40.5，【颜色3】为青色。设置【点4】为1700.0,1047.9，【颜色4】为棕色，【不透明度】为51.0%，【混合模式】为【叠加】，如图7-109所示。

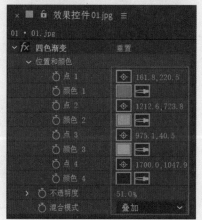

图7-109

05 为素材"01.jpg"添加【色阶】效果,设置【灰度系数】为1.08,如图7-110所示。

图7-110

06 拖动时间线滑块查看效果,如图7-111所示。

图7-111

07 为素材"01.jpg"添加【曲线】效果,设置曲线形状,如图7-112所示。

图7-112

08 为素材"01.jpg"添加【色相/饱和度】效果,设置【主饱和度】为-23,如图7-113所示。

图7-113

09 为素材"01.jpg"添加【颜色平衡】效果,设置【阴影红色平衡】为72.0,【阴影蓝色平衡】为11.0,【中间调红色平衡】为25.0,【高光红色平衡】为14.0,【高光绿色平衡】为6.0,【高光蓝色平衡】为-49.0,如图7-114所示。

图7-114

10 拖动时间线滑块查看效果,如图7-115所示。

图7-115

11 为素材"01.jpg"添加【四色渐变】效果,并设置【点1】为192.0,108.0,【颜色1】为深绿色。设置【点2】为1677.7,235.7,【颜色2】为深灰色。设置【点3】为192.0,972.0,【颜色3】为紫色。设置【点4】为1692.0,878.0,【颜色4】为深蓝色;【不透明度】为100.0%,【混合模式】为【滤色】,如图7-116所示。

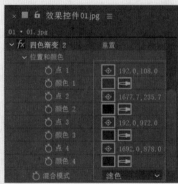

图7-116

12 为素材"01.jpg"添加【曲线】效果,设置曲线形状,如图7-117

所示。

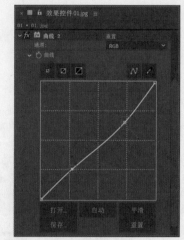

图7-117

13 最终童话感风景效果如图7-118所示。

图7-118

提示

同类色

　　同类色就是在色相环内相隔30°左右的两种颜色。两种颜色搭配在一起可以使整体画面协调、统一,所以又被称为协调色。协调色之间虽然色距较近,但也有一定的变化。既协调又不单调,因为它们中都含有相同的色素,如图7-119所示。

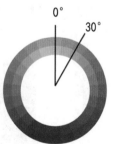

图7-119

　　同类色构成的特点:

　　在色相环中两种颜色相隔30°左右为协调色。效果和谐、柔和,避免了单一颜色的单调感,是属于色相对比中的弱对比。同类色的色组方案如图7-120所示。

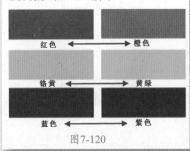

图7-120

实例138 美食色调

文件路径	第7章\例138 美食色调
难易指数	⭐⭐⭐⭐⭐
技术要点	【通道混合器】效果

扫码深度学习

🔆操作思路

本例通过为素材添加【通道混合器】效果调整画面的颜色，使美食让人看起来更具有食欲。

🖱案例效果

案例效果如图7-121所示。

图7-121

🎤操作步骤

01 将素材"01.mp4"导入时间线窗口中，如图7-122所示。

图7-122

02 拖动时间线滑块查看效果，如图7-123所示。

图7-123

03 为素材"01.mp4"添加【通道混合器】效果，分别设置【红色-红色】为113，【红色-绿色】为-15，【红色-蓝色】为-10，【绿色-蓝色】为-8，【蓝色-绿色】为-12，如图7-124所示。

图7-124

04 最终美食色调的对比效果如图7-125所示。

图7-125

实例139 LOMO色彩

文件路径	第7章\例139 LOMO色彩
难易指数	⭐⭐⭐⭐⭐
技术要点	●【色调】效果 ●【照片滤镜】效果 ●【曲线】效果 ●【曝光度】效果 ●【自然饱和度】效果 ●【亮度和对比度】效果

扫码深度学习

🔆操作思路

本例通过对素材添加【色调】效果、【照片滤镜】效果、【曲线】效果、【曝光度】效果、【自然饱和度】效果、【亮度和对比度】效果，从而制作LOMO感觉的色彩。

🖱案例效果

案例效果如图7-126所示。

图7-126

🎤操作步骤

01 将素材"01.jpg"导入时间线窗口中，如图7-127所示。

图7-127

02 拖动时间线滑块查看效果，如图7-128所示。

图7-128

03 为素材"01.jpg"添加【色调】效果，设置【将白色映射到】为黑色，【着色数量】为15.0%，如图7-129所示。

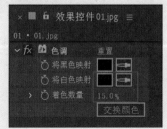

图7-129

04 为素材"01.jpg"添加【照片滤镜】效果，设置【滤镜】为【自定义】，【颜色】为青色，如图7-130所示。

图7-130

05 拖动时间线滑块查看效果，如图7-131所示。

图7-131

06 为素材"01.jpg"添加【曲线】效果，分别设置RGB、红色、绿色、蓝色四个通道的曲线形状，如图7-132所示。

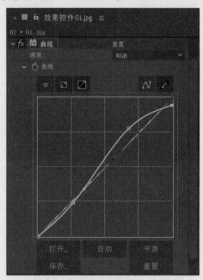

图7-132

07 为素材"01.jpg"添加【曝光度】效果，设置【偏移】为0.0500，如图7-133所示。

08 为素材"01.jpg"添加【自然饱和度】效果，设置【自然饱和度】为-29.5，【饱和度】为6.6，如

图7-134所示。

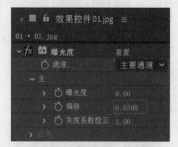

图7-133

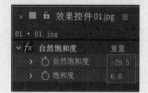

图7-134

09 为素材"01.jpg"添加【亮度和对比度】效果，设置【亮度】为5，【对比度】为10，如图7-135所示。

图7-135

10 最终LOMO色彩画面效果，如图7-136所示。

图7-136

提示 对比色

对比色就是两种或两种以上色相之间的对比，是赋予色彩表现力的方式之一。当对比双方的色彩处于色相环相隔在120°～150°的范围内时，属于对比色关系。如红色与黄绿色、红色与蓝绿色、橙色与紫色、黄色与蓝色等，如图7-137所示。

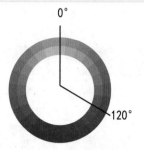

图7-137

对比色构成的特点如下。

在色相环中，两种颜色相隔120°左右为对比色。对比色给人一种强烈、明快、醒目、具有冲击力的感受，但使用过度容易引起视觉疲劳和精神亢奋。对比色的色组方案如图7-138所示。

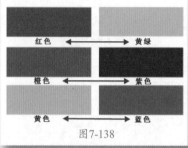

红色	← →	黄绿
橙色	← →	紫色
黄色	← →	蓝色

图7-138

实例140　经典稳重色调

文件路径	第7章\例140 经典稳重色调
难易指数	★★★★★
技术要点	● 【三色调】效果 ● 【照片滤镜】效果 ● 【曲线】效果 ● 【曝光度】效果 ● 【自然饱和度】效果 ● 【高斯模糊】效果

扫码深度学习

操作思路

本例通过为素材添加【三色调】效果、【照片滤镜】效果、【曲线】效果、【曝光度】效果、【自然饱和度】效果、【高斯模糊】效果，从而制作经典稳重色调。

🖱️ 案例效果

案例效果如图7-139所示。

图7-139

🎤 操作步骤

01 将素材"01.jpg"导入时间线窗口中,如图7-140所示。

图7-140

02 拖动时间线滑块查看效果,如图7-141所示。

图7-141

03 为素材"01.jpg"添加【三色调】效果,设置【高光】为白色,【中间调】为红色,【阴影】为黑色,【与原始图像混合】为80.0%,如图7-142所示。

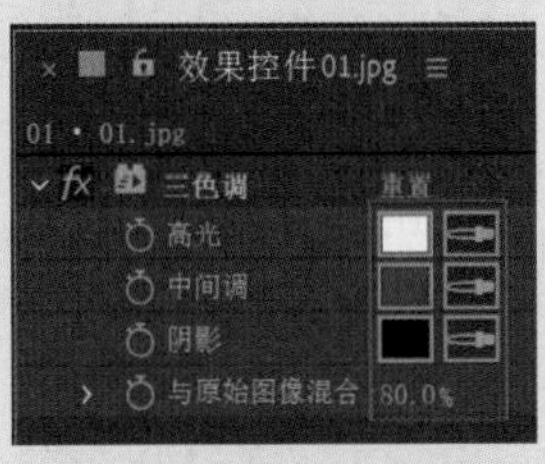

图7-142

04 为素材"01.jpg"添加【照片滤镜】效果,设置【滤镜】为【自定义】,【颜色】为绿色,【密度】为45.0%,如图7-143所示。

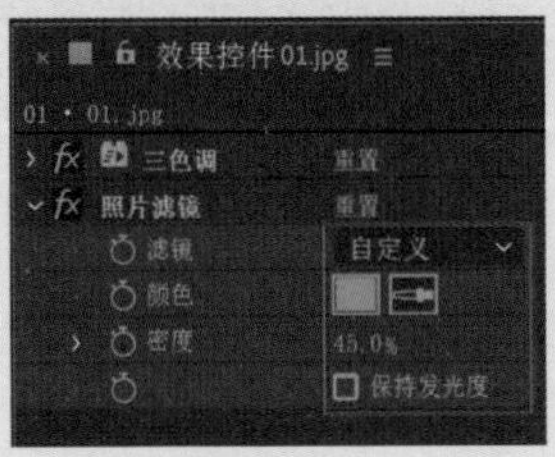

图7-143

05 为素材"01.jpg"添加【曲线】效果,分别设置RGB、红色、绿色、蓝色四个通道的曲线形状,如图7-144所示。

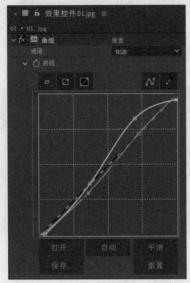

图7-144

06 为素材"01.jpg"添加【曝光度】效果,分别设置【曝光度】为0.06,【偏移】为0.0100,【灰度系数校正】为1.00,如图7-145所示。

图7-145

07 为素材"01.jpg"添加【自然饱和度】效果,设置【自然饱和度】为-20.0,【饱和度】为-5.0,如图7-146所示。

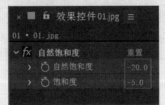

图7-146

08 为素材"01.jpg"添加【高斯模糊】效果,设置【模糊度】为0.3,如图7-147所示。

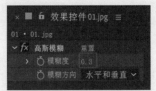

图7-147

09 最终,经典稳重色调画面效果,如图7-148所示。

图7-148

提示 互补色

在色相环中,相差180°左右为互补色。这样的色彩搭配可以产生一种强烈的刺激作用,对人的视觉具有强烈的吸引力,如红色与绿色、黄色与紫色、蓝色与橙色等色组,如图7-149所示。

图7-149

互补色构成的特点如下。

色相环直径两端相对,即180°的两种颜色互为互补色。互补搭配在一起效果最强烈,会产生刺激、动荡、冲突之感,属于最强对比。互补色的色组方案如图7-150所示。

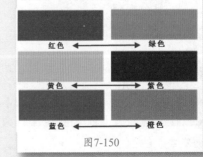

图7-150

艺境

中文版After Effects影视后期特效设计与制作全视频

实践228例 溢彩版

实例141 低对比柔和灰调风景

文件路径	第7章\例141 低对比柔和灰调风景
难易指数	★★★★★
技术要点	● 【色调】效果 ● 【色阶】效果 ● 【三色调】效果 ● 【四色渐变】效果 ● 【高斯模糊】效果 ● 【锐化】效果 ● 【曲线】效果

扫码深度学习

操作思路

本例通过为素材添加【色调】效果、【色阶】效果、【三色调】效果、【四色渐变】效果、【高斯模糊】效果、【锐化】效果、【曲线】效果、【色调】效果，从而制作低对比柔和灰调风景。

案例效果

案例效果如图7-151所示。

图7-151

操作步骤

01 将素材"01.jpg"导入时间线窗口中，如图7-152所示。

图7-152

02 拖动时间线滑块查看效果，如图7-153所示。

03 为素材"01.jpg"添加【色调】效果，设置【将黑色映射到】为深灰色，如图7-154所示。

图7-153

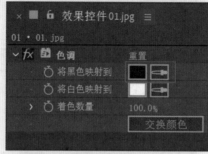

图7-154

04 拖动时间线滑块查看效果，如图7-155所示。

图7-155

05 为素材"01.jpg"添加【色阶】效果，设置【输入白色】为220.0，如图7-156所示。

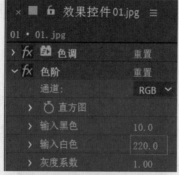

图7-156

06 为素材"01.jpg"添加【三色调】效果，分别设置【高光】为白色，【中间调】为褐色，【阴影】为深褐色，如图7-157所示。

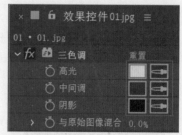

图7-157

07 为素材"01.jpg"添加【四色渐变】效果，设置【点1】为192.0,108.0，【颜色1】为棕色；【点2】为1728.0,108.0，【颜色2】为土黄色；【点3】为757.3,−77.0，【颜色3】为白色；【点4】为1692.0,878.0，【颜色4】为深红色，【混合模式】为【滤色】，如图7-158所示。

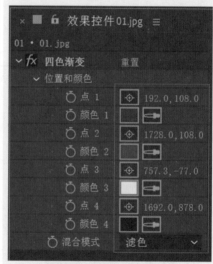

图7-158

08 为素材"01.jpg"添加【高斯模糊】效果，设置【模糊度】为1.0，取消勾选【重复边缘像素】，如图7-159所示。

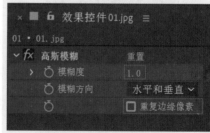

图7-159

09 为素材"01.jpg"添加【锐化】效果，设置【锐化量】为50，如图7-160所示。

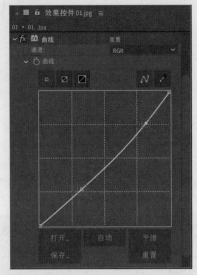

图7-160

10 为素材"01.jpg"添加【曲线】效果，设置曲线的形状，如图7-161所示。

图7-161

11 为素材"01.jpg"添加【色调】效果，并设置【将黑色映射到】为黑色，【将白色映射到】为白色，如图7-162所示。

图7-162

12 最终，低对比柔和灰调风景画面效果，如图7-163所示。

图7-163

实例142　超强质感画面

文件路径	第7章\例142超强质感画面
难易指数	★★★★★
技术要点	●【色调】效果 ●【色相/饱和度】效果 ●【色阶】效果 ●【曲线】效果 ●【颜色平衡】效果 ●【锐化】效果

扫码深度学习

操作思路

　　本例通过为素材添加【色调】效果、【色相/饱和度】效果、【色阶】效果、【曲线】效果、【颜色平衡】效果、【锐化】效果，从而制作超强质感画面。

案例效果

　　案例效果如图7-164所示。

图7-164

操作步骤

01 将素材"01.jpg"导入时间线窗口中，如图7-165所示。

图7-165

02 拖动时间线滑块查看效果，如图7-166所示。

图7-166

---

03 为素材"01.jpg"添加【色调】效果，设置【将黑色映射到】为深灰色，【将白色映射到】为白色，【着色数量】为31.0%，如图7-167所示。

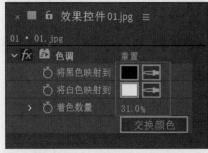

图7-167

04 为素材"01.jpg"添加【色相/饱和度】效果，设置【主饱和度】为-10，【主亮度】为-14，如图7-168所示。

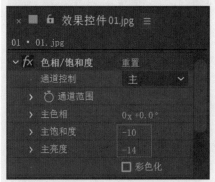

图7-168

05 为素材"01.jpg"添加【色阶】效果，设置【输入黑色】为23.0，【输入白色】为206.6，【灰度系数】为1.13，【输出黑色】为-5.1，【输出白色】为265.2，如图7-169所示。

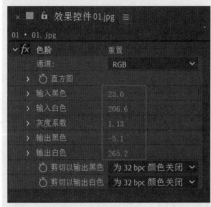

图7-169

06 为素材"01.jpg"添加【曲线】效果，设置曲线的形状，如图7-170所示。

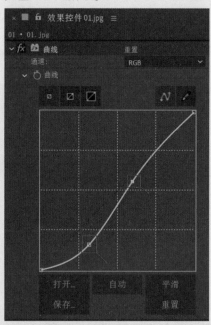

图7-170

07 为素材"01.jpg"添加【颜色平衡】效果，设置【中间调蓝色平衡】为-12.0，【高光绿色平衡】为4.0，【高光蓝色平衡】为16.0，如图7-171所示。

图7-171

08 为素材"01.jpg"添加【锐化】效果，设置【锐化量】为45，如图7-172所示。

图7-172

09 拖动时间线滑块查看最终效果，如图7-173所示。

图7-173

实例143　MV画面颜色

文件路径	第7章\例143 MV画面颜色
难易指数	★★★★★
技术要点	● 【色调】效果 ● 【照片滤镜】效果 ● 【亮度和对比度】效果 ● 【曲线】效果 ● 【色阶】效果 ● 【曝光度】效果 ● 【自然饱和度】效果 ● 【高斯模糊】效果

扫码深度学习

操作思路

本例通过为素材添加【色调】效果、【照片滤镜】效果、【亮度和对比度】效果、【曲线】效果、【色阶】效果、【曝光度】效果、【自然饱和度】效果、【高斯模糊】效果，从而制作MV画面颜色。

案例效果

案例效果如图7-174所示。

图7-174

操作步骤

01 将素材"01.jpg"导入时间线窗口中，如图7-175所示。

图7-175

02 拖动时间线滑块查看效果，如图7-176所示。

图7-176

03 为素材"01.jpg"添加【色调】效果，设置【将黑色映射到】为深灰色，【将白色映射到】为深灰色，【着色数量】为10.0%，如图7-177所示。

图7-177

04 再次为素材"01.jpg"添加【色调】效果，并设置【将黑色映射到】为黑色，【将白色映射到】为白色，【着色数量】为10.0%，如图7-178所示。

图7-178

05 为素材"01.jpg"添加【照片滤镜】效果，设置【滤镜】为【自定义】，设置【密度】为25.0%，设置【颜色】为青色，如图7-179所示。

06 拖动时间线滑块查看效果，如图7-180所示。

图7-179

图7-180

07 为素材"01.jpg"添加【亮度和对比度】效果，设置【亮度】为−10，勾选【使用旧版】，如图7-181所示。

图7-181

08 为素材"01.jpg"添加【曲线】效果，设置曲线形状，如图7-182所示。

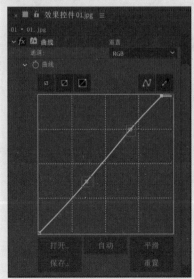

图7-182

09 为素材"01.jpg"添加【色阶】效果，设置【输入黑色】为2.0，【输入白色】为255.0，【灰度系数】为1.12，如图7-183所示。

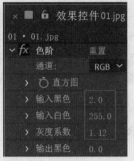

图7-183

10 拖动时间线滑块查看效果，如图7-184所示。

图7-184

11 为素材"01.jpg"添加【曝光度】效果，设置【偏移】为0.0050，【灰度系数校正】为1.05，如图7-185所示。

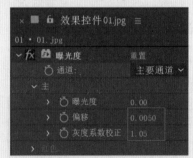

图7-185

12 为素材"01.jpg"添加【自然饱和度】效果，设置【自然饱和度】为−20.0，【饱和度】为−20.0，如图7-186所示。

图7-186

13 为素材"01.jpg"添加【高斯模糊】效果，设置【模糊度】为0.5，如图7-187所示。

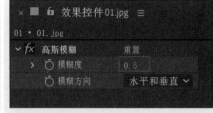

图7-187

14 拖动时间线滑块查看最终效果，如图7-188所示。

图7-188

实例144　粉嫩少女色	
文件路径	第7章\例144 粉嫩少女色
难易指数	★★★★★
技术要点	● 【色阶】效果 ● 【照片滤镜】效果 ● 【色调】效果 ● 【颜色平衡】效果 ● 【发光】效果 ● 【曲线】效果 ● 【高斯模糊】效果 ● 【锐化】效果

扫码深度学习

操作思路

　　本例通过为素材添加【色阶】效果、【照片滤镜】效果、【色调】效果、【颜色平衡】效果、【发光】效果、【曲线】效果、【高斯模糊】效果、【锐化】效果，从而制作粉嫩少女色。

案例效果

　　案例效果如图7-189所示。

图7-189

🎙️操作步骤

01 将素材"01.jpg"导入时间线窗口中,如图7-190所示。

| # | 源名称 |
| 1 | 🖼️ 01.jpg |

图7-190

02 拖动时间线滑块查看效果,如图7-191所示。

图7-191

03 为素材"01.jpg"添加【色阶】效果,设置【灰度系数】为0.75,【输出黑色】为34.0,如图7-192所示。

× ■ 🔒 效果控件01.jpg ≡

01 • 01.jpg

fx 色阶   重置

     通道: RGB ⌄

     〉 🕐 直方图

     〉 输入黑色   0.0

     〉 输入白色   255.0

     〉 灰度系数   0.75

     〉 输出黑色   34.0

     〉 输出白色   255.0

图7-192

04 为素材"01.jpg"添加【照片滤镜】效果,设置【滤镜】为【暖色滤镜(85)】,【颜色】为黄色,如图7-193所示。

× ■ 🔒 效果控件01.jpg ≡

01 • 01.jpg

〉 fx 色阶   重置

⌄ fx 照片滤镜   重置

     🕐 滤镜   暖色滤镜(85) ⌄

     🕐 颜色   ⬜

     〉 🕐 密度   25.0%

     🕐   ☑ 保持发光度

图7-193

05 为素材"01.jpg"添加【色调】效果,设置【将黑色映射到】为黑色,设置【将白色映射到】为白色,【着色数量】为30.0%,如图7-194所示。

× ■ 🔒 效果控件01.jpg ≡

01 • 01.jpg

⌄ fx 🖻 色调   重置

     🕐 将黑色映射到   ⬛ ➡️

     🕐 将白色映射到   ⬜ ➡️

     〉 🕐 着色数量   30.0%

                   交换颜色

图7-194

06 为素材"01.jpg"添加【颜色平衡】效果,设置【阴影绿色平衡】为7.0,【阴影蓝色平衡】为24.0,【中间调红色平衡】为2.0,【中间调绿色平衡】为23.0,【中间调蓝色平衡】为-3.0,【高光红色平衡】为3.0,【高光绿色平衡】为6.0,【高光蓝色平衡】为14.0,如图7-195所示。

× ■ 🔒 效果控件01.jpg ≡

01 • 01.jpg

⌄ fx 颜色平衡   重置

     〉 🕐 阴影红色平衡   0.0

     〉 🕐 阴影绿色平衡   7.0

     〉 🕐 阴影蓝色平衡   24.0

     〉 🕐 中间调红色平衡   2.0

     〉 🕐 中间调绿色平衡   23.0

     〉 🕐 中间调蓝色平衡   -3.0

     〉 🕐 高光红色平衡   3.0

     〉 🕐 高光绿色平衡   6.0

     〉 🕐 高光蓝色平衡   14.0

                  ☐ 保持发光度

图7-195

07 拖动时间线滑块查看效果,如图7-196所示。

图7-196

08 为素材"01.jpg"添加【发光】效果,设置【发光阈值】为98.0%,【发光半径】为238.0,【发光强度】为0.2,【发光颜色】为【A和B颜色】,【颜色B】为橙色,如图7-197所示。

× ■ 🔒 效果控件01.jpg ≡

01 • 01.jpg

⌄ fx 发光   重置   选项...

     🕐 发光基于   颜色通道   ⌄

     〉 🕐 发光阈值   98.0%

     〉 🕐 发光半径   238.0

     〉 🕐 发光强度   0.2

     〉 🕐 发光颜色   A和B颜色   ⌄

     🕐 颜色 B   ⬜ ➡️

图7-197

09 为素材"01.jpg"添加【曲线】效果,设置红色、绿色、蓝色三个通道的曲线形状,如图7-198所示。

× ■ 🔒 效果控件01.jpg ≡

01 • 01.jpg

⌄ fx 🖻 曲线   重置

     通道: RGB   ⌄

     ⌄ 🕐 曲线

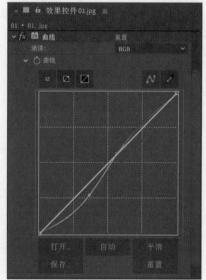

图7-198

10 为素材"01.jpg"添加【高斯模糊】效果,设置【模糊度】为1.0,如图7-199所示。

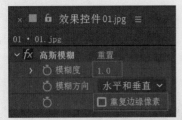

图7-199

11 拖动时间线滑块查看效果，如图7-200所示。

图7-200

12 为素材"01.jpg"添加【锐化】效果，设置【锐化量】为50，如图7-201所示。

图7-201

13 为素材"01.jpg"添加【颜色平衡】效果，设置【阴影红色平衡】为49.0，【阴影蓝色平衡】为38.0，【中间调红色平衡】为44.0，【中间调绿色平衡】为9.0，【中间调蓝色平衡】为-8.0，【高光红色平衡】为5.0，【高光绿色平衡】为-20.0，【高光蓝色平衡】为2.0，如图7-202所示。

图7-202

14 拖动时间线滑块查看最终效果，如图7-203所示。

图7-203

实例145	旅游色彩调节效果
文件路径	第7章\例145 旅游色彩调节效果
难易指数	⭐⭐⭐⭐⭐
技术要点	● 【高斯模糊】效果 ● 【锐化】效果 ● 【四色渐变】效果 ● 【曲线】效果

🔍扫码深度学习

💡操作思路

本例通过为素材添加【高斯模糊】效果、【锐化】效果、【四色渐变】效果、【曲线】效果，从而制作旅游色彩调节效果。

🖱案例效果

案例效果如图7-204所示。

图7-204

🎤操作步骤

01 将素材"背景.jpg"导入项目窗口中，然后将其拖动至时间线窗口中。接着将素材"01.png"导入项目窗口中，然后将其拖动到时间线窗口中，设置【位置】为2497.2,265.4，

如图7-205所示。

图7-205

02 拖动时间线滑块查看效果，如图7-206所示。

图7-206

03 在时间线窗口中右击鼠标，在弹出的快捷菜单中选择【新建】|【调整图层】命令，如图7-207所示。

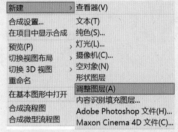

图7-207

04 此时的【调整图层1】如图7-208所示。

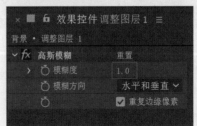

图7-208

05 为【调整图层1】添加【高斯模糊】效果，设置【模糊度】为1.0，如图7-209所示。

图7-209

案例效果

案例效果如图7-215所示。

图7-215

06 为【调整图层1】添加【锐化】效果,设置【锐化量】为50,如图7-210所示。

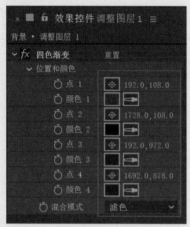

图7-210

07 为【调整图层1】添加【四色渐变】效果,设置【点1】为192.0,108.0,【颜色1】为墨绿色。设置【点2】为1728.0,108.0,【颜色2】为深灰色。设置【点3】为192.0,972.0,【颜色3】为紫色。设置【点4】为1692.0,878.0,【颜色4】为深蓝色,【混合模式】为【滤色】,如图7-211所示。

图7-213

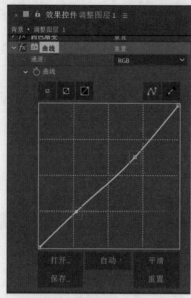

图7-213

操作步骤

01 将素材"背景.jpg"导入时间线窗口中,如图7-216所示。

图7-216

02 拖动时间线滑块查看效果,如图7-217所示。

图7-217

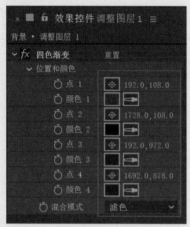

图7-211

图7-214

实例146	冷调风格效果
文件路径	第7章\例146冷调风格效果
难易指数	★★★★★
技术要点	● 【色调】效果 ● 【色相/饱和度】效果 ● 【曲线】效果 ● 【色阶】效果 ● 【颜色平衡】效果 ● 【颜色平衡(HLS)】效果

扫码深度学习

03 为素材"背景.jpg"添加【色调】效果,设置【将黑色映射到】为深蓝色,【将白色映射到】为青色,【着色数量】为35.0%,如图7-218所示。

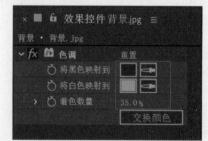

图7-218

08 拖动时间线滑块查看效果,如图7-212所示。

图7-212

09 为【调整图层1】添加【曲线】效果,设置曲线形状,如图7-213所示。

10 拖动时间线滑块查看最终效果,如图7-214所示。

操作思路

本例通过为素材添加【色调】效果、【色相/饱和度】效果、【曲线】效果、【色阶】效果、【颜色平衡】效果、【颜色平衡(HLS)】效果,从而制作冷调风格效果。

04 为素材"背景.jpg"添加【色相/饱和度】效果,设置【主饱和度】为-23,【主亮度】为-4,如图7-219所示。

05 拖动时间线滑块查看效果，如图7-220所示。

图7-220

06 为素材"背景.jpg"添加【曲线】效果，调整曲线形状，如图7-221所示。

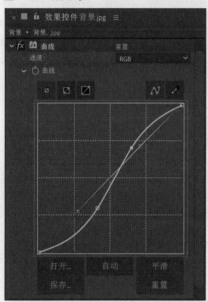

图7-221

07 为素材"背景.jpg"添加【色阶】效果，设置【输入黑色】为10.2，【输入白色】为280.5，【灰度系数】为1.12，【输出黑色】为-12.8，如图7-222所示。

08 拖动时间线滑块查看效果，如图7-223所示。

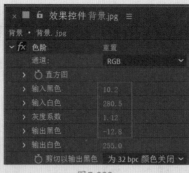

图7-222

图7-223

09 为素材"背景.jpg"添加【颜色平衡】效果，设置【阴影红色平衡】为36.0，【阴影绿色平衡】为-4.0，【阴影蓝色平衡】为39.0，【中间调绿色平衡】为14.0，【中间调蓝色平衡】为-5.0，【高光红色平衡】为7.0，【高光绿色平衡】为2.0，【高光蓝色平衡】为-2.0，如图7-224所示。

10 为素材"背景.jpg"添加【颜色平衡（HLS）】效果，设置【饱和度】为11.0，如图7-225所示。

图7-224   图7-225

11 拖动时间线滑块查看最终效果，如图7-226所示。

图7-226

图7-227

实例147 红色浪漫

文件路径	第7章\例147 红色浪漫
难易指数	⭐⭐⭐⭐⭐
技术要点	【曲线】效果

🔍扫码深度学习

操作思路

本例通过为素材设置混合模式，并添加【曲线】效果，制作红色调画面效果。

案例效果

案例效果如图7-228所示。

图7-228

操作步骤

01 将素材"01.jpg"和"02.mov"导入时间线窗口中，如图7-229所示。

02 设置视频素材"02.mov"的【模式】为【屏幕】，如图7-230所示。

图7-229　　　　　　　　　图7-230

03 此时产生了梦幻的画面效果，如图7-231所示。

图7-231

04 为素材"01.jpg"添加【曲线】效果，调整RGB、红色、绿色、蓝色四个通道的曲线形状，如图7-232所示。

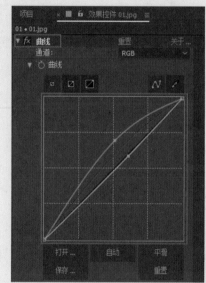

图7-232

05 拖动时间线滑块查看最终效果，如图7-233所示。

图7-233

色相对比

色相对比是两种或两种以上不同色相颜色之间的差别。色相主要体现事物的固有色和冷暖感，且纯色搭配最能体现色相对比感，尤其是使用补色或三原色纯色搭配，色相对比感最为强烈，如图7-234所示。

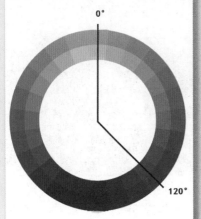

图7-234

色相对比构成的特点如下。

色相环上，当对方的色彩处于90°～120°，甚至是小于150°的范围时，属于对比关系。而色彩间隔距离大小决定了色相对比组合的强弱效果。

同色不同背景的色相对比效果，如图7-235所示。

图7-235

同样的绿色，在红色背景中显得更加鲜艳、立体。同样的蓝色，在紫色背景中显得更加亮眼、醒目，如图7-236所示。

图7-236

实例148　丰富的旅游风景色调

文件路径	第7章 \ 例148 丰富的旅游风景色调
难易指数	★★★★★
技术要点	【曲线】效果

扫码深度学习

操作思路

本例通过为素材添加【曲线】效果，并调整RGB、红色、绿色、蓝色四个通道的曲线形状，从而将画面色调进行调整。

案例效果

案例效果如图7-237所示。

图7-237

操作步骤

01 将素材"01.jpg"导入时间线窗口中，如图7-238所示。

图7-238

02 拖动时间线滑块查看效果，如图7-239所示。

图7-239

03 为素材"01.jpg"添加【曲线】效果，并调整RGB、红色、绿色、蓝色四个通道的曲线形状，如图7-240所示。

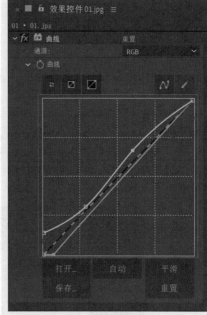

图7-240

04 拖动时间线滑块查看效果，如图7-241所示。

图7-241

明度对比

明度对比是指色彩明暗程度的对比，也称为色彩的"黑白对比"。按照明度顺序可将颜色分为低明度、中明度和高明度三个阶段。在有彩色中，柠檬黄色为高明度，蓝紫色为低明度。在明度对比中，画面的主基调取决于黑色、白色、灰色的量和互相对比产生的其他色调。色调本身又具有很强的可塑性，如空间感、层次感等，因此它对画面是否明快、形象是否清晰起着决定性的作用，如图7-242所示。

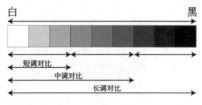

图7-242

　　色彩明度差别的大小，决定了明度对比的强弱。三度差以内的对比又称为短调对比，短调对比给人舒适、平缓的感觉；三度至六度差的对比称为明度中对比，又称为中调对比，中调对比给人老实、朴素的感觉；六度差以外的对比，称为明度强对比，又称为长调对比，长调对比给人鲜明、刺激的感觉。同色不同背景的明度对比效果，如图7-243所示。

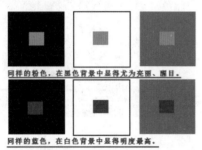

图7-243

实例149　出现颜色效果

文件路径	第7章\例149 出现颜色效果
难易指数	★★★★★
技术要点	● 【Lumetri 颜色】效果 ● Roto 画笔工具效果

扫码深度学习

操作思路

　　本例通过使用Roto画笔工具抠出人物，并使用【Lumetri颜色】效果调整画面背景，制作出现颜色效果。

案例效果

　　案例效果如图7-244所示。

图7-244

操作步骤

01 将素材"01.png"多次导入时间线窗口中，如图7-245所示。

图7-245

02 拖动时间线滑块查看效果，如图7-246所示。

图7-246

03 在【工具栏】面板中单击 ▨（Roto 画笔）按钮，双击选择"01.png"素材文件，在弹出的图层面板中选择画面中的人物，如图7-247所示。

图7-247

04 接着为图层2的"01.png"素材文件添加【Lumetri 颜色】效果，将时间线拖动到起始时间位置处，打开【饱和度】前面的 ▧ 按钮，设置【饱和度】为0.0，如图7-248所示。

图7-248

05 将时间线拖动到1秒15帧，设置【饱和度】为164.0，如图7-249所示。

图 7-249

06 拖动时间线滑块查看效果，如图7-250所示。

图 7-250

实例150 盛夏的向日葵

文件路径	第 7 章 \ 例 150 盛夏的向日葵
难易指数	⭐⭐⭐⭐⭐
技术要点	● 【色阶】效果 ● 【曲线】效果 ● 【色相 / 饱和度】效果 ● 【颜色平衡】效果 ● 【高斯模糊】效果 ● 【锐化】效果 ● 【杂色】效果 ● 【四色渐变】效果

扫码深度学习

操作思路

本例通过对素材添加【色阶】效果、【曲线】效果、【色相/饱和度】效果、【颜色平衡】效果、【高斯模糊】效果、【锐化】效果、【杂色】效果、【四色渐变】效果，从而制作盛夏的向日葵。

案例效果

案例效果如图7-251所示。

图 7-251

操作步骤

01 将素材"01.jpg"导入时间线窗口中，如图7-252所示。

图 7-252

02 拖动时间线滑块查看效果，如图7-253所示。

图 7-253

03 为素材"01.jpg"添加【色阶】效果，设置【灰度系数】为2.00，如图7-254所示。

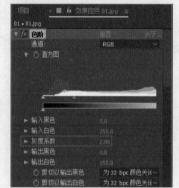

图 7-254

04 为素材"01.jpg"添加【曲线】效果，设置曲线形状，如图7-255所示。

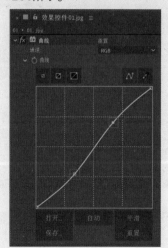

图 7-255

05 为素材"01.jpg"添加【色相/饱和度】效果，设置【主饱和度】为-23，如图7-256所示。

图7-256

06 拖动时间线滑块查看效果，如图7-257所示。

图7-257

07 为素材"01.jpg"添加【颜色平衡】效果，分别设置【阴影红色平衡】为72.0，【阴影蓝色平衡】为11.0，【中间调红色平衡】为25.0，【高光红色平衡】为14.0，【高光绿色平衡】为6.0，【高光蓝色平衡】为-49.0，如图7-258所示。

图7-258

08 为素材"01.jpg"添加【高斯模糊】效果，设置【模糊度】为1.0，如图7-259所示。

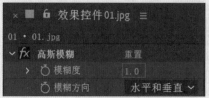

图7-259

09 为素材"01.jpg"添加【锐化】效果，设置【锐化量】为50，如图7-260所示。

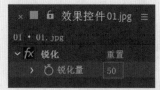

图7-260

10 拖动时间线滑块查看效果，如图7-261所示。

图7-261

11 为素材"01.jpg"添加【杂色】效果，设置【杂色数量】为2.0%，如图7-262所示。

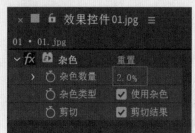

图7-262

12 为素材"01.jpg"添加【四色渐变】效果，设置【点1】为192.0,108.0，【颜色1】为墨绿色。设置【点2】为1728.0,108.0，【颜色2】为深灰色。设置【点3】为192.0,972.0，【颜色3】为紫色。设置【点4】为1692.0,878.0，【颜色4】为深蓝色，【混合模式】为【滤色】，如图7-263所示。

13 拖动时间线滑块查看效果，如图7-264所示。

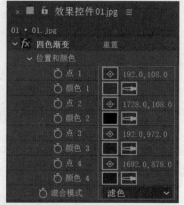

图7-263

图7-264

14 为素材"01.jpg"添加【曲线】效果，设置曲线形状，如图7-265所示。

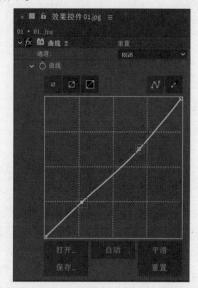

图7-265

15 拖动时间线滑块查看效果，如图7-266所示。

图7-266

艺境

中文版After Effects影视后期特效设计与制作全视频

实践228例

溢彩版

纯度对比

纯度对比是指色彩饱和度的差异产生的色彩对比效果。纯度对比既可以体现在同一类色相的色彩对比中，也可以体现在不同色相的对比中。通常将纯度划分为三个阶段：高纯度、中纯度和低纯度，如图7-267所示。

而纯度的对比构成又可分为强对比、中对比、弱对比。色彩纯度对比的力量不及明度或色相对比，在应用色彩的时候要注意这个特性。

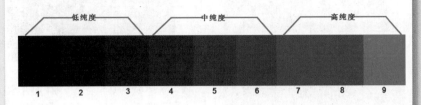

图7-267

纯度变化的基调如下。

低纯度的色彩基调给人一种（灰调）简朴、暗淡、消极、陈旧的视觉感受。中纯度的色彩基调给人一种（中调）：稳定、淡雅、中庸、朦胧的视觉感受。高纯度的色彩基调给人一种（鲜调）：积极、强烈、亮眼、冲动的视觉感受。

同色不同背景的纯度对比效果，如图7-268所示。

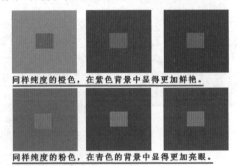

图7-268

实例151　回忆色调

文件路径	第7章\例151 回忆色调
难易指数	★★★★★
技术要点	● 【色调】效果 ● 【黑色和白色】效果 ● 【色相/饱和度】效果 ● 【曝光度】效果 ● 【曲线】效果 ● 【色阶】效果 ● 【照片滤镜】效果 ● 【颜色平衡】效果 ● 【发光】效果 ● 【高斯模糊】效果 ● 【锐化】效果

🔍扫码深度学习

操作思路

本例通过为素材添加【色调】效果、【黑色和白色】效果、【色相/饱和度】效果、【曝光度】效果、【曲线】效果、【色阶】效果、【照片滤镜】效果、【颜色平衡】效果、【发光】效果、【高斯模糊】效果、【锐化】效果，

从而制作岁月痕迹画面色调。

案例效果

案例效果如图7-269所示。

图7-269

操作步骤

01 将素材"01.jpg"导入时间线窗口中，如图7-270所示。

图7-270

02 拖动时间线滑块查看效果，如图7-271所示。

图7-271

03 为素材"01.jpg"添加【色调】效果，设置【着色数量】为30.0%，如图7-272所示。

图7-272

04 为素材"01.jpg"添加【黑色和白色】效果，分别设置【红色】为42.0，【黄色】为25.0，【绿色】为35.0，【青色】为9.0，【蓝色】

为38.0，【洋红】为40.0，【色调颜色】为米色，如图7-273所示。

图7-273

05 为素材"01.jpg"添加【色相/饱和度】效果，设置【主亮度】为7，如图7-274所示。

图7-274

06 拖动时间线滑块查看效果，如图7-275所示。

图7-275

07 为素材"01.jpg"添加【曝光度】效果，设置【曝光度】为0.27，【灰度系数】为1.12，如图7-276所示。

08 为素材"01.jpg"添加【曲线】效果，调整红色、绿色、蓝色三个通道的形状，如图7-277所示。

图7-276

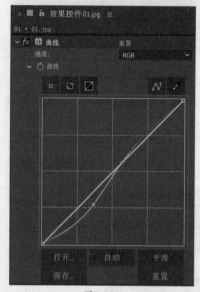

图7-277

09 为素材"01.jpg"添加【色阶】效果，设置【灰度系数】为0.75，【输出黑色】为34.0，如图7-278所示。

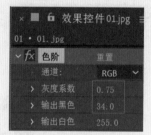

图7-278

10 拖动时间线滑块查看效果，如图7-279所示。

图7-279

11 为素材"01.jpg"添加【照片滤镜】效果，设置【滤镜】为【暖色滤镜（85）】，颜色为黄色，如图7-280所示。

图7-280

12 为素材"01.jpg"添加【颜色平衡】效果，设置【阴影绿色平衡】为7.0，【阴影蓝色平衡】为24.0，【中间调红色平衡】为2.0，【中间调绿色平衡】为23.0，【中间调蓝色平衡】为-3.0，【高光红色平衡】为3.0，【高光绿色平衡】为6.0，【高光蓝色平衡】为14.0，如图7-281所示。

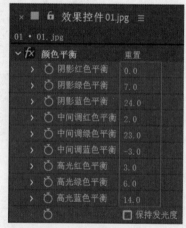

图7-281

13 拖动时间线滑块查看效果，如图7-282所示。

图7-282

14 为素材"01.jpg"添加【发光】效果，设置【发光阈值】为98.0%，【发光半径】为238.0，【发光强度】为0.2，如图7-283所示。

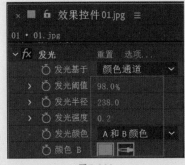

图7-283

15 为素材"01.jpg"添加【高斯模糊】效果,并设置【模糊度】为1.0,如图7-284所示。

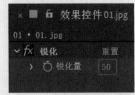

图7-284

16 为素材"01.jpg"添加【锐化】效果,设置【锐化量】为50,如图7-285所示。

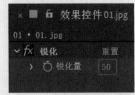

图7-285

17 为素材"01.jpg"添加【颜色平衡】效果,并设置【阴影红色平衡】为49.0,【阴影蓝色平衡】为38.0,【中间调红色平衡】为44.0,【中间调绿色平衡】为9.0,【中间调蓝色平衡】为-8.0,【高光红色平衡】为5.0,【高光绿色平衡】为-20.0,【高光蓝色平衡】为2.0,如图7-286所示。

18 拖动时间线滑块查看效果,如图7-287所示。

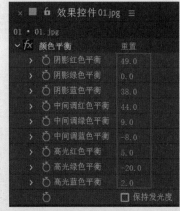

图7-286

图7-287

第8章

跟踪与稳定

本章概述

　　跟踪与稳定是After Effects中不太常用的功能，主要用于电影、广告等作品的制作中。在拍摄视频时，若视频产生了晃动，可以在After Effects中进行作品稳定处理，消除晃动感，也可以在After Effects中进行跟踪操作，让素材跟踪于视频中，产生真实的动画变化。

本章重点

● 掌握跟踪和替换画面效果的应用
● 掌握稳定画面效果的应用

实例152 动态马赛克跟随

文件路径	第8章\例152 动态马赛克跟随
难易指数	★★★★★
技术要点	●【马赛克】效果 ●跟踪器

扫码深度学习

操作思路

本例应用【马赛克】效果制作马赛克，并应用【跟踪器】模拟马赛克跟随画面中的花朵中心。

案例效果

案例效果如图8-1所示。

图8-1

操作步骤

01 将项目窗口中的"素材.mp4"素材文件拖动到时间线窗口中，如图8-2所示。

图8-2

02 在时间线窗口中右击鼠标，在弹出的快捷菜单中选择【新建】|【调整图层】命令，如图8-3所示。

图8-3

03 此时"调整图层1"创建完成，如图8-4所示。

图8-4

04 选择"调整图层1"，然后在菜单栏中选择【图层】|【纯色设置】命令，如图8-5所示。

图8-5

05 设置【宽度】为300像素，【高度】为300像素，如图8-6所示。

图8-6

06 为"调整图层1"添加【马赛克】效果，设置【水平块】为20，【垂直块】为20，如图8-7所示。

图8-7

07 设置"调整图层1"的【位置】为1222.2,434.3，此时花朵中心出现了马赛克效果，如图8-8所示。

图8-8

08 在菜单栏中选择【窗口】|【跟踪器】命令，如图8-9所示。

图8-9

09 在时间线窗口中选择"素材.mp4"图层，然后单击【跟踪器】面板中的【跟踪运动】按钮，如图8-10所示。

图8-10

10 将跟踪点位置移动到花朵的中心位置，如图8-11所示。

图8-11

11 选择"素材.mp4"图层，然后单击【跟踪器】面板中的▶（向前分析）按钮，如图8-12所示。

图8-12

12 在监视器窗口中出现了跟踪动画关键帧，如图8-13所示。

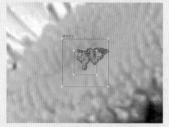

图8-13

13 选择"调整图层1"图层，然后单击【跟踪器】面板中的【应用】按钮，如图8-14所示。

图8-14

14 在弹出的对话框中单击【确定】按钮，如图8-15所示。

图8-15

15 拖动时间线滑块查看最终效果，如图8-16所示。

图8-16

> **提示**
>
> **应用跟踪效果的条件**
>
> 运动跟踪只能够对运动的影片进行跟踪，不能对单帧静止的图像进行跟踪。
>
> 一般在前期的拍摄中，摄像师就要注意拍摄时跟踪点的位置。设置较为合适的跟踪点，后期在制作跟踪动画时才会更加方便，效果更加完美。

实例153 窥视蜗牛爬行

文件路径	第8章\例153 窥视蜗牛爬行	
难易指数	★★★★★	
技术要点	● 椭圆工具 ● 跟踪器 ● 钢笔工具	Q扫码深度学习

操作思路

本例通过使用椭圆工具绘制圆形遮罩，应用【跟踪器】将圆形跟踪蜗牛头部。

案例效果

案例效果如图8-17所示。

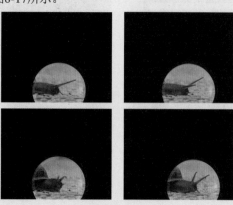

图8-17

操作步骤

01 在项目窗口中右击鼠标，在弹出的快捷菜单中选择【新建合成】命令，在弹出的【合成设置】对话框中设置相应的参数，然后单击【确定】按钮。接着将"01.jpg"素材文件导入项目窗口中，然后将其拖动到时间线窗口中，并设置【模式】为【屏幕】，设置【位置】为460.0,606.5,设置【缩放】为37.0,37.0%,如图8-18所示。

图8-18

02 拖动时间线滑块查看效果，如图8-19所示。

03 选择"01.jpg"素材，单击▇（椭圆工具）按钮，并绘制一个圆形遮罩，如图8-20所示。

图8-19　　　　　　图8-20

04 将"02.mp4"素材文件添加到时间线窗口中，如图8-21所示。

图8-21

05 拖动时间线滑块查看效果，如图8-22所示。

06 在菜单栏中选择【窗口】|【跟踪器】命令，如图8-23所示。

图8-22　　　　　　图8-23

07 在时间线窗口中选择"02.mp4"图层，然后单击【跟踪器】面板中的【跟踪运动】按钮，如图8-24所示。

08 将时间线滑块拖动至起始帧位置处，然后在"02.mp4"图层监视器中调整【跟踪点1】的位置，并适当调整搜寻范围框和特征范围框的大小，如图8-25所示。

图8-24　　　　　　图8-25

09 选择"02.mp4"图层，然后单击【跟踪器】面板中的▶（向前分析）按钮，如图8-26所示。

10 在监视器窗口中出现了跟踪动画关键帧，如图8-27所示。

图8-26　　　　　　图8-27

11 选择"01.jpg"图层，然后单击【跟踪器】面板中的【应用】按钮，如图8-28所示。

12 在弹出的对话框中单击【确定】按钮，如图8-29所示。

图8-28　　　　　　图8-29

13 拖动时间线滑块查看效果，如图8-30所示。

图8-30

14 将"01.jpg"图层按快捷键Ctrl+D进行复制，并重命名为"02.jpg"，然后设置图层【模式】为【正常】。接着，打开"02.jpg"图层的【蒙版】，并勾选【蒙版1】后面的【反转】，如图8-31所示。

图8-31

15 拖动时间线滑块查看效果，如图8-32所示。

图8-32

16 在时间线窗口右击鼠标，新建一个黑色纯色图层，如图8-33所示。

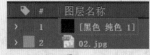

图8-33

17 选择【黑色纯色1】图层，单击 （钢笔工具）按钮，绘制一个闭合的图形，如图8-34所示。

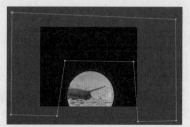

图8-34

18 拖动时间线滑块查看效果，如图8-35所示。

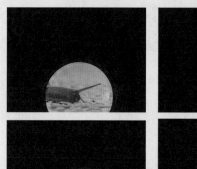

图8-35

实例154 稳定晃动的镜头

文件路径	第8章\例154稳定晃动的镜头
难易指数	★★★★★
技术要点	跟踪器

扫码深度学习

操作思路

本例使用【跟踪器】将原本拍摄时比较晃动的镜头效果，校正为相对比较稳定的效果。

案例效果

案例效果如图8-36所示。

图8-36

操作步骤

01 将"01.mp4"素材文件添加到时间线窗口中,如图8-37所示。

02 拖动时间线滑块查看效果,如图8-38所示。

图8-37

图8-38

03 在菜单栏中选择【窗口】|【跟踪器】命令,如图8-39所示。

04 在时间线窗口中选择"01.mp4"图层,单击【跟踪器】面板中的【稳定运动】按钮,如图8-40所示。

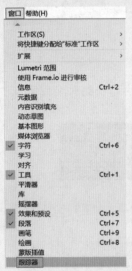

图8-39

图8-40

05 将时间线滑块拖动到起始帧位置处,在"01.mp4"图层监视器中调整【跟踪点1】的位置,并适当调整搜寻范围框和特征范围框的大小,如图8-41所示。

图8-41

06 选择"01.mp4"图层,单击【跟踪器】面板中的▶(向前分析)按钮,此时开始了运算,如图8-42所示。

07 选择"01.mp4"图层,单击【跟踪器】面板中的【应用】按钮,如图8-43所示。

图8-42

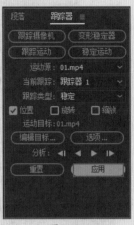

图8-43

08 在弹出的对话框中单击【确定】按钮,如图8-44所示。

09 运算之后,自动校正了晃动效果,因此画面四周部分出现了一些黑色区域,如图8-45所示。

图8-44

图8-45

10 此时的素材"01.mp4"文件中出现了很多关键帧,如图8-46所示。

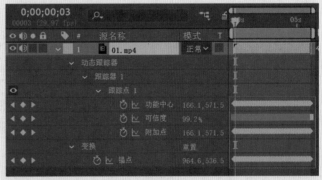

图8-46

11 在项目窗口中对合成【01】右击鼠标,在弹出的快捷菜单中选择【合成设置】命令,如图8-47所示。

12 修改【宽度】为1750px,【高度】为950px,如图8-48所示。

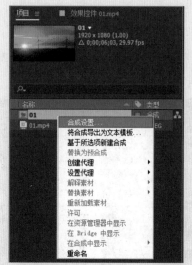

图8-47

图8-48

13 拖动时间线滑块查看效果，如图8-49所示。

图8-49

实例155　替换方形广告

文件路径	第8章\例155 替换方形广告
难易指数	★★★★★
技术要点	跟踪器

Q 扫码深度学习

操作思路

本例通过使用【跟踪器】工具，将视频素材合成到广告牌中，应注意四个角要非常精准地对位。

案例效果

案例效果如图8-50所示。

图8-50

操作步骤

01 将"01.avi"素材文件添加到时间线窗口中，如图8-51所示。

图8-51

02 拖动时间线滑块查看效果，如图8-52所示。

图8-52

03 将"02.mp4"素材文件添加到时间线窗口中，设置【缩放】为31.0，31.0%，如图8-53所示。

图8-53

04 拖动时间线滑块查看效果，如图8-54所示。

05 在菜单栏中选择【窗口】|【跟踪器】命令，如图8-55所示。

图8-54 　　　　　图8-55

06 在时间线窗口中选择"01.avi"图层，然后单击【跟踪器】面板中的【跟踪运动】按钮，并勾选【位置】、【旋转】、【缩放】，如图8-56所示。

07 设置【跟踪类型】为【透视边角定位】，如图8-57所示。

图8-56 　　　　　图8-57

08 依次调整【跟踪点1】、【跟踪点2】、【跟踪点3】、【跟踪点4】的位置到广告牌的四角位置，如图8-58所示。

图8-58

09 选择"01.avi"图层，然后单击【跟踪器】面板中的 ▶（向前分析）按钮，此时开始了运算，如图8-59所示。

10 在监视器窗口中出现了跟踪动画关键帧，如图8-60所示。

图8-59 　　　　　图8-60

11 单击【跟踪器】面板中的【应用】按钮，如图8-61所示。

12 视频已经成功地定位到广告牌的四角位置上了，如图8-62所示。

图8-61 　　　　　图8-62

13 拖动时间线滑块查看效果，如图8-63所示。

图8-63

使用【透视边角定位】跟踪类型

在制作运动跟踪时，若选择【跟踪类型】为【透视边角定位】，则会出现四个跟踪点，并可以调整四个跟踪点的透视角度和位置。常用于海报、广告牌、屏幕画面的替换和跟踪。

实例156 边角定位制作手机视频播放效果

文件路径	第8章\例156边角定位制作手机视频播放效果
难易指数	★★★★★
技术要点	跟踪器

扫码深度学习

操作思路

本例通过使用【跟踪器】工具，将视频素材合成到手机屏幕中。应注意四个角要非常准地对位。

案例效果

案例效果如图8-64所示。

图8-64

操作步骤

01 将"01.mp4"素材文件添加到时间线窗口中，如图8-65所示。

02 拖动时间线滑块查看效果，如图8-66所示。

图8-65　　　　　　　图8-66

03 将"02.mp4"素材文件添加到时间线窗口中，设置【位置】为1113.0，2438.0，【缩放】为42.0，42.0%，如图8-67所示。

图8-67

04 拖动时间线滑块查看效果，如图8-68所示。

05 在菜单栏中选择【窗口】|【跟踪器】命令，如图8-69所示。

图8-68　　　　　　图8-69

06 在时间线窗口中选择"01.mp4"图层，然后单击【跟踪器】面板中的【跟踪运动】按钮，如图8-70所示。

07 设置【跟踪类型】为【透视边角定位】，如图8-71所示。

图8-70　　　　　　图8-71

08 依次调整【跟踪点1】、【跟踪点2】、【跟踪点3】、【跟踪点4】的位置到手机屏幕的四角位置，如图8-72所示。

图8-72

09 设置"运动目标"为"02.mp4"图层，然后单击【跟踪器】面板中的▶（向前分析）按钮，此时开始了运算，如图8-73所示。

图8-73

10 视频已经成功地定位到手机屏幕的四角位置上了，如图8-74所示。

图8-74

11 单击【跟踪器】面板中的【应用】按钮，如图8-75所示。

图8-75

12 拖动时间线滑块查看效果，如图8-76所示。

图8-76

第9章

视频输出

本章概述

    在After Effects中作品的动画、颜色、特效在制作完成后，我们就可以进行最后一步，那就是视频输出。在After Effects中可以输出各种格式的文件，如视频、音频、图片、序列等。

本章重点

- 了解输出概念
- 掌握视频的输出方法

实例157 输出AVI视频

文件路径	第9章\例157 输出 AVI 视频
难易指数	⭐⭐⭐⭐⭐
技术要点	渲染队列

🔍扫码深度学习

💡操作思路

本例讲解了在【渲染队列】中设置参数,输出AVI格式视频。

🖱案例效果

案例效果如图9-1所示。

图9-1

🎤操作步骤

01 打开本书配备的"157.aep"素材文件,如图9-2所示。

图9-2

02 在时间线窗口中,按快捷键Ctrl+M打开【渲染队列】对话框,如图9-3所示。

03 单击【输出模块】后的【H.264 – 匹配渲染设置–15 Mbps】,如图9-4所示。

04 在弹出的【输出模块设置】对话框中设置【格式】为AVI,设置完成后,单击【确定】按钮,如图9-5所示。

05 单击【输出到】后面的"01.avi",如图9-6所示。

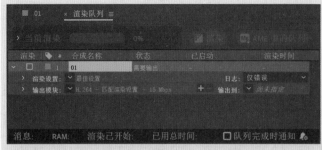

图9-3

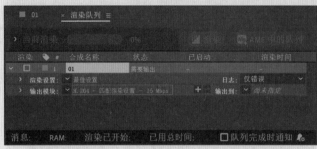

图9-4

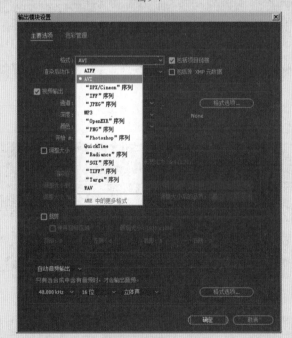

图9-5

图9-6

06 在弹出的【将影片输出到:】对话框中修改名称,并单击【保存】按钮,如图9-7所示。

图9-7

07 单击【渲染】按钮,如图9-8所示。

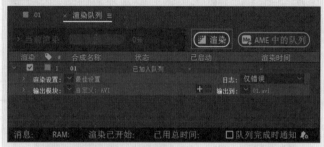

图9-8

08 图9-9所示为正在进行中的渲染效果,等待一段时间即可完成。

图9-9

实例158 输出MOV视频

文件路径	第9章\例158 输出 MOV 视频
难易指数	★★★★★
技术要点	渲染队列

扫码深度学习

扫码深度学习

🔆操作思路

本例讲解了在【渲染队列】中设置参数,输出MOV格式视频。

🖱案例效果

案例效果如图9-10所示。

图9-10

🎤操作步骤

01 打开本书配备的"158.aep"素材文件,如图9-11所示。

图9-11

02 在时间线窗口中,按快捷键Ctrl+M打开【渲染队列】对话框,如图9-12所示。

图9-12

03 单击【输出模块】后的【H.264 - 匹配渲染设置-15 Mbps】,如图9-13所示。

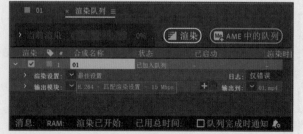

图9-13

04 在弹出的【输出模块设置】对话框中设置【格式】为QuickTime，设置完成后，单击【确定】按钮，如图9-14所示。

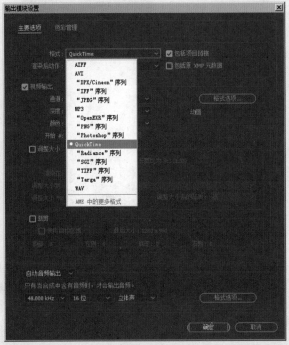

图9-14

05 单击【输出到】后面的"01.mov"，如图9-15所示。

图9-15

06 在弹出的【将影片输出到：】对话框中修改名称并单击【保存】按钮，如图9-16所示。

图9-16

07 单击【渲染】按钮，如图9-17所示。

图9-17

08 此时，正在进行渲染，等待一段时间即可完成，如图9-18所示。

图9-18

实例159	输出音频
文件路径	第9章\例159 输出音频
难易指数	★★★★★
技术要点	渲染队列

扫码深度学习

💡操作思路

本例讲解了在【渲染队列】中设置参数，输出音频格式文件。

🖱案例效果

案例效果如图9-19所示。

图9-19

🎤 操作步骤

01 打开本书配备的 "159.aep" 素材文件，如图9-20所示。

图9-20

02 在时间线窗口中，按快捷键Ctrl+M打开【渲染队列】对话框，如图9-21所示。

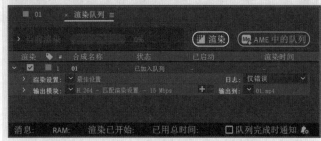

图9-21

03 单击【输出模块】后的【H.264 – 匹配渲染设置–15 Mbps】，如图9-22所示。

图9-22

04 在弹出的【输出模块设置】对话框中设置【格式】为 WAV，设置完成后，单击【确定】按钮，如图9-23 所示。

05 单击【输出到】后面的 "01.wav"，如图9-24 所示。

06 在弹出的【将影片输出到：】对话框中修改名称并单击【保存】按钮，如图9-25所示。

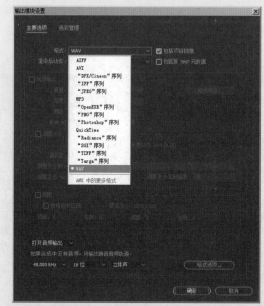

图9-23

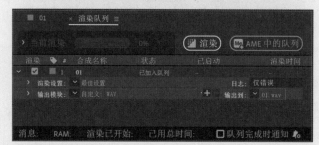

图9-24

图9-25

07 单击【渲染】按钮，如图9-26所示。

图9-26

08 图9-27所示为正在进行中的渲染效果，由于该视频较小，所以渲染时间较短，等待一段时间即可完成。

图9-27

实例160 输出JPG单张图片

文件路径	第9章\例160 输出JPG单张图片	
难易指数	★★★★★	
技术要点	渲染队列	

扫码深度学习

操作思路

本例讲解了在【渲染队列】中设置参数，输出JPG格式的图片文件。

案例效果

案例效果如图9-28所示。

图9-28

操作步骤

01 打开本书配备的"160.aep"素材文件，如图9-29所示。

图9-29

02 将时间线拖动至第5秒11帧位置处，如图9-30所示。

图9-30

03 画面效果如图9-31所示。

图9-31

04 在菜单栏中选择【合成】|【帧另存为】|【文件】命令，如图9-32所示。

合成(C) 图层(L) 效果(T) 动画(A) 视图(V) 窗口 帮助(H)	
新建合成(C)...	Ctrl+N
合成设置(T)...	Ctrl+K
设置海报时间(E)	
将合成裁剪到工作区(W)	Ctrl+Shift+X
裁剪合成到目标区域(I)	
添加到 Adobe Media Encoder 队列	Ctrl+Alt+M
添加到渲染队列(A)	Ctrl+M
添加输出模块(D)	
预览(P)	>
帧另存为(S)	> 文件... Ctrl+Alt+S
预渲染...	Photoshop 图层...
	ProEXR...

图9-32

05 此时出现了【渲染队列】，如图9-33所示。

图9-33

06 单击【输出模块】后的Photoshop，如图9-34所示。

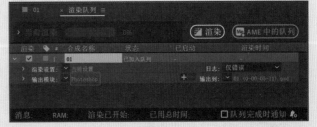

图9-34

07 在弹出的【输出模块设置】对话框中设置格式为【"JPEG"序列】，取消【使用合成帧编号】，设置完成后，单击【确定】按钮，如图9-35所示。

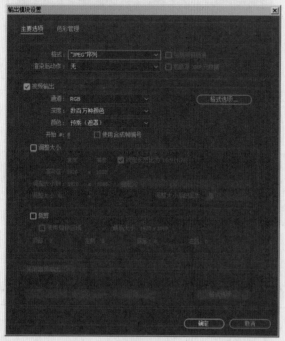

图9-35

08 单击【输出到】后面的"01（0-00-05-11）.jpg"，如图9-36所示。

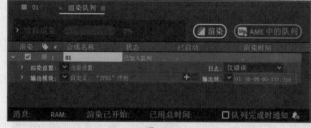

图9-36

09 然后在弹出的【将帧输出到:】对话框中修改名称，并单击【保存】按钮，如图9-37所示。接着，在弹出的【JPEG选项】对话框中单击【确定】按钮。

图9-37

10 图9-38所示为正在进行中的渲染效果，等待一段时间即可完成。

图9-38

11 渲染完成的效果，如图9-39所示。

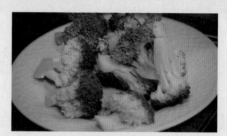

图9-39

实例161　输出序列图片

文件路径	第9章\例161 输出序列图片
难易指数	⭐⭐⭐⭐⭐
技术要点	渲染队列

🔍扫码深度学习

💡操作思路

　　本例讲解了在【渲染队列】中设置参数，输出Targa序列文件。

🖱案例效果

　　案例效果如图9-40所示。

图9-40

🎤操作步骤

01 打开本书配备的"161.aep"素材文件，如图9-41所示。

图9-41

02 拖动时间线滑块，查看此时动画效果，如图9-42所示。

图9-42

03 在时间线窗口中，按快捷键Ctrl+M打开【渲染队列】对话框，如图9-43所示。

图9-43

04 单击【输出模块】后的【H.264 – 匹配渲染设置–15 Mbps】，如图9-44所示。

图9-44

05 设置【格式】为【"Targa"序列】，如图9-45所示。

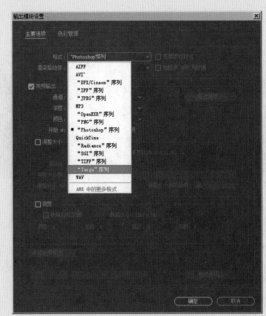

图9-45

06 然后在弹出的对话框中单击【确定】按钮，如图9-46所示。

图9-46

07 在【输出模块设置】对话框中勾选【使用合成帧编号】，单击【确定】按钮，如图9-47所示。

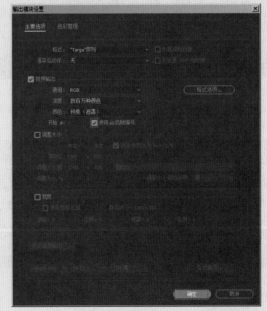

图9-47

08 单击【输出到】后面的"01\01_[#####].tga"，如图9-48所示。

图9-48

09 在弹出的【将影片输出到：】对话框中修改名称，并单击【保存】按钮，如图9-49所示。

图9-49

10 单击【渲染】按钮，如图9-50所示。

图9-50

11 图9-51所示为正在进行中的渲染效果，等待一段时间即可完成。

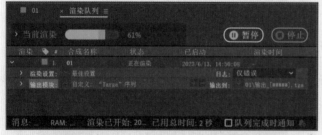

图9-51

12 在刚才设置的文件夹中可以看到渲染的序列，如图9-52所示。

图9-52

实例162 输出小尺寸视频

文件路径	第9章\例162 输出小尺寸视频
难易指数	★★★★★
技术要点	渲染队列

扫码深度学习

操作思路

本例讲解了在【渲染队列】中设置参数，输出小尺寸的视频文件。

案例效果

案例效果如图9-53所示。

图9-53

操作步骤

01 打开本书配备的"162.aep"素材文件，如图9-54所示。

02 拖动时间线滑块，查看此时动画效果，如图9-55所示。

03 在时间线窗口中，按快捷键Ctrl+M打开【渲染队列】对话框，然后单击【渲染设置】后的【最佳设置】，如图9-56所示。

04 在弹出的【渲染设置】对话框中设置【分辨率】为【三分之一】，单击【确定】按钮，如图9-57所示。

图9-54

图9-55

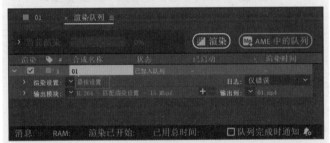

图9-56

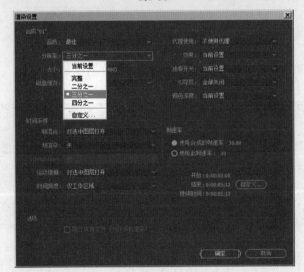

图9-57

05 然后单击【输出模块】后的【H.264 - 匹配渲染设置-15-Mbps】，如图9-58所示。

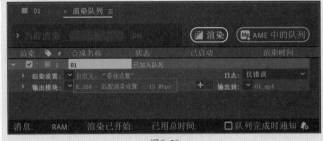

图9-58

06 在弹出的【输出模块设置】对话框中设置【格式】为AVI，单击【确定】按钮，如图9-59所示。

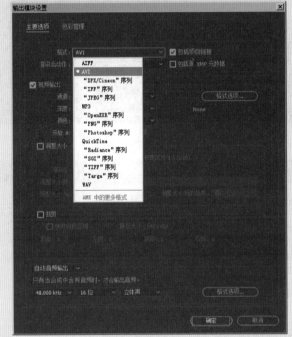

图9-59

07 单击【输出到】后面的"01.avi"，如图9-60所示。

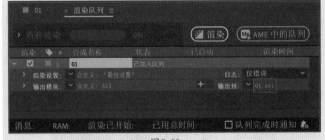

图9-60

08 在弹出的【将影片输出到：】对话框中设置文件名和修改文件保存位置，单击【保存】按钮，如图9-61所示。

09 单击【渲染】按钮，如图9-62所示。

图9-61

图9-62

文件路径	第9章\例163 输出 PSD 格式文件
难易指数	★★★★★
技术要点	帧另存为

扫码深度学习

操作思路

　　本例讲解了通过使用【帧另存为】并设置参数，输出PSD格式的文件。

案例效果

　　案例效果如图9-63所示。

图9-63

操作步骤

01 打开本书配备的"163.aep"素材文件，如图9-64所示。

图9-64

02 拖动时间线滑块，查看此时动画效果，如图9-65所示。

图9-65

03 在菜单栏中选择【合成】|【帧另存为】|【文件】命令，如图9-66所示。

合成(C) 图层(L) 效果(T) 动画(A) 视图(V) 窗口 帮助(H)	
新建合成(C)...	Ctrl+N
合成设置(T)...	Ctrl+K
设置海报时间(E)	
将合成裁剪到工作区(W)	Ctrl+Shift+X
裁剪合成到目标区域(I)	
添加到 Adobe Media Encoder 队列...	Ctrl+Alt+M
添加到渲染队列(A)	Ctrl+M
添加输出模块(D)	
预览(P)	
帧另存为(S)	文件　Ctrl+Alt+S
预渲染...	Photoshop 图层...
	ProEXR...

图9-66

04 弹出【渲染队列】对话框，如图9-67所示。

图9-67

05 单击【输出到】后面的【01（0-00-00-00）.psd】，如图9-68所示。

194

图9-68

06 在弹出的【将帧输出到：】对话框中设置文件名和修改文件保存位置，单击【保存】按钮，如图9-69所示。

图9-69

07 单击【渲染】按钮，如图9-70所示。

图9-70

08 在刚才设置的文件夹中可以看到渲染的.psd格式文件，如图9-71所示。

图9-71

实例164 输出gif格式小动画

文件路径	第9章\例164 输出 gif 格式小动画
难易指数	⭐⭐⭐⭐⭐
技术要点	添加到 Adobe Media Encoder 队列

🔍 扫码深度学习

💡 **操作思路**

本例讲解了通过应用【添加到Adobe Media Encoder队列】，输出gif格式动态文件。

🖱 **案例效果**

案例效果如图9-72所示。

图9-72

🎤 **操作步骤**

01 打开本书配备的"164.aep"素材文件，如图9-73所示。

图9-73

02 拖动时间线滑块，查看此时动画效果，如图9-74所示。

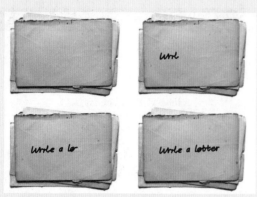

图9-74

03 在菜单栏中选择【合成】|【添加到Adobe Media Encoder队列】命令，如图9-75所示。

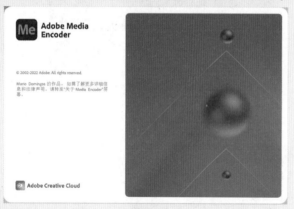

图9-75

04 计算机中安装了Adobe Media Encoder软件，因此可以成功开启，此时正在开启该软件，如图9-76所示。

图9-76

05 在弹出的面板中单击【匹配源-高比特率】，如图9-77所示。

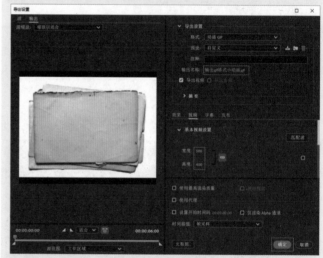

图9-77

06 然后在弹出的【导出设置】对话框中设置【格式】为【动画GIF】，如图9-78所示。

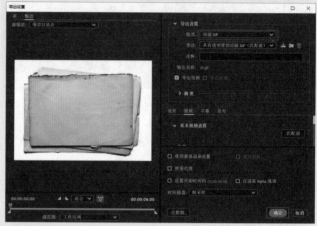

图9-78

07 继续设置【输出名称】为【输出gif格式小动画】，并设置【宽度】为500，【高度】为400，如图9-79所示。

图9-79

08 单击 ▶ （启用队列）按钮，如图9-80所示。

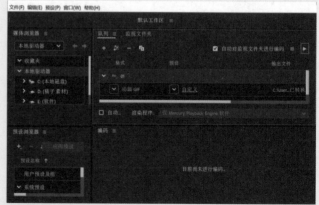

图9-80

09 此时开始渲染文件，如图9-81所示。

图9-81

10 等待一段时间，在刚才设置的文件夹中可以看到渲染的.gif格式的动画文件，如图9-82所示。

图9-82

> **提示**
> **Adobe Media Encoder的作用**
> 　　使用Adobe Media Encoder软件，可以批量处理多个视频和音频文件。而且在对视频文件进行编码时，可以更改批处理文件的编码设置和排列顺序。

实例165　设置输出自定义时间范围

文件路径	第9章\例165 设置输出自定义时间范围	
难易指数	★★★★★	扫码深度学习
技术要点	渲染队列	

操作思路

　　本例讲解了在【渲染队列】中设置参数，输出自定义时间范围内的文件。

案例效果

　　案例效果如图9-83所示。

图9-83

操作步骤

01 打开本书配备的"165.aep"素材文件，如图9-84所示。

图9-84

02 在时间线窗口中，按快捷键Ctrl+M打开【渲染队列】对话框，如图9-85所示。

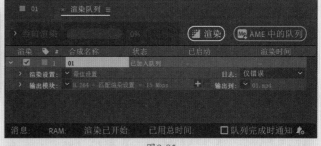

图9-85

03 单击【渲染设置】后的【最佳设置】，如图9-86所示。

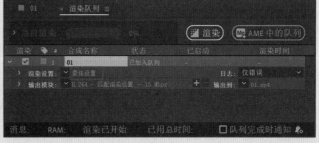

图9-86

04 单击【自定义】按钮，如图9-87所示。

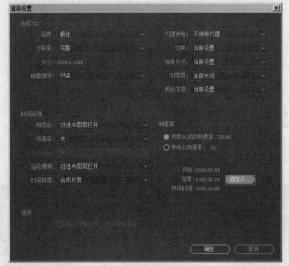

图9-87

05 设置【起始】时间为15秒，【结束】时间为20秒，如图9-88所示。

图9-88

06 单击【输出到】后面的"01.mp4"，如图9-89所示。

图9-89

07 然后修改名称，并单击【保存】按钮，如图9-90所示。

08 此时单击【渲染】按钮，如图9-91所示。

图9-90

图9-91

09 现在正在进行渲染，等待一段时间即可完成，如图9-92所示。

图9-92

实例166　输出预设视频

文件路径	第 9 章＼例 166 输出预设视频	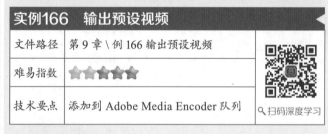
难易指数	★★★★★	
技术要点	添加到 Adobe Media Encoder 队列	扫码深度学习

操作思路

　　本例讲解了应用【添加到Adobe Media Encoder队列】，并输出预设视频文件。

案例效果

　　案例效果如图9-93所示。

图9-93

操作步骤

01 打开本书配备的"166.aep"素材文件,如图9-94所示。

图9-94

02 拖动时间线滑块,查看此时动画效果,如图9-95所示。

图9-95

03 在菜单栏中选择【合成】|【添加到Adobe Media Encoder队列】命令,如图9-96所示。

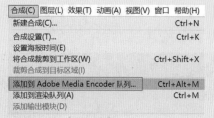

图9-96

04 此时正在开启Adobe Media Encoder软件,如图9-97所示。

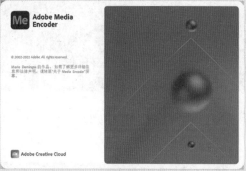

图9-97

05 软件界面已经打开,如图9-98所示。

图9-98

06 单击【合成1】下方中间的位置,如图9-99所示。

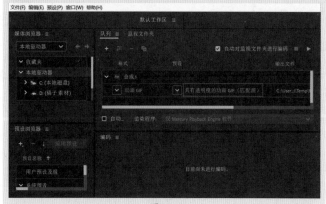

图9-99

07 设置【格式】为MPEG2，设置【输出名称】为"输出预设视频.mpg"，如图9-100所示。

图9-100

08 单击▶（启用队列）按钮，如图9-101所示。

图9-101

09 此时开始渲染文件，如图9-102所示。

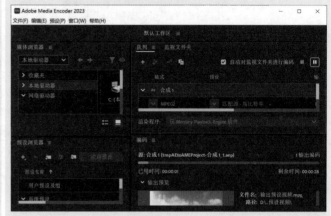

图9-102

第10章

粒子和光效

本章概述

　　粒子是After Effects中比较有趣的技术，通过为图层添加粒子相关的效果，可产生大量的粒子，常应用于影视特效、广告设计等行业。光效也是After Effects中用于产生光特效的技术，常用于制作影视特效、动画设计等。

本章重点

- 了解粒子和光效的使用效果
- 掌握粒子和光效的应用方法

文件路径	第10章\例167 星形发光粒子动画
难易指数	★★★★★
技术要点	● CC Particle World 效果 ● 【发光】效果

🔍扫码深度学习

💡操作思路

本例通过对纯色图层添加CC Particle World效果制作炫酷的星形粒子动画，添加【发光】效果制作发光效果。

🖱案例效果

案例效果如图10-1所示。

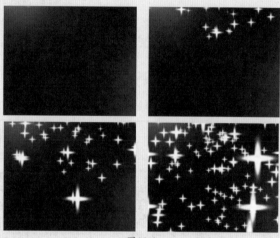

图10-1

🎤操作步骤

01 将素材"01.jpg"导入时间线窗口中，设置【缩放】为60.0,60.0%，如图10-2所示。

图10-2

02 背景效果如图10-3所示。

图10-3

03 在时间线窗口中右击鼠标，在弹出的快捷菜单中选择【新建】|【纯色】命令，如图10-4所示。

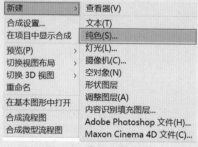

图10-4

04 将黑色的纯色图层命名为"粒子"，如图10-5所示。

图10-5

05 为"粒子"图层添加CC Particle World效果，设置Birth Rate为0.5，Longevity（sec）为5.00，Position Y为−0.45，Radius X为0.500，Radius Y为0.025，Radius Z为1.000，Animation为Viscouse，Gravity为0.050，Particle Type为Star，Birth Size为0.600，Death Size为0.500，Size Variation为10.0%，Max Opacity为80.0%，Birth Color为黄色，Death Color为橙色，Transfer Mode为Add，如图10-6所示。

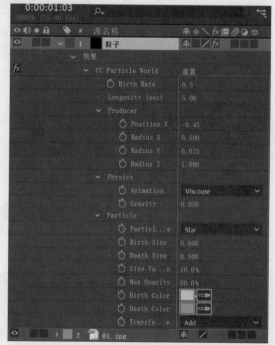

图10-6

06 拖动时间线滑块查看此时动画效果，如图10-7所示。

艺境 中文版After Effects影视后期特效设计与制作全视频 实践228例 溢彩版

图10-7

07 为"粒子"图层添加【发光】效果，设置【发光基于】为【Alpha通道】，【发光阈值】为50.0%，【发光颜色】为【A和B颜色】，【颜色B】为白色，如图10-8所示。

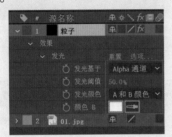

图10-8

08 拖动时间线滑块查看最终动画效果，如图10-9所示。

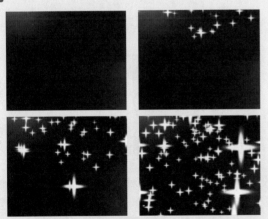

图10-9

实例168　时尚栏目包装粒子部分

文件路径	第10章\例168时尚栏目包装粒子部分
难易指数	★★★★★
技术要点	● 【梯度渐变】效果 ● CC Particle World 效果 ● 【百叶窗】效果 ● 【投影】效果 ● 钢笔工具 ● 横排文字工具 ● 动画预设

Q扫码深度学习

💡 操作思路

　　本例应用【梯度渐变】效果、CC Particle World效果、【百叶窗】效果、【投影】效果，使用钢笔工具、横排文字工具、动画预设，制作时尚栏目包装粒子部分。

🖱 案例效果

　　案例效果如图10-10所示。

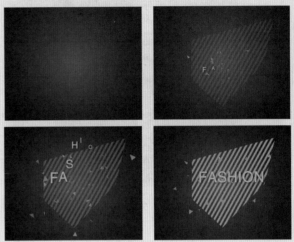

图10-10

🎙 操作步骤

01 在时间线窗口中右击鼠标，在弹出的快捷菜单中选择【新建】|【纯色】命令，如图10-11所示。

新建	▶	查看器(V)
合成设置...		文本(T)
在项目中显示合成		纯色(S)...
预览(P)	▶	灯光(L)...
切换视图布局	▶	摄像机(C)...
切换 3D 视图	▶	空对象(N)
重命名		形状图层
在基本图形中打开		调整图层(A)
		内容识别填充图层(C)...
合成流程图		Adobe Photoshop 文件(H)...
合成微型流程图		Maxon Cinema 4D 文件(C)...

图10-11

02 为新建的纯色图层命名为"背景"，如图10-12所示。

图10-12

03 为当前"背景"图层添加【梯度渐变】效果，设置【渐变起点】为360.0,288.0，【起始颜色】为蓝色，【渐变终点】为360.0,850.0，【结束颜色】为黑色，【渐变形状】为【径向渐变】，如图10-13所示。

04 渐变背景效果，如图10-14所示。

图10-13

图10-14

05 继续新建一个纯色图层，命名为"粒子"，如图10-15所示。

图10-15

06 为"粒子"图层添加CC Particle World效果，并设置Birth Rate为0.5，Gravity为0.000，Particle Type为TriPolygon，Birth Size为0.150，Death Size为0.400，Max Opacity为100.0%，Birth Color为红色，Death Color为橙色，如图10-16所示。

图10-16

07 继续新建一个湖蓝色的纯色图层，命名为"三角形"，如图10-17所示。

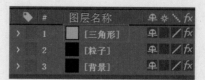

图10-17

08 将时间线拖动到第0帧，打开"三角形"图层的【不透明度】前面的 ◉ 按钮，设置【不透明度】为0，如图10-18所示。

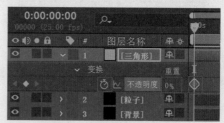

图10-18

09 将时间线拖动到第2秒，设置【不透明度】100%，如图10-19所示。

图10-19

10 拖动时间线滑块查看此时动画效果，如图10-20所示。

图10-20

11 为"三角形"图层添加【百叶窗】效果，设置【过渡完成】为50%，【方向】为0x+30.0°，如图10-21所示。

图10-21

12 选择"三角形"图层，然后单击 ✎（钢笔工具）按钮，绘制一个闭合的图形作为遮罩，如图10-22所示。

13 单击 T（横排文字工具）按钮，并创建一组英文，如图10-23所示。

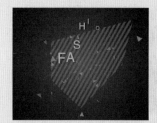

图10-22　　　　　　　图10-23

图10-27（续）

14 进入【字符】面板，设置文本的字体类型，并设置【颜色】为黄色、【字体大小】为75像素、【行距】为75像素，按下 T 【仿粗体】按钮和 TT 【全部大写字母】按钮，如图10-24所示。

15 为当前的文本添加【投影】效果，设置【柔和度】为15.0，如图10-25所示。

实例169	制作下雨效果
文件路径	第10章\例169 制作下雨效果
难易指数	★★★★★
技术要点	● CC Rainfall 效果 ● 混合模式

🔍扫码深度学习

💡**操作思路**

本例应用CC Rainfall效果制作大雨磅礴的效果，设置混合模式制作混合效果。

👆**案例效果**

案例效果如图10-28所示。

图10-24　　　　　　　图10-25

16 进入【效果和预设】面板，单击【动画预设】|Text|3D Text|【3D居中反弹】按钮，并将其拖动到文本上，如图10-26所示。

图10-28

🎤**操作步骤**

01 将素材"1.mp4"导入时间线窗口中，设置【缩放】为51.0,51.0%，如图10-29所示。

图10-29

图10-26

17 拖动时间线滑块查看最终动画效果，如图10-27所示。

02 背景效果，如图10-30所示。

03 在时间线窗口中右击鼠标，在弹出的快捷菜单中选择【新建】|【纯色】命令，为新建的纯色图层命名为"黑色 纯色1"，如图10-31所示。

图10-27

图10-30

图10-31

04 背景效果如图10-32所示。

图10-32

05 为"黑色 纯色1"图层添加CC Rainfall效果，设置Drops为7800，Size为7.83，Scene Depth为13730，Speed为1450，Wind为-260.0，Variation%（Wind）为24.0，Spread为15.5，Color 为白色，Opacity为90.0，如图10-33所示。

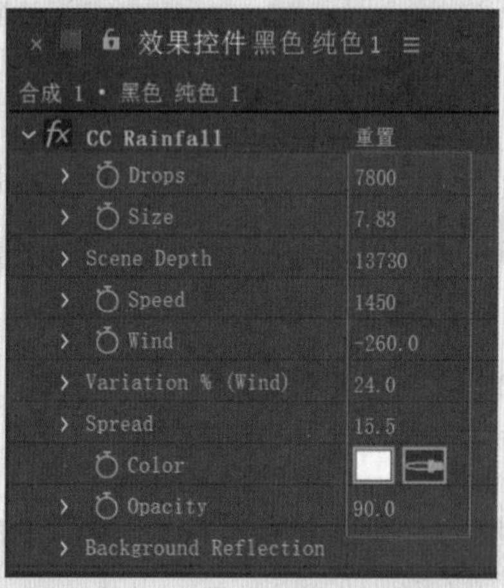

图10-33

06 拖动时间线滑块查看动画效果，如图10-34所示。

图10-34

07 设置"黑色 纯色1"图层的【模式】为【屏幕】，如图10-35所示。

图10-35

08 拖动时间线滑块查看动画效果，如图10-36所示。

图10-36

实例170	光线粒子效果——粒子动画	
文件路径	第10章\光线粒子效果	
难易指数	★★★★★	
技术要点	● 【梯度渐变】效果 ● CC Particle World 效果 ● 关键帧动画	扫码深度学习

操作思路

本例应用【梯度渐变】效果制作蓝色背景，应用CC Particle World效果制作粒子，应用关键帧动画制作动画。

案例效果

案例效果如图10-37所示。

图10-37

操作步骤

01 在时间线窗口中新建一个纯色图层，命名为"背景"，如图10-38所示。

图10-38

02 为"背景"图层添加【梯度渐变】效果，设置【起始颜色】为蓝色，【结束颜色】为深蓝色，设置【渐变形状】为【径向渐变】，如图10-39所示。

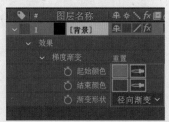

图10-39

03 蓝色渐变背景如图10-40所示。

图10-40

04 在时间线窗口中新建一个青色的纯色图层，命名为"粒子1"，如图10-41所示。

图10-41

05 为"粒子1"图层添加CC Particle World效果，设置Birth Rate为1.0，Longevity（sec）为2.00，Animation为Viscouse，Velocity为0.35，Gravity为0.000，Particle Type为Lens Convex，Birth Size为0.150，Death Size为0.150。将时间线拖动到第0帧，打开Position X和Position Y前面的 按钮，设置Position X为0.60，Position Y为-0.36，如图10-42所示。

图10-42

06 将时间线拖动到第1秒，设置Position X为-0.31，Position Y为-0.06，如图10-43所示。

图10-43

07 将时间线拖动到第2秒，设置Position X为-0.31，Position Y为-0.06，如图10-44所示。

图10-44

08 将时间线拖动到第3秒，设置Position X为1.22，Position Y为-0.09，如图10-45所示。

图10-45

09 拖动时间线滑块查看此时的动画，如图10-46所示。

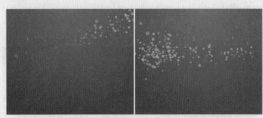

图10-46

10 在时间线窗口中新建一个白色的纯色图层，命名为"粒子2"，如图10-47所示。

图10-47

11 为"粒子2"图层添加"CC Particle World"效果，设置Birth Rate为1.0，Longevity（sec）为2.00，Animation为Viscouse，Velocity为0.55，Gravity为0.000，Particle Type为Lens Convex，Birth Size为0.150，Death Size为0.150。将时间线拖动到第0帧，打开Position X和Position Y前面的⬤按钮，设置Position X为0.60，Position Y为-0.36，如图10-48所示。

图10-48

12 将时间线拖动到第1秒，设置Position X为-0.31，Position Y为-0.06，如图10-49所示。

图10-49

13 将时间线拖动到第2秒，设置Position X为-0.31，Position Y为-0.06，如图10-50所示。

图10-50

14 将时间线拖动到第3秒，设置Position X为1.22，Position Y为-0.09，如图10-51所示。

图10-51

15 拖动时间线滑块查看粒子动画效果，如图10-52所示。

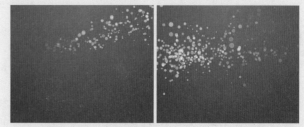

图10-52

实例171　光线粒子效果——文字动画

文件路径	第10章\光线粒子效果	
难易指数	⭐⭐⭐⭐⭐	
技术要点	● 横排文字工具 ● 动画预设	⬛扫码深度学习

操作思路

本例使用横排文字工具创建一组文字，应用【动画预设】制作文字动画。

案例效果

案例效果如图10-53所示。

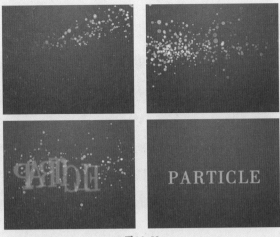

图10-53

操作步骤

01 单击 **T**（横排文字工具）按钮，并创建一组英文，如图10-54所示。

02 进入【字符】面板，设置文本的字体类型，并设置【颜色】为白色、【字体大小】为97像素，按下 **T**（仿粗体）按钮和 **TT**（全部大写字母）按钮，如图10-55所示。

图10-54

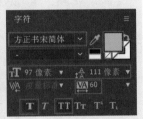

图10-55

03 进入【效果和预设】面板，搜索【3D下飞和展开】效果，并将其拖动到文本上，如图10-56所示。

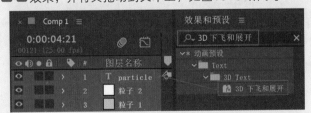

图10-56

04 拖动时间线滑块查看最终动画效果，如图10-57所示。

图10-57

图10-57（续）

实例172　星球光线

文件路径	第10章\例172星球光线	
难易指数	★★★★★	
技术要点	●【镜头光晕】效果 ● CC Light Sweep 效果	扫码深度学习

操作思路

本例应用【镜头光晕】效果制作光晕光感，为素材添加CC Light Sweep效果制作炫酷光效。

案例效果

案例效果如图10-58所示。

图10-58

操作步骤

01 在时间线窗口中导入素材"背景.jpg"，如图10-59所示。

图10-59

02 设置素材"背景.jpg"的【缩放】为51.0, 51.0%，如图10-60所示。

图10-60

03 背景效果如图10-61所示。

图10-61

04 为素材"背景.jpg"添加【镜头光晕】效果，设置【光晕中心】为800.0,530.0，【光晕亮度】为125%，【镜头类型】为【105毫米定焦】，如图10-62所示。

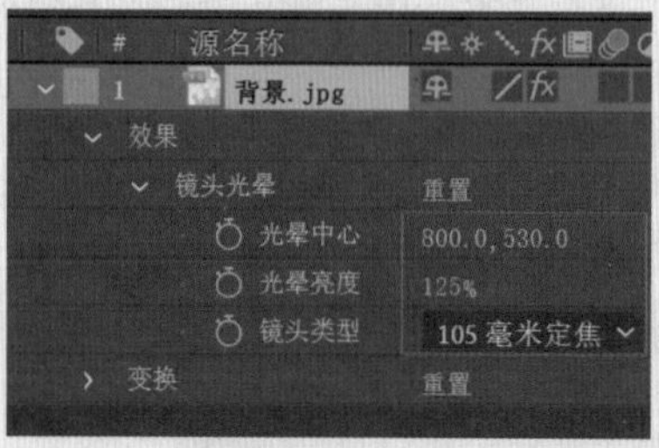

图10-62

05 产生了光晕效果，如图10-63所示。

图10-63

06 为素材"背景.jpg"添加CC Light Sweep效果，设置Center为822.9,571.9，Direction为0×+58.0°，Width为21.0，Light Reception为Composite，如图10-64所示。

07 产生了直线光斑效果，如图10-65所示。

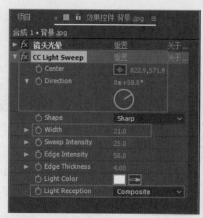

图10-64

图10-65

08 再次为素材"背景.jpg"添加CC Light Sweep效果，设置Center为812.7,588.2，Direction为0×-103.0°，Width为20.0，Sweep Intensity为30.0，如图10-66所示。

09 此时光效制作完成，如图10-67所示。

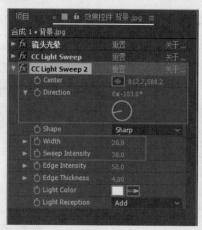

图10-66

图10-67

实例173　穿梭粒子动画效果

文件路径	第10章\例173 穿梭粒子动画效果
难易指数	★★★★★
技术要点	● CC Star Burst 效果 ● CC Light Burst 2.5 效果 ●【填充】效果 ●【遮罩阻塞工具】效果 ●【发光】效果 ● 横排文字工具

扫码深度学习

操作思路

本例应用CC Star Burst、CC Light Burst 2.5、【填充】、【遮罩阻塞工具】效果制作素材的光束效果，并使用【发光】效果使光束具有科技感。使用横排文字工具创建文字。

⊕ 案例效果

案例效果如图10-68所示。

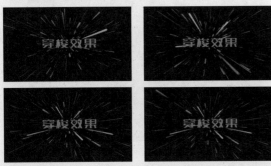

图10-68

⊕ 操作步骤

01 在时间线窗口中创建一个黑色纯色图层，并将纯色图层命名为"背景"，如图10-69所示。

02 背景效果如图10-70所示。

图10-69　　　　　　图10-70

03 接着创建一个白色纯色图层，并将纯色图层命名为"1"，如图10-71所示。

04 为"1"纯色图层添加CC Star Burst效果，设置Scatter为138.0，Phase为0x+43.0°，Grid Spacing为21，Size为25.0，如图10-72所示。

图10-71　　　　　　图10-72

05 为"1"纯色图层添加填充与CC Light Burst 2.5效果，展开填充，设置【颜色】为红色，展开CC Light Burst 2.5，设置Ray Length 为-70.0，如图10-73所示。

图10-73

06 为"1"纯色图层添加遮罩阻塞工具效果，设置阻塞1为-127，如图10-74所示。

07 选择"1"图层，使用快捷键Ctrl+D进行复制，如图10-75所示。

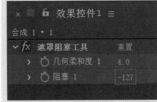

图10-74　　　　　　图10-75

08 接着选择最上方的"1"图层，修改CC Star Burst效果，设置Scatter为205.0，Phase为0x-159.0°，Grid Spacing为8，Size为35.0。修改填充效果，设置【颜色】为紫色，如图10-76所示。

图10-76

09 接着选择复制的"1"图层，修改CC Light Burst 2.5效果，设置Intensity为2000.0，Ray Length为-65.0，如图10-77所示。

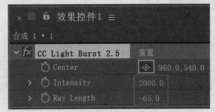

图10-77

10 拖动时间线滑块查看此时的动画效果，如图10-78所示。

图10-78

11 选择最上方的"1"图层，使用快捷键Ctrl+D进行复制，如图10-79所示。

图10-79

12 接着选择第一个"1"图层，修改CC Star Burst效果，设置Scatter为238.0，Phase为0x-40.0°，Grid Spacing为32，Size为30.0。修改填充效果，设置【颜色】为青色，修改CC Light Burst 2.5效果，设置Intensity为10.0，Ray Length为-370.0，如图10-80所示。

图10-80

13 框选所有的"1"图层并右击鼠标，在弹出的快捷菜单中执行【预合成】命令，在弹出的面板中设置名称为"粒子"，如图10-81所示。

14 接着为粒子预合成图层添加【发光】效果，如图10-82所示。

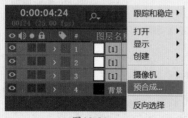

图10-81

图10-82

15 单击 ☰（横排文字工具）按钮，并创建合适文字，如图10-83所示。

图10-83

16 进入【字符】面板，设置文本的字体类型，并设置【颜色】为蓝色、【字体大小】为210像素，设置【行距】为450像素，如图10-84所示。

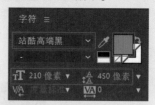

图10-84

17 拖动时间线滑块，查看最终动画效果如图10-85所示。

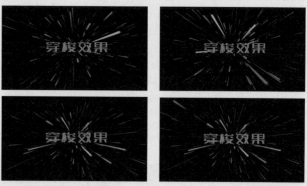

图10-85

第11章

高级动画

本章概述

　　在After Effects中可以通过设置关键帧动画等技术快速创建出动画效果，也可以通过设置特效动画、表达式等使素材产生动画。高级动画是指在After Effects中相对复杂的动画技术，是制作大型动画项目的关键。

本章重点

- 了解制作动画的基本方法
- 掌握制作高级动画的多种技能

实例174 动态栏目背景——动态背景

文件路径	第11章 \ 动态栏目背景
难易指数	★★★★★
技术要点	● 【分形杂色】效果 ● CC Toner 效果 ● 【曲线】效果 ● 关键帧动画

扫码深度学习

操作思路

本例应用【分形杂色】效果、CC Toner效果、【曲线】效果制作绿色动态背景，设置关键帧动画制作素材旋转、缩放和不透明度的动画。

案例效果

案例效果如图11-1所示。

图11-1

操作步骤

01 在时间线窗口中新建一个黑色的纯色图层，命名为"背景"，如图11-2所示。

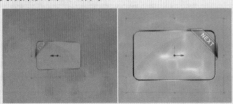

图11-2

02 为"背景"图层添加【分形杂色】效果。设置【分形类型】为【湍流锐化】，【反转】为【开】，【对比度】为160.0，【亮度】为15.0，【溢出】为【柔和固定】。设置【缩放】为1500.0，【透视位移】为【开】，【循环演化】为【开】。将时间线拖动到第0帧，打开【演化】前面的 按钮，设置【演化】为0x+0.0°，如图11-3所示。

图11-3

03 将时间线拖动到第4秒24帧，设置【演化】为0x+270.0°，如图11-4所示。

图11-4

04 拖动时间线滑块查看此时的动画效果，如图11-5所示。

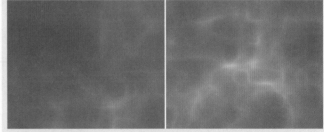

图11-5

05 为"背景"图层添加CC Toner效果，设置Midtones为绿色，如图11-6所示。

06 为"背景"图层添加【曲线】效果，设置曲线的形状，如图11-7所示。

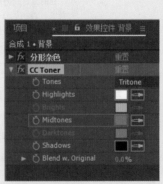

图11-6   图11-7

07 将素材"01.png"导入项目窗口中，然后将其拖动到时间线窗口中，并单击 （3D图层）按钮，如图11-8所示。

图11-8

08 选择素材"01.png"，将时间线拖动到第0帧，打开【缩放】【Y轴旋转】【不透明度】前面的◎按钮，设置【缩放】为0.0,0.0,0.0%，【Y轴旋转】为0x-90.0°，【不透明度】为0，如图11-9所示。

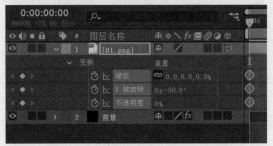

图11-9

09 将时间线拖动到第1秒，设置【缩放】为100.0,100.0,100.0%，【Y轴旋转】为1x+0.0°，【不透明度】为100%，如图11-10所示。

图11-10

10 拖动时间线滑块查看此时的效果，如图11-11所示。

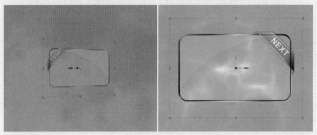

图11-11

实例175 动态栏目背景——文字动画

文件路径	第11章\动态栏目背景
难易指数	★★★★★
技术要点	● 横排文字工具 ● 【投影】效果 ● 关键帧动画

扫码深度学习

操作思路

本例使用横排文字工具创建文字，添加【投影】效果制作阴影，设置关键帧动画制作文字动画。

案例效果

案例效果如图11-12所示。

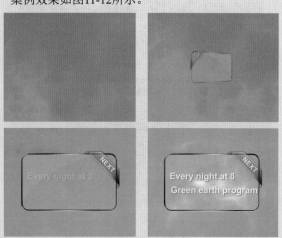

图11-12

操作步骤

01 单击T（横排文字工具）按钮，并创建一组英文，如图11-13所示。

图11-13

02 设置此时文本的【位置】为124.4,270.8。将时间线拖动到第1秒，打开该文本图层的【不透明度】前面的◎按钮，设置【不透明度】为0，如图11-14所示。

图11-14

03 将时间线拖动到第2秒，设置【不透明度】为100%，如图11-15所示。

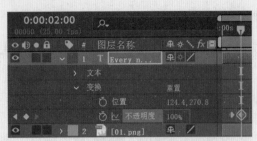

图11-15

04 为该文本添加【投影】效果，设置【不透明度】为40%，【柔和度】为10.0，如图11-16所示。

图11-16

05 拖动时间线滑块查看此时的动画效果，如图11-17所示。

图11-17

06 继续单击 **T**（横排文字工具）按钮，创建一组英文，如图11-18所示。

图11-18

07 设置此时文本的【位置】为130.5,344.1。将时间线拖动到第2秒，打开该文本图层的【不透明度】前面的 ⏱ 按钮，设置【不透明度】为0，如图11-19所示。

08 将时间线拖动到第3秒，设置【不透明度】为100%，如图11-20所示。

09 为该文本添加【投影】效果，设置【不透明度】为40%，【柔和度】为10.0，如图11-21所示。

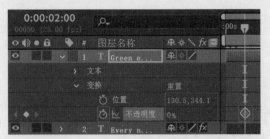

图11-19

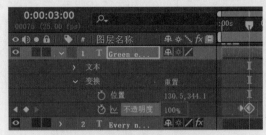

图11-20

图11-21

10 拖动时间线滑块查看此时的动画效果，如图11-22所示。

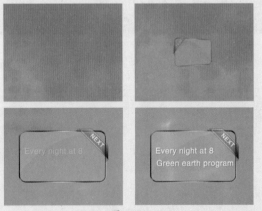

图11-22

实例176　海底动态光线背景

文件路径	第 11 章 \ 例 176 海底动态光线背景	
难易指数	★★★★★	
技术要点	● 【镜头光晕】效果 ● 【曲线】效果 ● 【分形杂色】效果 ● 【线性擦除】效果	Q 扫码深度学习

操作思路

本例应用【镜头光晕】效果制作光晕，应用【曲线】效果、【分形杂色】效果、【线性擦除】效果制作海底动态光线。

案例效果

案例效果如图11-23所示。

图11-23

操作步骤

01 将素材"01.jpg"导入时间线窗口中，设置【位置】为360.0,346.0，【缩放】为73.0,73.0%，如图11-24所示。

02 背景效果如图11-25所示。

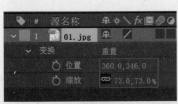

图11-24　　　　　　　图11-25

03 为素材"01.jpg"添加【镜头光晕】效果，设置【光晕中心】为261.0,65.0，【光晕亮度】为80%，【镜头类型】为【35毫米定焦】，如图11-26所示。

图11-26

04 为素材"01.jpg"添加【曲线】效果，调整曲线形状，如图11-27所示。

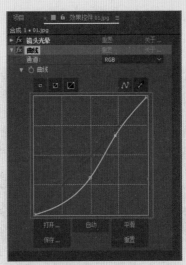

图11-27

05 此时的背景效果如图11-28所示。

图11-28

06 在时间线窗口中右击鼠标，新建一个黑色的纯色图层，命名为"光线"，并单击 （3D图层）按钮，如图11-29所示。

图11-29

07 设置"光线"图层的【模式】为【屏幕】，设置【位置】为360.0,170.0,0.0，【缩放】为150.0,174.1,100.0%，【X轴旋转】为0x-55.0°，如图11-30所示。

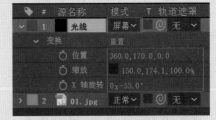

图11-30

08 为"光线"图层添加【分形杂色】效果，设置【对比度】为120.0，【亮度】为-30.0，【统一缩放】为【关】，【缩放高度】为4000.0，【偏移（湍流）】

为358.8,288.0，【不透明度】为90.0%。将时间线拖动到第0帧，打开【演化】前面的◎按钮，设置【演化】为0x+0.0°，如图11-31所示。

图11-31

09 将时间线拖动到第4秒24帧，设置【演化】为3x+0.0°，如图11-32所示。

图11-32

10 拖动时间线滑块查看此时的动画效果，如图11-33所示。

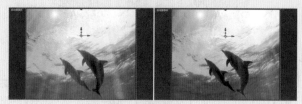

图11-33

11 为"光线"图层添加【线性擦除】效果，设置【过渡完成】为11%，【擦除角度】为0x+0.0°，【羽化】为42.0，如图11-34所示。

图11-34

12 拖动时间线滑块查看最终动画效果，如图11-35所示。

图11-35

实例177　路径文字动画

文件路径	第11章\例177 路径文字动画
难易指数	★★★★☆
技术要点	● 横排文字工具 ● 钢笔工具 ● 路径选项

扫码深度学习

💡操作思路

本例通过使用横排文字工具创建文本，使用钢笔工具绘制路径，并修改路径选项设置关键帧动画制作路径文字动画。

🖱案例效果

案例效果如图11-36所示。

图11-36

🎤操作步骤

01 将素材"01.jpg"导入时间线窗口中，设置【缩放】为81.0,81.0%，如图11-37所示。

02 背景效果如图11-38所示。

图11-37　　　　　　　　　图11-38

03 继续单击 T（横排文字工具）按钮，并创建一组英文，如图11-39所示。

04 进入【字符】面板，设置合适的字体类型和样式，设置【字体大小】为44像素，单击 TT【全部大写字母】按钮，如图11-40所示。

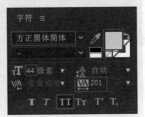

图11-39　　　　　　　　　图11-40

05 文字效果如图11-41所示。

06 选择【文本】图层，并使用 ✎（钢笔工具）绘制出一条弯曲的线，如图11-42所示。

图11-41　　　　　　　　　图11-42

07 进入【文本】|【路径选项】中，设置【路径】为【蒙版1】，设置【填充和描边】为【全部填充在全部描边之上】。将时间线拖动到第0帧，单击【首字边距】前面的 ⏱ 按钮，设置【首字边距】为1340.0，如图11-43所示。

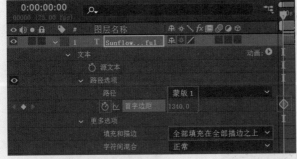

图11-43

08 将时间线拖动到第3秒，设置【首字边距】为-137.0，如图11-44所示。

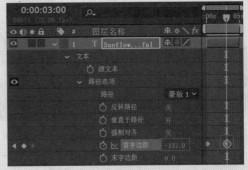

图11-44

09 拖动时间线滑块查看最终动画效果，如图11-45所示。

图11-45

实例178　模糊背景动画——前景卡片效果

文件路径	第11章\模糊背景动画
难易指数	★★★★★
技术要点	● CC Toner 效果 ● 预合成

（扫码深度学习）

💡 操作思路

　　本例为素材添加CC Toner效果，将颜色更改为蓝色调，并将素材进行预合成操作。

🖱 案例效果

　　案例效果如图11-46所示。

图11-46

艺境
中文版After Effects影视后期特效设计与制作全视频
实践228例 溢彩版

操作步骤

01 将素材"01.jpg"和"02.jpg"导入时间线窗口中，如图11-47所示。

图11-47

02 设置"01.jpg"的【位置】为360.0,240.0，【缩放】为45.0,45.0%，设置"02.jpg"的【位置】为360.0,389.0，【缩放】为64.0,64.0%，如图11-48所示。

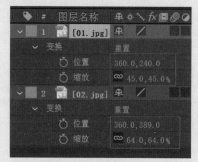

图11-48

03 画面合成效果如图11-49所示。

图11-49

04 为"01.jpg"图层添加CC Toner效果，设置Midtones为蓝色，如图11-50所示。

图11-50

05 画面效果如图11-51所示。

图11-51

06 选中当前两个图层，如图11-52所示。

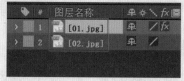

图11-52

07 按快捷键Ctrl+Shift+C进行预合成，命名为"照片合成"，如图11-53所示。

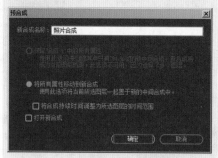

图11-53

08 预合成图层如图11-54所示。

图11-54

09 画面效果如图11-55所示。

图11-55

实例179 模糊背景动画——背景变换

文件路径	第11章\模糊背景动画
难易指数	★★★★★
技术要点	● 【投影】效果 ● CC Light Rays 效果 ● CC Light Sweep 效果 ● 【定向模糊】效果

扫码深度学习

操作思路

本例通过对素材添加【投影】效果、CC Light Rays效果、CC Light Sweep效果、【定向模糊】效果制作模糊背景的变换动画。

案例效果

案例效果如图11-56所示。

图11-56

操作步骤

01 为"照片合成"图层添加【投影】效果,设置【距离】为10.0,【柔和度】为20.0,如图11-57所示。

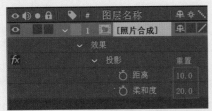

图11-57

02 为"照片合成"图层添加CC Light Rays效果,如图11-58所示。

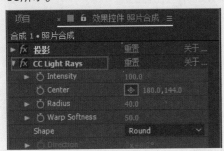

图11-58

03 为"照片合成"图层添加CC Light Sweep效果,将时间线拖动到第0帧,打开Center前面的◎按钮,设置Center为75.1,428.9,如图11-59所示。

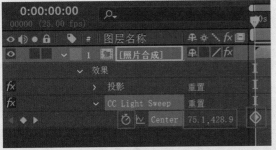

图11-59

04 将时间线拖动到第3秒,设置Center为816.1,428.9,如图11-60所示。

图11-60

05 拖动时间线滑块查看此时动画效果,如图11-61所示。

图11-61

06 将项目窗口中的素材"01.jpg"导入时间线窗口中,设置【缩放】为105.0,105.0%,如图11-62所示。

图11-62

07 画面合成效果如图11-63所示。

图11-63

08 为"01.jpg"图层添加【定向模糊】效果,设置【方向】为0x+90.0°。将时间线拖动到第0帧,打开【模糊长度】前面的◎按钮,设置【模糊长度】为0.0,如图11-64所示。

图11-64

09 将时间线拖动到第3秒,设置【模糊长度】为150.0,如图11-65所示。

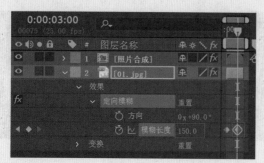

图11-65

10 拖动时间线滑块查看最终动画效果，如图11-66所示。

图11-66

实例180　炫彩背景动画——渐变背景

文件路径	第11章\炫彩背景动画
难易指数	⭐⭐⭐⭐⭐
技术要点	【四色渐变】效果

🔍扫码深度学习

操作思路

本例通过对纯色图层添加【四色渐变】效果制作出四种颜色的背景效果。

案例效果

案例效果如图11-67所示。

图11-67

操作步骤

01 在时间线窗口中右击鼠标，在弹出的快捷菜单中选择【新建】|【纯色】命令，如图11-68所示。

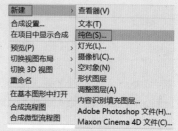

图11-68

02 将新建的黑色纯色图层命名为"背景"，如图11-69所示。

图11-69

03 为"背景"图层添加【四色渐变】效果，设置【点1】为88.0,288.0，【颜色1】为黄色；【点2】为259.0,288.0，【颜色2】为绿色；【点3】为434.0,288.0，【颜色3】为紫色；【点4】为628.0,288.0，【颜色4】为青色，如图11-70所示。

04 最终，四色渐变背景效果如图11-71所示。

图11-70　　　　　　　　图11-71

实例181　炫彩背景动画——文字动画

文件路径	第11章\炫彩背景动画
难易指数	⭐⭐⭐⭐⭐
技术要点	● 横排文字工具 ●【发光】效果 ●【棋盘】效果 ● 关键帧动画

🔍扫码深度学习

操作思路

本例使用横排文字工具制作描边文字，应用【发光】效果、【棋盘】效果制作棋盘格式文字纹理，设置关键帧动画制作纹理文字动画变化。

案例效果

案例效果如图11-72所示。

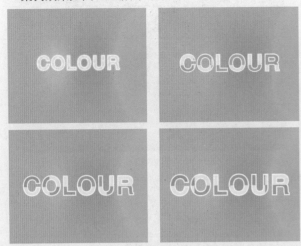

图11-72

操作步骤

01 单击 T（横排文字工具）按钮，并创建一组英文，如图11-73所示。

02 进入【字符】面板，设置合适的字体类型和样式，设置【填充颜色】为黄色、【描边颜色】为白色。设置【字体大小】为135像素，【描边宽度】为15像素，激活 T（仿粗体）按钮和 TT（全部大写字母）按钮，如图11-74所示。

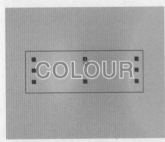

图11-73　　　　图11-74

03 选择文本图层，设置【锚点】为326.0，-95.0，【位置】为362.8，242.2。将时间线拖动到第0帧，打开【缩放】前面的 按钮，设置【缩放】为70.0，70.0%，如图11-75所示。

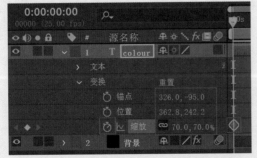

图11-75

04 将时间线拖动到第3秒，设置【缩放】为100.0，100.0%，如图11-76所示。

图11-76

05 拖动时间线滑块查看此时的动画效果，如图11-77所示。

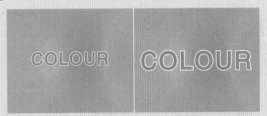

图11-77

06 为文本图层添加【棋盘】效果，设置【混合模式】为【叠加】。将时间线拖动到第0帧，打开【宽度】前面的 按钮，设置【宽度】为16.0，如图11-78所示。

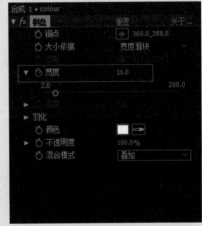

图11-78

07 将时间线拖动到第3秒，设置【宽度】为182.0，如图11-79所示。

图11-79

08 拖动时间线滑块查看此时的动画效果,如图11-80所示。

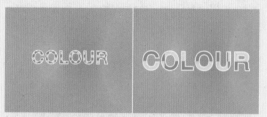

图11-80

09 为文本图层添加【发光】效果。将时间线拖动到第0帧,打开【发光阈值】和【发光半径】前面的按钮,设置【发光阈值】为60.0%、【发光半径】为10.0,如图11-81所示。

图11-81

10 将时间线拖动到第3秒,设置【发光阈值】为100.0%、【发光半径】为500.0,如图11-82所示。

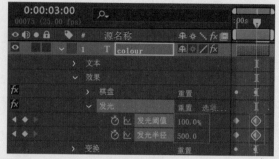

图11-82

11 拖动时间线滑块查看最终动画效果,如图11-83所示。

图11-83

第12章

影视栏目包装设计

本章概述

栏目包装是对电视节目、栏目、频道甚至是电视台的整体形象进行一种外在形式要素的规范和强化，目前已成为电视台和各电视节目制作公司、广告公司常用的做法之一。After Effects是栏目包装最常用的软件之一。

本章重点

- 了解影视栏目包装
- 掌握影视包装设计效果

实例182 网页通栏广告——背景和人物效果

文件路径	第12章\网页通栏广告
难易指数	★★★★★
技术要点	● Keylight（1.2）效果 ● 关键帧动画

扫码深度学习

💡操作思路

本例应用Keylight（1.2）效果对人物背景进行抠像，并设置关键帧动画制作位置变化动画。

🖱案例效果

案例效果如图12-1所示。

图12-1

🎙操作步骤

01 在时间线窗口中右击鼠标，在弹出的快捷菜单中选择【新建】|【纯色】命令，新建一个纯色图层，如图12-2所示。

新建	>	查看器(V)
合成设置...		文本(T)
在项目中显示合成		纯色(S)...
预览(P)	>	灯光(L)...
切换视图布局	>	摄像机(C)...
切换3D视图	>	空对象(N)...
重命名		形状图层
在基本图形中打开		调整图层(A)
合成流程图		内容识别填充图层...
合成微型流程图		Adobe Photoshop 文件(H)...
		Maxon Cinema 4D 文件(C)...

图12-2

02 此时的"浅色 青色 纯色"图层如图12-3所示。

图12-3

03 背景效果如图12-4所示。

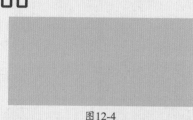

图12-4

04 将素材"背景.png"拖动到时间线窗口中，如图12-5所示。

图12-5

05 拖动时间线滑块查看此时的效果，如图12-6所示。

图12-6

06 将素材"人物.png"拖动到时间线窗口中，如图12-7所示。

图12-7

07 此时看到人物的背景是绿色的，需要将绿色抠除，如图12-8所示。

图12-8

08 为素材"人物.png"添加【Keylight（1.2）】效果，单击 按钮，单击吸取背景的绿色，如图12-9所示。

图12-9

09 将时间线拖动到第0秒，打开素材"人物.png"中的【位置】前面的 按钮，设置【位置】为−577.3,525.4，设置【缩放】为89.0,89.0%，如图12-10所示。

图12-10

10 将时间线拖动到第21帧，设置【位置】为401.7,525.4，如图12-11所示。

图12-11

11 拖动时间线滑块查看此时的效果，如图12-12所示。

图12-12

实例183 网页通栏广告——圆环效果

文件路径	第12章\网页通栏广告
难易指数	★★★★★
技术要点	● 椭圆工具 ● 【梯度渐变】效果 ● 关键帧动画

（扫码深度学习）

操作思路

本例使用椭圆工具绘制图形，应用【梯度渐变】效果制作类似球体的质感，设置关键帧动画制作【位置】和【不透明度】属性的动画。

案例效果

案例效果如图12-13所示。

图12-13

操作步骤

01 在不选择任何图层的情况下，单击■（椭圆工具）按钮，按住Shift键绘制一个蓝色的正圆形，命名为"形状图层1"，如图12-14所示。

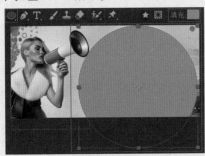

图12-14

02 设置"形状图层1"的起始时间为第1秒，如图12-15所示。

图12-15

03 接着为"形状图层1"图层添加【梯度渐变】效果，设置【渐变起点】为1277.8,474.6，【起始颜色】为浅蓝色，【渐变终点】为1284.3,1131.9，【结束颜色】为深蓝色，【渐变形状】为【径向渐变】，如图12-16所示。

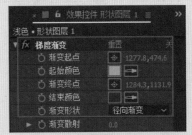

图12-16

04 拖动时间线滑块查看此时的效果，如图12-17所示。

图12-17

05 选择"形状图层1"，设置【锚点】为331.8,155.1，【位置】为1286.3,601.3，【缩放】为97.6,97.6%，如图12-18所示。

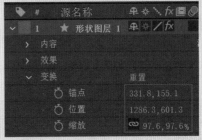

图12-18

06 将时间线拖动到第1秒，打开"形状图层1"中的【不透明度】前面的◎按钮，并设置【不透明度】为0，如图12-19所示。

图12-19

07 将时间线拖动到第1秒13帧，设置【不透明度】为100%，如图12-20所示。

图12-20

08 拖动时间线滑块查看此时的效果，如图12-21所示。

图12-21

09 在不选择任何图层的情况下，单击 （椭圆工具）按钮，按住Shift键绘制一个白色的正圆形，命名为"形状图层2"，并将该图层移动到"形状图层1"的下方，并设置起始时间为1秒，如图12-22所示。

图12-22

10 选择"形状图层2"，设置【锚点】为364.8,216.7、【缩放】为97.5,97.5%。将时间线拖动到第1秒，打开"形状图层2"中的【位置】前面的 按钮，并设置【位置】为2587.3,601.3，如图12-23所示。

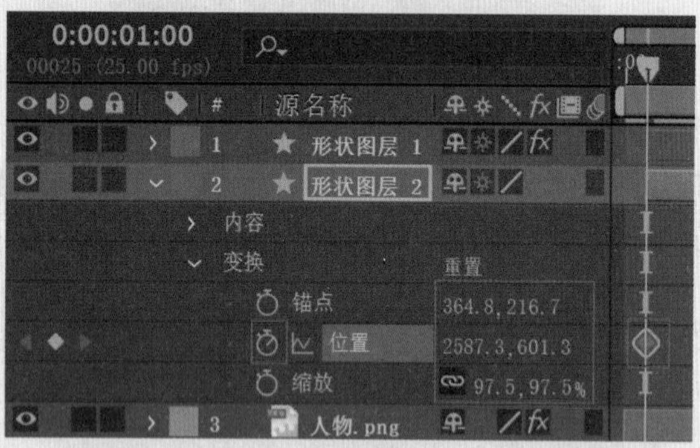

图12-23

11 将时间线拖动到第1秒13帧，设置【位置】为1286.3,601.3，如图12-24所示。

12 拖动时间线滑块查看此时的动画效果，如图12-25所示。

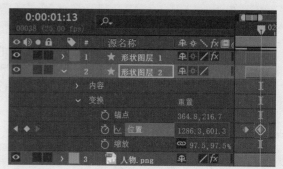

图12-24

图12-25

实例184 网页通栏广告——小球旋转动画

文件路径	第12章\网页通栏广告
难易指数	★★★★★
技术要点	关键帧动画

扫码深度学习

操作思路

本例通过设置多个图层的【旋转】属性关键帧动画制作小球旋转动画。

案例效果

案例效果如图12-26所示。

图12-26

操作步骤

01 将素材"小球.png"拖动到时间线窗口中，如图12-27所示。

图12-27

02 此时的小球效果如图12-28所示。

图12-28

03 设置"小球.png"图层的【锚点】为1285.0,598.7、【位置】为1285.0,598.7,如图12-29所示。

图12-29

04 选择"小球.png"图层,多次按快捷键Ctrl+D,复制11份,如图12-30所示。

图12-30

05 选择12个"小球.png"图层,按快捷键 Ctrl+Shift+C 进行预合成,如图12-31所示。

图12-31

06 此时完成预合成的"小球"图层,如图12-32所示。

图12-32

07 双击预合成的"小球"图层,此时的图层效果如图12-33所示。

图12-33

08 将时间线拖动到第1秒,打开12个图层中的【旋转】前面的按钮,并设置【旋转】为0×+0.0°,如图12-34所示。

图12-34

09 将时间线拖动到第2秒,从上到下依次设置这12个图层的【旋转】数值为0×+30.0°、0×+60.0°、0×+90.0°、0×+120.0°、0×+150.0°、0×+180.0°、

0×+210.0°、0×+240.0°、0×+270.0°、0×+300.0°、0×+330.0°、0×+0.0°，如图12-35所示。

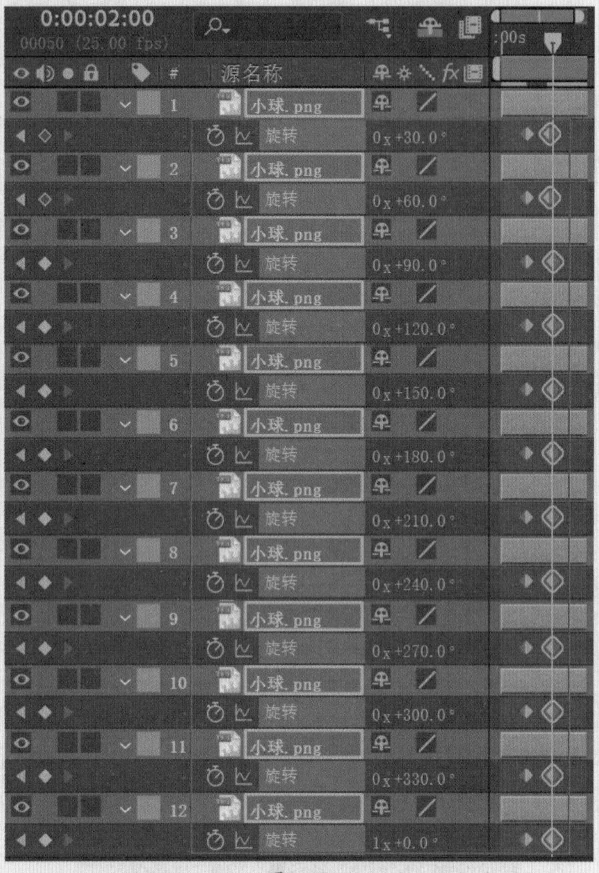

图12-35

10 设置预合成"小球"图层的起始时间为第1秒，如图12-36所示。

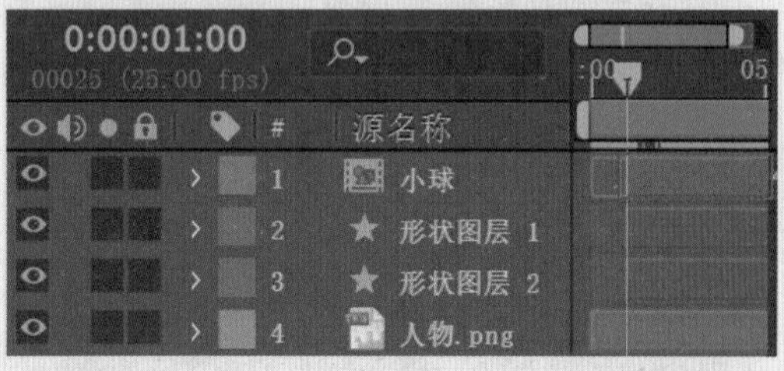

图12-36

11 拖动时间线滑块查看此时的动画效果，如图12-37所示。

图12-37

实例185　网页通栏广告——文字动画

文件路径	第12章\网页通栏广告
难易指数	★★★★★
技术要点	● 3D图层 ● 关键帧动画

（扫码深度学习）

操作思路

本例通过开启素材的3D图层，然后对素材的【位置】【旋转】和【缩放】属性设置关键帧动画制作文字动画。

案例效果

案例效果如图12-38所示。

图12-38

操作步骤

01 将素材"英文.png"导入到项目窗口中，将其拖动到时间线窗口中，并将其放置在"小球.png"图层的下方，并开启（3D图层）按钮，如图12-39所示。

图12-39

02 文字效果如图12-40所示。

图12-40

03 将时间线拖动到第1秒，打开"英文.png"中的【位置】前面的按钮，并设置【位置】为952.5,450.0,-1400.0，如图12-41所示。

图12-41

04 将时间线拖动到第1秒13帧，设置【位置】为952.5,450.0, 0.0，如图12-42所示。

图12-42

05 拖动时间线滑块查看此时的动画效果，如图12-43所示。

图12-43

06 在时间线窗口中导入素材"对话框.png"，设置起始时间为第1秒，如图12-44所示。

图12-44

07 设置"对话框.png"的【锚点】为1328.5,744.0，【位置】为1328.5,744.0。将时间线拖动到第2秒，打开该图层中的【旋转】前面的◎按钮，并设置【旋转】为0×+0.0°，如图12-45所示。

图12-45

08 将时间线拖动到第3秒，设置【旋转】为0×+0.0°，如图12-46所示。

图12-46

09 拖动时间线滑块查看此时的动画效果，如图12-47所示。

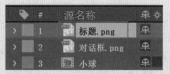

图12-47

10 在时间线窗口中导入素材"标题.png"，并开启◎（3D图层）按钮，如图12-48所示。

图12-48

11 拖动时间线滑块查看此时效果，如图12-49所示。

图12-49

12 设置"标题.png"的【锚点】为1278.5,450.0,0.0。将时间线拖动到第0秒，打开【位置】前面的◎按钮，并设置【位置】为1278.5,450.0,−3000.0，如图12-50所示。

13 将时间线拖动到第1秒，设置【位置】为1278.5,450.0, 0.0。打开【缩放】前面的◎按钮，并设置【缩放】为130.0,

130.0,100.0%，如图12-51所示。

图12-51

14 将时间线拖动到第2秒，设置【缩放】为100.0,100.0, 100.0%，如图12-52所示。

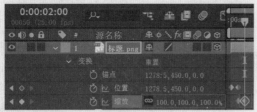

图12-52

15 将时间线拖动到第3秒，设置【缩放】为130.0,130.0, 100.0%，如图12-53所示。

图12-53

16 将时间线拖动到第4秒，设置【缩放】为100.0,100.0, 100.0%，如图12-54所示。

图12-54

17 拖动时间线滑块查看此时的动画效果，如图12-55所示。

图12-55

实例186　运动主题网站页面——星形背景动画

文件路径	第12章\运动主题网站页面
难易指数	★★★★★
技术要点	● 钢笔工具 ● 【梯度渐变】效果

🔍扫码深度学习

操作思路

　　本例通过使用钢笔工具绘制图案，并设置关键帧动画制作图形变换，添加【梯度渐变】效果制作渐变。

案例效果

　　案例效果如图12-56所示。

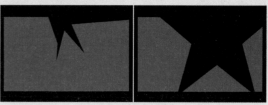

图12-56

操作步骤

01 在时间线窗口中右击鼠标，在弹出的快捷菜单中选择【新建】|【纯色】命令，新建一个纯色图层，如图12-57所示。

新建	查看器(V)
合成设置...	文本(T)
在项目中显示合成	纯色(S)...
预览(P)	灯光(L)...
切换视图布局	摄像机(C)...
切换3D视图	空对象(N)
重命名	形状图层
在基本图形中打开	调整图层(A)
	内容识别填充图层...
合成流程图	Adobe Photoshop 文件(H)...
合成微型流程图	Maxon Cinema 4D 文件(C)...

图12-57

02 此时，黑色的纯色图层如图12-58所示。

图12-58

03 背景效果如图12-59所示。

图12-59

04 在不选择任何图层的情况下，单击 ▨（钢笔工具）按钮，并绘制3个图形，如图12-60所示。

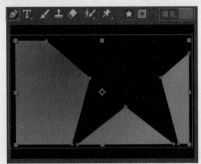

图12-60

05 将时间线拖动到第0秒，打开"形状图层1"中的【形状5】下的【路径】前面的 ◎ 按钮，打开【形状4】下的【路径】前面的 ◎ 按钮，打开【形状3】下的【路径】前面的 ◎ 按钮，如图12-61所示。

图12-61

06 调整路径形状，如图12-62所示。

图12-62

07 将时间线拖动到第1秒，如图12-63所示。

08 调整3个图形的形状，如图12-64所示。

09 拖动时间线滑块查看动画效果，如图12-65所示。

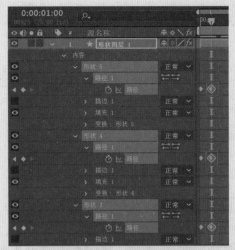

图12-63

图12-64

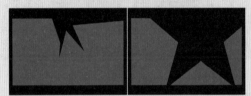

图12-65

10 为"形状图层1"图层添加【梯度渐变】效果，设置【渐变起点】为1056.0,680.0、【起始颜色】为深绿色、【渐变终点】为2860.0,1640.0、【结束颜色】为绿色、【渐变形状】为【径向渐变】，如图12-66所示。

图12-66

11 拖动时间线滑块查看动画效果，如图12-67所示。

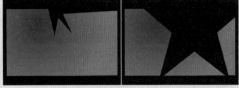

图12-67

实例187　运动主题网站页面——顶栏和底栏动画

文件路径	第12章\运动主题网站页面
难易指数	★★★★★
技术要点	关键帧动画

🔍扫码深度学习

💡操作思路

本例通过对素材的【旋转】属性创建关键帧动画制作顶栏和底栏动画效果。

🖱案例效果

案例效果如图12-68所示。

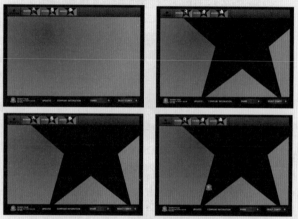

图12-68

🎤操作步骤

01 在时间线窗口中导入素材"底栏.png"，如图12-69所示。

🏷	#	源名称	🕀 ☼ ▨ fx
>	1	底栏.png	🕀 ☼ ∕ fx
>	2	★ 形状图层 1	🕀 ☼ ∕ fx
>	3	人像.png	🕀 ∕

图12-69

02 底栏效果如图12-70所示。

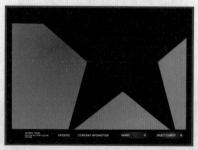

图12-70

03 在时间线窗口中导入素材"导航背景.png"，如图12-71所示。

🏷	#	源名称	🕀 ☼ ▨
>	1	导航背景.png	🕀 ∕
>	2	底栏.png	🕀 ∕

图12-71

04 背景效果如图12-72所示。

图12-72

05 在时间线窗口中导入素材"导航.png"，如图12-73所示。

06 导航效果如图12-74所示。

🏷	#	源名称
>	1	导航.png
>	2	导航背景.png
>	3	底栏.png

图12-73　　　　　　　　图12-74

07 在时间线窗口中导入素材"10.png"，如图12-75所示。

🏷	#	源名称	🕀
>	1	10.png	🕀
>	2	导航.png	🕀
>	3	导航背景.png	🕀

图12-75

08 此时的效果如图12-76所示。

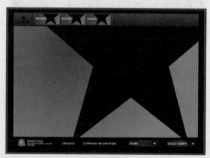

图12-76

09 在时间线窗口中导入素材"09.png"，设置起始为第4秒14帧，如图12-77所示。

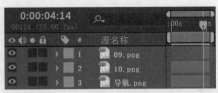

图12-77

10 此时画面效果如图12-78所示。

图12-78

11 在时间线窗口中导入素材"06.png""07.png"和"08.png"，如图12-79所示。

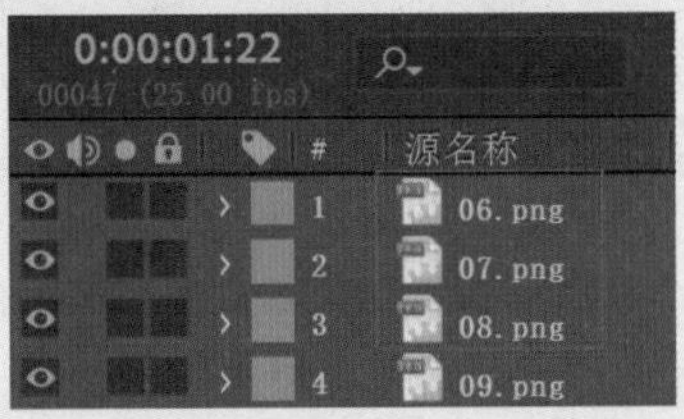

图12-79

12 将时间线拖动到第0秒，打开"06.png""07.png"和"08.png"的【旋转】前面的◎按钮，并分别设置【旋转】为0×+0.0°，如图12-80所示。

图12-80

13 将时间线拖动到第1秒，分别设置"06.png""07.png"和"08.png"的【旋转】为0×+30.0°，如图12-81所示。

图12-81

14 将时间线拖动到第2秒，分别设置"06.png""07.png"和"08.png"的【旋转】为0×+0.0°，如图12-82所示。

图12-82

15 将时间线拖动到第3秒，分别设置"06.png""07.png"和"08.png"的【旋转】为0×−30.0°，如图12-83所示。

图12-83

16 将时间线拖动到第4秒1帧，分别设置"06.png""07.png"和"08.png"的【旋转】为0×+0.0°，如图12-84所示。

图12-84

17 将时间线拖动到第5秒，分别设置"06.png""07.png"和"08.png"的【旋转】为0×+30.0°，如图12-85所示。

图12-85

18 将时间线拖动到第5秒21帧，分别设置"06.png""07.png"和"08.png"的【旋转】为0×30.0°，如图12-86所示。

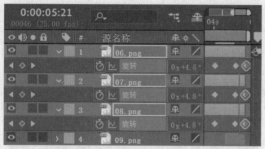

图12-86

19 拖动时间线滑块查看此时的动画效果，如图12-87所示。

图12-87

实例188	运动主题网站页面——左侧
文件路径	第12章\运动主题网站页面
难易指数	⭐⭐⭐⭐⭐
技术要点	关键帧动画

🔍扫码深度学习

操作思路

本例通过对素材的【不透明度】、【位置】属性创建关键帧动画，制作运动主题网站页面的左侧部分。

案例效果

案例效果如图12-88所示。

图12-88

图12-88（续）

操作步骤

01 在不选中任何图层的状态下，单击工具栏中的▣（矩形工具）按钮，设置【填充颜色】为无，【描边颜色】为黑色，【描边宽度】为15像素，接着在画面左侧的合适位置绘制一个矩形，如图12-89所示。

图12-89

02 在"形状图层2"图层选中状态下，单击工具栏中的∥（钢笔工具）按钮，设置【填充颜色】为无，【描边颜色】为黑色，【描边宽度】为15像素，接着在【合成】面板中的矩形内部绘制一条直线，如图12-90所示。

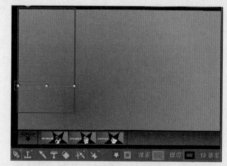

图12-90

03 继续在"形状图层2"图层选中状态下，使用∥（钢笔工具）在矩形的合适位置绘制其他两条直线，此时，画面效果如图12-91所示。

图12-91

04 在时间线窗口中导入素材 "01.png" "05.png" "04.png" "03.png" 和 "02.png" ，如图12-92所示。

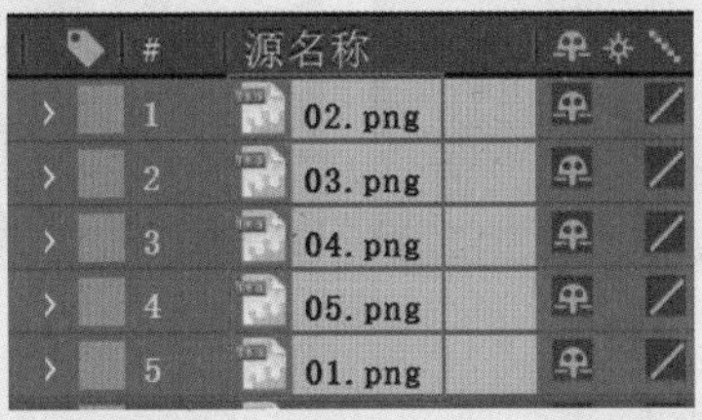

图12-92

05 将时间线拖动到第0秒，打开 "02.png" 中的【不透明度】前面的◎按钮，并设置【不透明度】为0。打开 "03.png" 中的【位置】前面的◎按钮，并设置【位置】为–400.0,790.8，如图12-93所示。

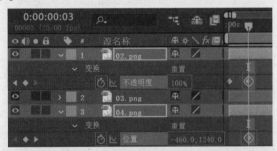

图12-93

06 将时间线拖动到第3帧，设置 "02.png" 的【不透明度】为100%；打开 "04.png" 中的【位置】前面的◎按钮，并设置【位置】为–460.0,1240.0，如图12-94所示。

图12-94

07 将时间线拖动到第6帧，设置 "03.png" 的【位置】为551.7,790.8；打开 "05.png" 中的【位置】前面的◎按钮，并设置【位置】为–400.0,1625.1，如图12-95所示。

图12-95

08 将时间线拖动到第9帧，设置 "04.png" 的【位置】为525.5,1240.0。打开 "01.png" 中的【位置】前面的◎按钮，并设置【位置】为–360.0,2010.1，如图12-96所示。

图12-96

09 将时间线拖动到第12帧，设置 "05.png" 的【位置】为551.7,1625.1，如图12-97所示。

图12-97

10 将时间线拖动到第15帧，设置 "01.png" 的【位置】为551.7,2010.1，如图12-98所示。

图12-98

11 拖动时间线滑块查看此时的动画效果，如图12-99所示。

图12-99

12 继续为 "01.png" "05.png" "04.png" "03.png" 和 "02.png" 设置一系列动画，如图12-100所示。

图12-100

13 拖动时间线滑块查看此时的动画效果，如图12-101所示。

图12-101

实例189	运动主题网站页面——人物和文字
文件路径	第12章\运动主题网站页面
难易指数	★★★★★
技术要点	● 关键帧动画 ● 3D图层

扫码深度学习

操作思路

本例通过对素材创建关键帧动画制作【位置】和【缩放】变化的动画，为文字图层开启3D图层并创建关键帧动画制作【位置】的动画。

案例效果

案例效果如图12-102所示。

图12-102

图12-102（续）

操作步骤

01 在时间线窗口中导入素材"人像.png"，如图12-103所示。

图12-103

02 将时间线拖动到第1秒，打开"人像.png"中的【位置】前面的◎按钮，并设置【位置】为4600.0,1240.0，如图12-104所示。

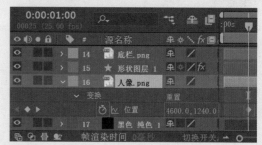

图12-104

03 将时间线拖动到第1秒12帧，设置"人像.png"的【位置】为1830.0,1270.0，如图12-105所示。

图12-105

04 将时间线拖动到第1秒22帧，打开"人像.png"中的【缩放】前面的◎按钮，并设置【缩放】为180.0,180.0%，如图12-106所示。

图12-106

艺境 中文版After Effects影视后期特效设计与制作全视频 实践228例 溢彩版

05 将时间线拖动到第2秒10帧，设置"人像.png"中的【缩放】为200.0,200.0%，如图12-107所示。

图12-107

06 将时间线拖动到第2秒23帧，设置"人像.png"的【缩放】为180.0,180.0%，如图12-108所示。

图12-108

07 将时间线拖动到第3秒09帧，设置"人像.png"的【缩放】为200.0,200.0%，如图12-109所示。

图12-109

08 将时间线拖动到第3秒21帧，设置"人像.png"的【缩放】为180.0,180.0%，如图12-110所示。

图12-110

09 拖动时间线滑块查看此时的动画效果，如图12-111所示。

图12-111

10 在时间线窗口中导入素材"文字.png"，设置起始时间为第4秒，并开启 （3D图层）按钮，如图12-112所示。

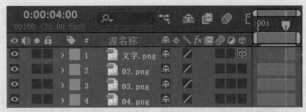

图12-112

11 拖动时间线滑块查看此时的效果，如图12-113所示。

图12-113

12 将时间线拖动到第4秒，打开"文字.png"中的【位置】前面的 按钮，并设置【位置】为1754.0,1240.0,-5000.0，如图12-114所示。

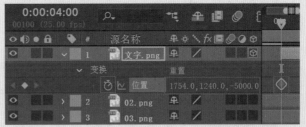

图12-114

13 将时间线拖动到第4秒14帧，设置"文字.png"的【位置】为1754.0,1240.0,0.0，如图12-115所示。

图12-115

14 拖动时间线滑块查看此时的动画效果，如图12-116所示。

图12-116

图12-116（续）

实例190	传统文化栏目包装——背景
文件路径	第12章\传统文化栏目包装
难易指数	★★★★★
技术要点	【梯度渐变】效果

扫码深度学习

操作思路

本例通过对纯色图层添加【梯度渐变】效果制作渐变效果的背景。

案例效果

案例效果如图12-117所示。

图12-117

操作步骤

01 在时间线窗口中右击鼠标，在弹出的快捷菜单中选择【新建】|【纯色】命令，如图12-118所示。

新建	＞	查看器(V)
合成设置...		文本(T)
在项目中显示合成		纯色(S)...
预览(P)	＞	灯光(L)...
切换视图布局	＞	摄像机(C)...
切换3D视图	＞	空对象(N)
重命名		形状图层
在基本图形中打开		调整图层(A)
		内容识别填充图层...
合成流程图		Adobe Photoshop 文件(H)...
合成微型流程图		Maxon Cinema 4D 文件(C)...

图12-118

02 为纯色图层命名为"背景"，并单击【确定】按钮，如图12-119所示。

图12-119

03 此时的纯色图层如图12-120所示。

图12-120

04 为"背景"图层添加【梯度渐变】效果，设置【渐变起点】为512.0,384.0、【起始颜色】为白色、【渐变终点】为512.0,1200.0、【结束颜色】为灰色、【渐变形状】为【径向渐变】，如图12-121所示。

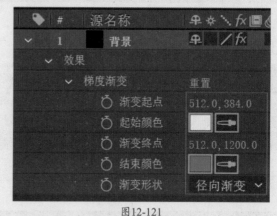

图12-121

05 灰色渐变背景效果如图12-122所示。

图12-122

艺境 中文版After Effects影视后期特效设计与制作全视频 实践228例 溢彩版

实例191 传统文化栏目包装——片头动画

文件路径	第12章\传统文化栏目包装
难易指数	★★★★★
技术要点	● 横排文字工具 ● 关键帧动画

扫码深度学习

操作思路

本例通过使用横排文字工具创建水墨文字，设置关键帧动画制作【不透明度】属性的动画。

案例效果

案例效果如图12-123所示。

图12-123

操作步骤

01 单击 T （横排文字工具）按钮，并输入一组文字，如图12-124所示。

图12-124

02 在【字符】面板中设置合适的字体类型和字体大小，如图12-125所示。

图12-125

03 设置该文字图层的结束为1秒16帧，如图12-126所示。

图12-126

04 设置文本的【位置】为321.2,450.1，如图12-127所示。

图12-127

05 将素材"水墨.wmv"导入项目窗口中，然后将其拖动到时间线窗口中，设置结束时间为第2秒，设置【模式】为【相减】，如图12-128所示。

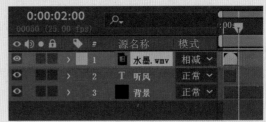

图12-128

06 设置"水墨.wmv"的【位置】为505.0,318.0、【缩放】为219.0,219.0%，【旋转】为0×+37.0°、如图12-129所示。

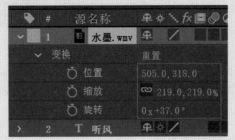

图12-129

07 将时间线拖动到第1秒15帧，打开"水墨.wmv"中的【不透明度】前面的 按钮，设置【不透明度】为100%，如图12-130所示。

图12-130

08 将时间线拖动到第2秒,设置【不透明度】为0,如图12-131所示。

图12-131

09 拖动时间线滑块查看此时的动画效果,如图12-132所示。

图12-132

实例192 传统文化栏目包装——风景转场动画

文件路径	第12章\传统文化栏目包装	
难易指数	⭐⭐⭐⭐⭐	
技术要点	● 3D图层 ● 【亮度和对比度】效果 ● 【高斯模糊】效果 ● 【黑色和白色】效果 ● 【线性擦除】效果 ● 摄像机	🔍扫码深度学习

💡 **操作思路**

本例通过使用3D图层、【亮度和对比度】效果、【高斯模糊】效果、【黑色和白色】效果、【线性擦除】效果、【摄像机】制作风景转场动画。

🖱 **案例效果**

案例效果如图12-133所示。

图12-133

🖐 **操作步骤**

01 将素材"风景01.jpg"导入时间线窗口中,设置素材的起始为第1秒16帧,设置结束时间为第6秒,并单击开启▣(3D图层)按钮,如图12-134所示。

图12-134

02 素材"风景01.jpg"效果如图12-135所示。

图12-135

03 为素材"风景01.jpg"添加【亮度和对比度】效果，设置【亮度】为13、【对比度】为12，勾选【使用旧版】复选框，并为其添加【黑色和白色】效果，设置参数，如图12-136所示。

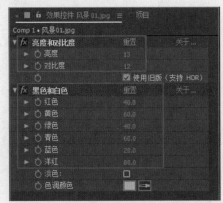

图12-136

04 继续为素材"风景01.jpg"添加【高斯模糊】效果，设置【模糊度】为1.0，并为其添加【中间值】效果，设置【半径】为2，如图12-137所示。

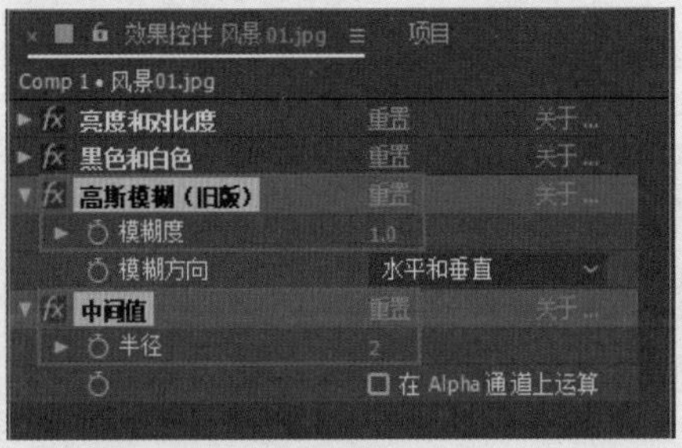

图12-137

05 此时的素材"风景01.jpg"效果如图12-138所示。

图12-138

06 将素材"印章.png"导入项目窗口中，然后将其拖动到时间线窗口中，设置起始时间为第1秒16帧，设置结束时间为第6秒，并单击开启 （3D图层）按钮。然后设置"印章.png"的【位置】为929.0,448.0,0.0、【缩放】为60.0,60.0,60.0%，如图12-139所示。

图12-139

07 印章效果如图12-140所示。

图12-140

08 将素材"风景02.jpg"导入时间线窗口中，并设置起始时间为第4秒，设置结束时间为第8秒，如图12-141所示。

图12-141

09 为素材"风景02.jpg"添加【亮度和对比度】效果，设置【亮度】为-10、【对比度】为30，勾选【使用旧版】复选框，并为其添加【黑色和白色】效果，设置参数，如图12-142所示。

图12-142

10 继续为素材"风景02.jpg"添加【高斯模糊（旧版）】效果，设置【模糊度】为3.0，并为其添加【中间值】效果，设置【半径】为3，如图12-143所示。

图 12-143

11 继续为素材"风景02.jpg"添加【线性擦除】效果，设置【擦除角度】为0×+45.0°、【羽化】为130.0。将时间线拖动到第4秒，打开【过渡完成】前面的按钮，设置【过渡完成】为99%，如图12-144所示。

图 12-144

12 将时间线拖动到第6秒，设置【过渡完成】为0，如图12-145所示。

图 12-145

13 拖动时间线滑块查看此时的效果，如图12-146所示。

图 12-146

14 在时间线窗口中右击鼠标，在弹出的快捷菜单中选择【新建】|【摄像机】命令，如图12-147所示。在弹出的【摄像机设置】对话框中单击【确定】按钮。

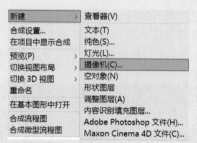

图 12-147

15 设置摄像机的【缩放】为796.4像素、【焦距】为796.4像素、【光圈】为14.2像素，如图12-148所示。

图 12-148

16 将时间线拖动到第1秒16帧，打开摄像机中的【位置】前面的按钮，设置【位置】为512.0,384.0,-523.0，如图12-149所示。

图 12-149

17 将时间线拖动到第2秒16帧，打开摄像机中的【位置】前面的按钮，设置【位置】为512.0,384.0,-796.4，如图12-150所示。

图 12-150

18 拖动时间线滑块查看此时的动画效果，如图12-151所示。

图 12-151

图12-151（续）

实例193　传统文化栏目包装——片尾

文件路径	第12章\传统文化栏目包装
难易指数	★★★★★
技术要点	● 横排文字工具 ● 【波形变形】效果 ● 关键帧动画

扫码深度学习

💡**操作思路**

　　本例通过使用横排文字工具创建文字，添加【波形变形】效果使文字产生水波纹效果，设置关键帧动画制作片尾文字波纹动画。

🖱️**案例效果**

　　案例效果如图12-152所示。

图12-152

🎤**操作步骤**

01 将素材"水墨.wmv"导入时间线窗口中，并设置起始为第6秒23帧。设置结束时间为第8秒23帧，设置【模式】为【相减】，如图12-153所示。

图12-153

02 设置素材"水墨.wmv"的【位置】为505.0,318.0，【缩放】为300.0,300.0%、【旋转】为0×-212.0°。

将时间线拖动到第8秒13帧，打开【不透明度】前面的◎按钮，设置【不透明度】为100%，如图12-154所示。

图12-154

03 将时间线拖动到第8秒23帧，设置【不透明度】为0，如图12-155所示。

图12-155

04 拖动时间线滑块查看此时的动画效果，如图12-156所示。

图12-156

05 将素材"墨滴.jpg"导入项目窗口中，然后将其拖动到时间线窗口中，设置起始时间为第8秒，设置结束时间为第9秒24帧，设置【缩放】为75.0,75.0%，并设置【模式】为【相乘】，如图12-157所示。

图12-157

06 拖动时间线滑块查看此时的效果，如图12-158所示。

图12-158

07 单击 **T**（横排文字工具）按钮，并输入一组文字，如图12-159所示。

图12-159

08 在【字符】面板中设置合适的字体类型和字体大小，如图12-160所示。

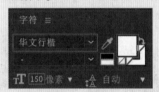

图12-160

09 为该组文本添加【波形变形】效果。将时间线拖动到第8秒22帧，打开【波形高度】前面的 按钮，设置【波形高度】为5，如图12-161所示。

图12-161

10 将时间线拖动到第9秒12帧，设置【波形高度】为0，如图12-162所示。

图12-162

11 设置该文本的【位置】为333.3,353.2，如图12-163所示。

图12-163

12 拖动时间线滑块查看此时的动画效果，如图12-164所示。

图12-164

第13章

经典特效设计

本章概述

　　特效是After Effects强大的功能之一，其海量的滤镜效果深受用户喜爱。本章选取多个经典特效设计案例，讲解广告、动画、特效等制作中的特效设计制作方法。

本章重点

- 了解多种经典特效
- 掌握制作经典特效的方法

实例194 香水广告合成效果——梦幻背景

文件路径	第13章\香水广告合成效果
难易指数	★★★★★
技术要点	● 【高斯模糊】效果 ● CC Particle World 效果 ● 关键帧动画

扫码深度学习

💡 操作思路

本例通过对素材添加【高斯模糊】效果制作模糊动画，添加CC Particle World效果制作粒子动画。

🖱 案例效果

案例效果如图13-1所示。

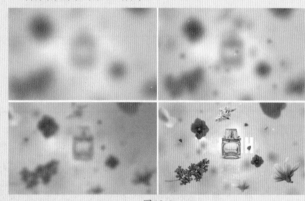

图13-1

🎤 操作步骤

01 将素材"01.jpg"导入时间线窗口中，如图13-2所示。

02 背景效果如图13-3所示。

图13-2

图13-3

03 选择素材"01.jpg"，将时间线拖动到第0帧，打开【缩放】前面的🔘按钮，并设置【缩放】为130.0,130.0%，如图13-4所示。

图13-4

04 将时间线拖动到第4秒，设置【缩放】为100.0,100.0%，如图13-5所示。

图13-5

05 拖动时间线滑块查看此时的动画效果，如图13-6所示。

图13-6

06 为素材"01.jpg"添加【高斯模糊】效果。将时间线拖动到第0帧，打开【模糊度】前面的🔘按钮，并设置【模糊度】为100.0，如图13-7所示。

图13-7

07 将时间线拖动到第4秒，设置【模糊度】为0.0，如图13-8所示。

图13-8

08 拖动时间线滑块查看此时的动画效果，如图13-9所示。

图13-9

09 在时间线窗口中右击鼠标，在弹出的快捷菜单中选择【新建】|【纯色】命令，如图13-10所示。

10 在时间线窗口新建一个"黑色 纯色1"图层，如图13-11所示。

图13-10　　　　　　　　图13-11

11 为"黑色 纯色1"图层添加CC Particle World效果，设置Birth Rate为1.7，Longevity（sec）为8.00，Velocity为11.21，Gravity为−1.630，Particle Type为Faded Sphere，Birth Size为2.000，Death Size为25.000，Max Opacity为50.0%，Birth Color为紫色，如图13-12所示。

图13-12

12 拖动时间线滑块查看此时的动画效果，如图13-13所示。

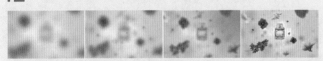

图13-13

实例195	香水广告合成效果——美女和文字动画
文件路径	第13章\香水广告合成效果
难易指数	★★★★★
技术要点	● Keylight（1.2）效果 ● 横排文字工具 ● 动画预设

（右侧二维码）扫码深度学习

操作思路

本例通过为素材添加Keylight（1.2）效果将人物背景抠像，使用横排文字工具创建文字，使用【动画预设】制作文字动画。

案例效果

案例效果如图13-14所示。

图13-14

操作步骤

01 将素材"2.png"导入时间线窗口中，接着展开【变换】，设置【位置】为904.4，357.3，设置【缩放】为72.0，72.0%，如图13-15所示。

02 此时可以看到人像的背景是蓝色的，因此需要为其抠像，如图13-16所示。

图13-15　　　　　　　　图13-16

03 制作人物动画。选择素材"2.png"，将时间线拖动到第0帧，打开【位置】前面的按钮，并设置【位置】为1516.4，357.3，如图13-17所示。

图13-17

04 将时间线拖动到第3秒，设置【位置】为965.4，357.3，如图13-18所示。

图13-18

05 拖动时间线滑块查看此时的动画效果，如图13-19所示。

图13-19

06 为素材"2.png"添加Keylight（1.2）效果，然后单击按钮，吸取素材上的蓝色，并设置Screen Balance为95.0，如图13-20所示。

07 此时人像的背景被抠除干净了，如图13-21所示。

图13-20　　　　　图13-21

08 拖动时间线滑块查看此时的动画效果，如图13-22所示。

图13-22

09 单击（横排文字工具）按钮，并输入文字，然后将其调整至合适位置，如图13-23所示。

10 在【字符】面板中设置相应的字体类型，设置【字体大小】为75像素，设置【颜色】为白色，按下（仿粗体）按钮和（全部大写字母）按钮，如图13-24所示。

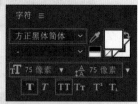

图13-23　　　　　图13-24

11 进入【效果和预设】面板，搜索【3D翻转进入旋转X】效果，然后将其拖到文字上，如图13-25所示。

12 拖动时间线滑块查看香水广告合成效果，如图13-26所示。

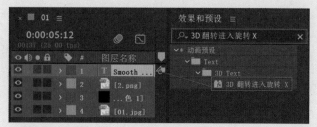

图13-25

图13-26

实例196　天空文字动画效果——背景动画

文件路径	第13章\天空文字动画效果
难易指数	⭐⭐⭐⭐⭐
技术要点	关键帧动画

扫码深度学习

操作思路

本例通过对【缩放】、【位置】属性添加关键帧动画制作天空文字动画效果中的背景动画部分。

案例效果

案例效果如图13-27所示。

图13-27

操作步骤

01 在时间线窗口中右击鼠标，在弹出的快捷菜单中选择【新建】|【纯色】命令，如图13-28所示。

02 新建一个"浅色 洋红 纯色1"图层，如图13-29所示。

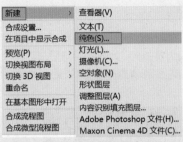

图13-28

图13-29

03 浅色洋红纯色1效果如图13-30所示。

04 将素材"02.png"导入时间线窗口中,并设置【位置】为256.8,241.8,【旋转】为0x+2.0°,如图13-31所示。

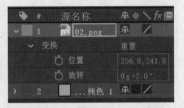

图13-30　　　　　　　图13-31

05 将时间线拖动到第0帧,打开素材"02.png"中的【缩放】前面的■按钮,并设置【缩放】为260.0,260.0%,如图13-32所示。

图13-32

06 将时间线拖动到第3秒,并设置【缩放】为140.0,140.0%,如图13-33所示。

图13-33

07 拖动时间线滑块查看此时的动画效果,如图13-34所示。

图13-34

08 将素材"03.png"导入时间线窗口中,如图13-35所示。

图13-35

09 将时间线拖动到第1秒,打开素材"03.png"中的【位置】前面的■按钮,并设置【位置】为-35.0,293.0,如图13-36所示。

图13-36

10 将时间线拖动到第2秒,并设置【位置】为220.0,293.0,如图13-37所示。

图13-37

11 拖动时间线滑块查看此时的动画效果,如图13-38所示。

图13-38

12 将素材"09.png"导入时间线窗口中,设置【位置】为280.3,205.5。将时间线拖动到第0秒,打开【缩放】前面的■按钮,并设置【缩放】为300.0,300.0%,最后设置【模式】为【相乘】,如图13-39所示。

图13-39

13 将时间线拖动到第1秒，并设置【缩放】为40.0,40.0%，如图13-40所示。

图13-40

14 拖动时间线滑块查看此时的动画效果，如图13-41所示。

图13-41

实例197 天空文字动画效果——文字动画		
文件路径	第13章\天空文字动画效果	
难易指数	★★★★★	
技术要点	● 【波形变形】效果 ● 【高斯模糊】效果 ● 【湍流置换】效果 ● 关键帧动画	⌕扫码深度学习

操作思路

本例通过对素材添加【波形变形】效果制作水波纹动画，添加【高斯模糊】效果、【湍流置换】效果制作水波纹的湍流变化。

案例效果

案例效果如图13-42所示。

图13-42

操作步骤

01 将素材"04.png"导入时间线窗口中，并设置素材的起始时间为第3秒，如图13-43所示。

02 拖动时间线滑块查看此时的动画效果，如图13-44所示。

图13-43　　　　　图13-44

03 将素材"05.png"导入时间线窗口中，并设置素材的起始时间为第3秒，如图13-45所示。

04 拖动时间线滑块查看此时的动画效果，如图13-46所示。

图13-45　　　　　图13-46

05 将素材"06.png"导入时间线窗口中，并设置素材的起始时间为第3秒，如图13-47所示。

06 拖动时间线滑块查看此时的动画效果，如图13-48所示。

图13-47　　　　　图13-48

07 将素材"07.png"导入时间线窗口中。将时间线拖动到第0秒，分别打开【缩放】和【不透明度】前面的按钮，并设置【缩放】为0.0,0.0%，【不透明度】为0，如图13-49所示。

图13-49

08 将时间线拖动到第1秒,设置【缩放】为100.0,100.0%,【不透明度】为100%,如图13-50所示。

图13-50

09 继续为素材"07.png"添加【波形变形】效果,设置【波形速度】为1.2。将时间线拖动到第0秒,分别打开【波形高度】和【波形宽度】前面的◎按钮,并设置【波形高度】为60,【波形宽度】为40,如图13-51所示。

图13-51

10 将时间线拖动到第4秒,设置【波形高度】为0,【波形宽度】为1,如图13-52所示。

11 拖动时间线滑块查看此时的动画效果,如图13-53所示。

图13-52　　　　　图13-53

12 继续为素材"07.png"添加【高斯模糊】效果。将时间线拖动到第0秒,打开【模糊度】前面的◎按钮,并设置【模糊度】为20.0,设置【重复边缘像素】为【关】,如图13-54所示。

图13-54

13 将时间线拖动到第3秒,设置【模糊度】为0.0,如图13-55所示。

图13-55

14 继续为素材"07.png"添加【湍流置换】效果。将时间线拖动到第0秒,打开【数量】前面的◎按钮,并设置【数量】为400.0,如图13-56所示。

图13-56

15 将时间线拖动到第3秒,设置【数量】为0.0,如图13-57所示。

图13-57

16 拖动时间线滑块查看此时的动画效果,如图13-58所示。

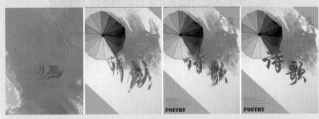

图13-58

17 将素材"08.png"导入项目窗口中,然后将其拖动到时间线窗口中,并设置素材的起始时间为第3秒,如图13-59所示。

18 拖动时间线滑块查看此时的动画效果,如图13-60所示。

图13-59

图13-60

实例198	时尚美食特效——图片合成01
文件路径	第13章\时尚美食特效
难易指数	★★★★★
技术要点	● CC Light Sweep 效果 ● 钢笔工具 ● 【斜面Alpha】效果 ● 【高斯模糊】效果

Q 扫码深度学习

操作思路

本例通过对素材添加CC Light Sweep效果制作扫光动画，使用钢笔工具绘制图形，添加【斜面Alpha】效果、【高斯模糊】效果制作三维质感和倒影效果。

案例效果

案例效果如图13-61所示。

图13-61

操作步骤

01 将素材"1.jpg"导入时间线窗口中，并设置【缩放】为100.0,100.0%。将时间线拖动到第0秒，打开【位置】前面的 按钮，并设置【位置】为960.0,1703.0，最后单击 （运动模糊）按钮，如图13-62所示。

02 将时间线拖动到第15帧，并设置【位置】为960.0,540.0，如图13-63所示。

图13-62

图13-63

03 拖动时间线滑块查看此时的动画效果，如图13-64所示。

图13-64

04 为素材"1.jpg"添加CC Light Sweep效果，设置Direction为0x-15.0°，Width为228.0，Sweep Intensity为43.0，Edge Thickness为3.70。将时间线拖动到第22帧，打开Center前面的 按钮，并设置Center为-736.0,470.0，如图13-65所示。

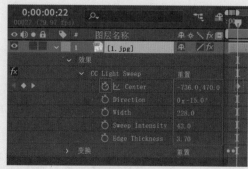

图13-65

05 将时间线拖动到第2秒12帧，设置Center为2814.0,470.0，如图13-66所示。

图13-66

06 拖动时间线滑块查看此时的动画效果，如图13-67所示。

图13-67

07 在时间线窗口中新建一个粉色纯色图层，命名为"图片形状"，如图13-68所示。

图13-68

08 选择"图片形状"图层，并单击 （钢笔工具）按钮，绘制一个遮罩，如图13-69所示。

图13-69

09 设置"1.jpg"图层的TrkMat的Alpha遮罩为【1.图片形状】，如图13-70所示。

图13-70

10 单击"图片形状"图层的 （运动模糊）按钮，如图13-71所示。

图13-71

11 选中当前的"图片形状"图层和"1.jpg"图层，按快捷键Ctrl+Shift+C进行预合成，如图13-72所示。

图13-72

12 将此时预合成图层命名为"图片01"，开启 （3D图层）按钮，如图13-73所示。

图13-73

13 为预合成"图片01"添加【斜面Alpha】效果，设置【边缘厚度】为3.00，【灯光角度】为0×+40.0°，设置【位置】为994.0,672.0,0.0，如图13-74所示。

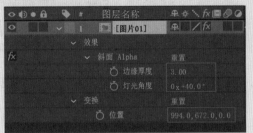

图13-74

14 此时的画面效果如图13-75所示。

图13-75

15 选择"图片01"图层，按快捷键Ctrl+D将其复制一份，并命名为"图片倒影01"，然后将其移动到图层底层，如图13-76所示。

图13-76

16 为"图片倒影01"图层添加【高斯模糊】效果，设置【模糊度】为30.0。设置【重复边缘像素】为【关】。添加【色调】效果，设置【将白色映射到】为黑色，【着色数量】为71.0%。设置【位置】为994.0,1760.0,0.0，【方向】为180.0°,0.0°,0.0°，如图13-77所示。

17 选中当前的两个图层"图片01"和"图片倒影01"，按快捷键Ctrl+Shift+C进行预合成，并命名为"图片合成01"，最后设置结束时间为第2秒，如图13-78所示。

18 拖动时间线滑块查看此时的效果，如图13-79所示。

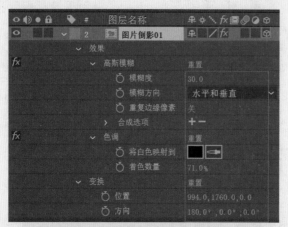

图13-77

图13-78

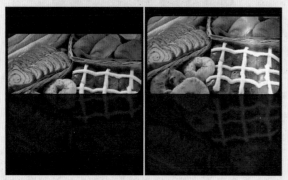

图13-79

实例199　时尚美食特效——图片合成02

文件路径	第13章＼时尚美食特效
难易指数	★★★★★
技术要点	● CC Light Sweep 效果 ● 钢笔工具 ● 【斜面 Alpha】效果 ● 【高斯模糊】效果

扫码深度学习

操作思路

　　本例通过对素材添加CC Light Sweep效果制作扫光动画，使用钢笔工具绘制图形，添加【斜面Alpha】效果、【高斯模糊】效果制作三维质感和倒影效果。

案例效果

　　案例效果如图13-80所示。

图13-80

操作步骤

01　将素材"2.jpg"导入时间线窗口中，并为其添加CC Light Sweep效果，设置Width为262.0，Sweep Intensity为37.0，Edge Thickness为2.20。将时间线拖动到第21帧，打开Center前面的圆按钮，并设置Center为－736.0,470.0，如图13-81所示。

图13-81

02　将时间线拖动到第2秒11帧，并设置Center为2814.0,470.0，如图13-82所示。

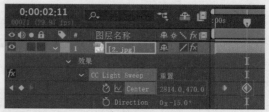

图13-82

03　拖动时间线滑块查看此时的动画效果，如图13-83所示。

图13-83

04　在时间线窗口中新建一个粉色的纯色图层，命名为"图片形状"，如图13-84所示。

图13-84

05 选择"图片形状"图层，并单击▥（钢笔工具）按钮，绘制一个遮罩，如图13-85所示。

图13-85

06 设置"2.jpg"图层的【轨道遮罩】为【1.图片形状】，接着单击【Alpha遮罩】按钮，如图13-86所示。

图13-86

07 单击"图片形状"图层的▧（运动模糊）按钮，如图13-87所示。

图13-87

08 选中当前的"图片形状"图层和"2.jpg"图层，按快捷键Ctrl+Shift+C进行预合成，如图13-88所示。

图13-88

09 将此时预合成命名为"图片02"，开启▣（3D图层）按钮，如图13-89所示。

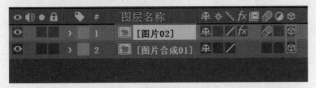

图13-89

10 为预合成"图片02"添加【斜面Alpha】效果，设置【边缘厚度】为3.00，【灯光角度】为0×+40.0°。设置【位置】为994.0,672.0,0.0。将时间线拖动到第2秒24帧，打开【X轴旋转】前面的▣按钮，并设置【X轴旋转】为0×+0.0°，最后激活▣按钮，如图13-90所示。

图13-90

11 将时间线拖动到第3秒14帧，设置【X轴旋转】为0×+180.0°，如图13-91所示。

图13-91

12 选择"图片02"图层，按快捷键Ctrl+D将其复制一份，并命名为"图片倒影02"，然后将其移动到"图片02"图层的下方，如图13-92所示。

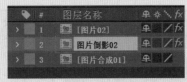

图13-92

13 为"图片倒影02"图层添加【高斯模糊】效果，设置【模糊度】为48.0。添加【色调】效果，设置【将白色映射到】为黑色，【着色数量】为71.0%。设置【位置】为994.0,1760.0,0.0，【方向】为180.0°,0.0°,0.0°。将时间线拖动到第2秒24帧，打开【X轴旋转】前面的▣按钮，并设置【X轴旋转】为0×+0.0°，如图13-93所示。

图13-93

14 将时间线拖动到第3秒14帧，设置【X轴旋转】为0×+180.0°，如图13-94所示。

图13-94

15 选中当前的两个图层"图片02"和"图片倒影02"，按快捷键Ctrl+Shift+C进行预合成，并命名为"图片合成02"，如图13-95所示。

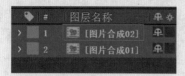

图13-95

16 选中当前的"图片合成02"，开启（3D图层）按钮，设置【位置】为960.0,540.0,2407.0，【方向】为0.0°,0.0°,0.0°。最后设置开始为第2秒22帧，结束为第5秒26帧，如图13-96所示。

图13-96

17 拖动时间线滑块查看此时的效果，如图13-97所示。

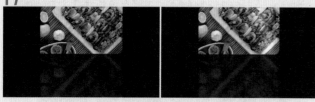

图13-97

实例200 时尚美食特效——图片合成03

文件路径	第13章\时尚美食特效	
难易指数	★★★★★	
技术要点	● CC Light Sweep 效果 ● 钢笔工具 ● 【斜面 Alpha】效果 ● 【高斯模糊】效果	🔍扫码深度学习

操作思路

本例通过对素材添加CC Light Sweep效果制作扫光动画，使用钢笔工具绘制图形，添加【斜面Alpha】效果、【高斯模糊】效果制作三维质感和倒影效果。

案例效果

案例效果如图13-98所示。

图13-98

操作步骤

01 将素材"3.jpg"导入时间线窗口中，并为其添加CC Light Sweep效果，设置Direction为0×-15.0°，Width为262.0，Sweep Intensity为37.0，Edge Thickness为2.20。将时间线拖动到第20帧，打开Center前面的按钮，并设置Center为-736.0,470.0，如图13-99所示。

图13-99

02 将时间线拖动到第2秒10帧，并设置Center为2814.0,470.0，如图13-100所示。

图13-100

03 在时间线窗口中新建一个粉色的纯色图层，命名为"图片形状"，如图13-101所示。

图13-101

04 选择"图片形状"图层，并单击 ▶ （钢笔工具）按钮绘制一个遮罩，如图13-102所示。

图13-102

05 设置"3.jpg"图层的【轨道遮罩】为【1.图片形状】，接着单击【Alpha遮罩】按钮，如图13-103所示。

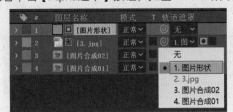

图13-103

06 选中"图片形状"图层和"3.jpg"图层，如图13-104所示。

图13-104

07 按快捷键Ctrl+Shift+C进行预合成，命名为"图片03"。单击激活【图片形状】图层的 ◉ （运动模糊）按钮，开启 ◈ （3D图层）按钮，如图13-105所示。

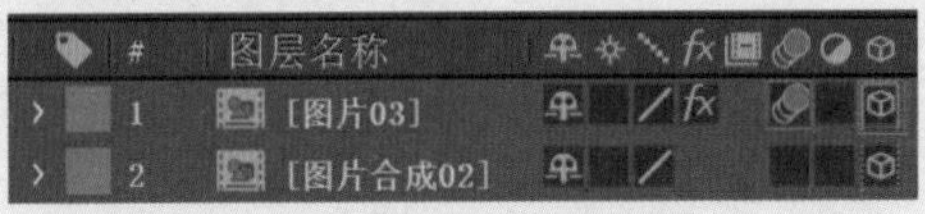

图13-105

08 为预合成"图片03"添加【斜面Alpha】效果，设置【边缘厚度】为3.00，【灯光角度】为0×+40.0°。设置【位置】为994.0,672.0,0.0，【方向】为180.0°,0.0°,0.0°。将时间线拖动到第0秒，打开【X轴旋转】前面的 ◉ 按钮，并设置【X轴旋转】为0×+0.0°，如图13-106所示。

图13-106

09 将时间线拖动到第20帧，设置【X轴旋转】为0×-180.0°，如图13-107所示。

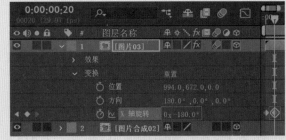

图13-107

10 选择"图片03"图层，按快捷键Ctrl+D将其复制一份，并命名为"图片倒影03"，然后将其移动到"图片03"图层的下方，如图13-108所示。

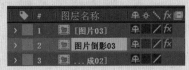

图13-108

11 为"图片倒影03"图层添加【高斯模糊】效果，设置【模糊度】为48.0。添加【色调】效果，设置【将白色映射到】为黑色，【着色数量】为71.0%。设置【位置】为994.0,1760.0,0.0，【方向】为180.0°,0.0°,0.0°。将时间线拖动到第0秒，打开【X轴旋转】前面的 ◉ 按钮，并设置【X轴旋转】为0×-180.0°，如图13-109所示。

图13-109

12 将时间线拖动到第20帧，设置【X轴旋转】为0×+0.0°，如图13-110所示。

图13-110

13 选中当前的两个图层"图片03"和"图片倒影03"，按快捷键Ctrl+Shift+C进行预合成，并命名为"图片合成03"，如图13-111所示。

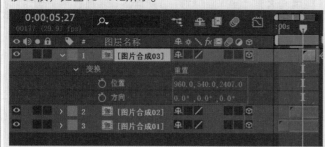

图13-111

14 选中当前的【图片合成03】，单击 （3D图层）按钮，设置【位置】为960.0,540.0,2407.0，【方向】为0.0°,0.0°,0.0°。最后设置开始为第5秒27帧，结束为第9秒09帧，如图13-112所示。

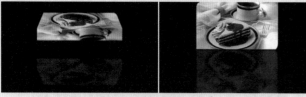

图13-112

15 拖动时间线滑块查看此时的效果，如图13-113所示。

图13-113

实例201 时尚美食特效——结尾合成

文件路径	第13章\时尚美食特效
难易指数	★★★★★
技术要点	● CC Light Sweep 效果 ● 【高斯模糊】效果 ● 钢笔工具 ● 运动模糊 ● 3D图层

（右侧：二维码 扫码深度学习）

操作思路

本例通过应用CC Light Sweep效果、【高斯模糊】效果、钢笔工具、运动模糊、3D图层制作时尚美食特效中的结尾合成。

案例效果

案例效果如图13-114所示。

图13-114

操作步骤

01 在时间线窗口新建一个黄色的纯色图层，然后单击 （运动模糊）按钮和 （3D图层）按钮，如图13-115所示。

图13-115

02 选择当前的纯色图层，单击 （钢笔工具）按钮，并绘制一个遮罩，如图13-116所示。

图13-116

03 为当前的纯色图层添加CC Light Sweep效果，设置Direction为0×－15.0°，Width为262.0，Sweep Intensity为37.0，Edge Thickness为2.20。将时间线拖动到第1秒16帧，打开Center前面的 按钮，并设置Center为－736.0,470.0，如图13-117所示。

图13-117

04 将时间线拖动到第3秒06帧，设置Center为2814.0,470.0，如图13-118所示。

图13-118

05 拖动时间线滑块查看此时的动画效果，如图13-119所示。

图13-119

06 单击 **T**（横排文字工具）按钮，并输入文字，如图13-120所示。

图13-120

07 在【字符】面板中设置相应的字体类型，设置【字体大小】为390像素，如图13-121所示。

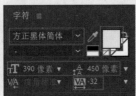

图13-121

08 设置刚才纯色图层的【轨道遮罩】为【Share food at 8 every day】，接着单击【翻转遮罩】按钮，如图13-122所示。

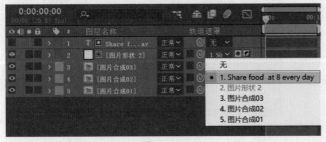

图13-122

09 文字效果如图13-123所示。

图13-123

10 在时间线窗口右击鼠标，新建一个灯光图层，如图13-124所示。

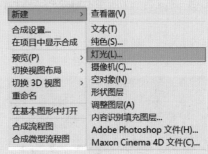

图13-124

11 设置灯光的【位置】为992.0,460.0,−666.7；设置【强度】为103%，【投影】为【开】，【阴影深度】为50%，【阴影扩散】为72.0像素，如图13-125所示。

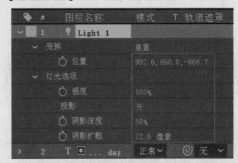

图13-125

12 选择刚才的3个图层，按快捷键Ctrl+Shift+C进行预合成，并命名为"结尾"，如图13-126所示。

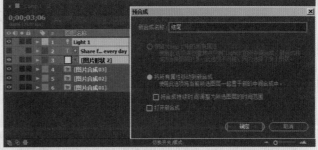

图13-126

13 选择"结尾"图层，单击 **⊘**（运动模糊）按钮和 **⊗**（3D图层）按钮，为其添加【斜面Alpha】效果，设置【边缘厚度】为3.00，【灯光角度】为0×+40.0°。将时间线拖动到第3帧，打开【位置】和【X轴旋转】前面的◎按钮，并设置【位置】为994.0，−669.5,0.0，【X轴旋转】为0×+0.0°，如图13−127所示。

图13-127

14 将时间线拖动到第13帧，设置【位置】为994.0,1208.0,0.0，如图13−128所示。

图13-128

15 将时间线拖动到第21帧，设置【X轴旋转】为0×−180.0°，如图13−129所示。

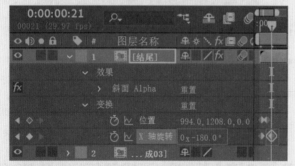

图13-129

16 将时间线拖动到第23帧，设置【X轴旋转】为1×+0.0°，如图13−130所示。

图13-130

17 拖动时间线滑块查看此时的动画效果，如图13−131所示。

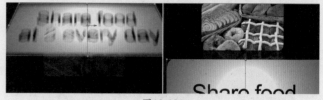

图13-131

18 选择"结尾"图层，并按快捷键Ctrl+D复制一份，将其命名为"结尾倒影"，然后将其移动到"结尾"图层的下方，最后将其效果和关键帧删除，如图13−132所示。

图13-132

19 选择"结尾倒影"图层，为其添加【高斯模糊】效果，设置【模糊度】为48.0；并为其添加【色调】效果，设置【将白色映射到】为黑色，【着色数量】为71.0%，设置【方向】为180.0°,0.0°,0.0°。将时间线拖动到第3帧，打开【位置】和【X轴旋转】前面的◎按钮，并设置【位置】为994.0,4222.5,0.0，【X轴旋转】为0×+0.0°，如图13−133所示。

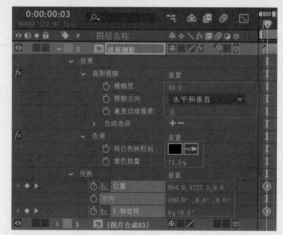

图13-133

20 将时间线拖动到第13帧，设置【位置】为994.0,2352.5,0.0，如图13−134所示。

图13-134

21 将时间线拖动到第21帧，设置【X轴旋转】为 0×+180°，如图13-135所示。

图13-135

22 将时间线拖动到第23帧，设置【X轴旋转】为 1x+0.0°，如图13-136所示。

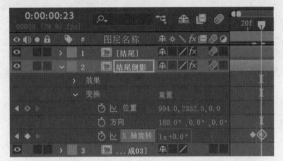

图13-136

23 选择刚才的两个图层，按快捷键Ctrl+Shift+C进行预合成，并命名为"结尾合成"，如图13-137所示。

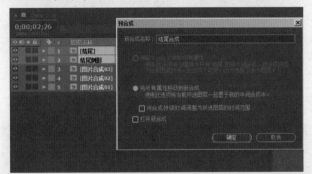

图13-137

24 设置"结尾合成"的起始时间为第9秒10帧，然后单击 （3D图层）按钮，设置【位置】为 960.0,540.0,2407.0。将时间线拖动到第10秒06帧，打开【Y轴旋转】前面的 按钮，设置【Y轴旋转】为 0x+0.0°，如图13-138所示。

图13-138

25 将时间线拖动到第10秒26帧，设置【Y轴旋转】为 1x+0.0°，如图13-139所示。

图13-139

26 拖动时间线滑块查看最终动画效果，如图13-140所示。

图13-140

实例202　时尚美食特效——文字合成

文件路径	第13章\时尚美食特效	
难易指数	★★★★★	
技术要点	● 圆角矩形 ● CC Spotlight 效果 ● 横排文字工具 ● 【斜面 Alpha】效果 ● 【高斯模糊】效果	扫码深度学习

操作思路

本例通过应用圆角矩形绘制矩形图形，添加CC Spotlight效果制作灯光效果，使用横排文字工具创建文字，添加【斜面Alpha】效果、【高斯模糊】效果制作合成文字部分。

案例效果

案例效果如图13-141所示。

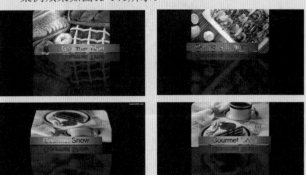

图13-141

操作步骤

01 在时间线窗口新建一个青色纯色图层，命名为"文字背景2"，然后设置【位置】为960.0,986.5，并设置图层的结束时间为第2秒23帧，如图13-142所示。

图13-142

02 选择当前的纯色图层，并单击■（圆角矩形工具）按钮，绘制一个遮罩，如图13-143所示。

图13-143

03 为刚才的纯色图层添加CC Spotlight效果，设置From为992.0,536.0，Cone Angle为75.0，Edge Softness为100.0%，如图13-144所示。

图13-144

04 青色彩条效果如图13-145所示。

图13-145

05 单击■（横排文字工具）按钮，并输入文字，如图13-146所示。

06 在【字符】面板中设置相应的字体类型，设置【字体大小】为550像素，如图13-147所示。

图13-146

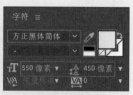

图13-147

07 设置刚才纯色图层的【轨道遮罩】为【1.Gourmet Time】，单击【反转遮罩】按钮，如图13-148所示。

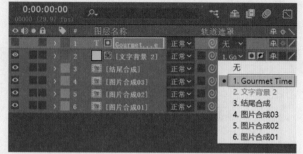

图13-148

08 文字效果如图13-149所示。

图13-149

09 使用同样的方法制作出另外两组文字，并分别依次设置它们的起始时间和结束时间，如图13-150所示。

图13-150

10 拖动时间线滑块查看此时的动画效果，如图13-151所示。

图13-151

11 选择刚才的6个图层，按快捷键Ctrl+Shift+C进行预合成，并命名为"文字层"，如图13-152所示。

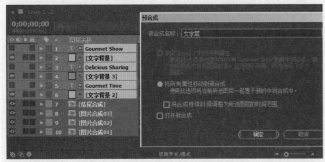

图13-152

12 选择"文字层"图层，然后单击🔲（3D图层）按钮，为其添加【斜面Alpha】效果，设置【边缘厚度】为3.00，【灯光角度】为0x+40.0°，设置【位置】为975.0,543.0,0.0，如图13-153所示。

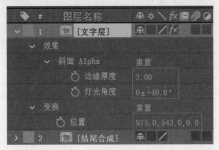

图13-153

13 选择"文字层"图层，按快捷键Ctrl+D复制一份，并命名为"文字倒影"，然后将其移动到"文字层"图层的下方，为其添加【斜面Alpha】效果，设置【边缘厚度】为3.00，【灯光角度】为0x+40.0°。添加【高斯模糊】效果，设置【模糊度】为33.0，【重复边缘像素】为【关】。添加【色调】效果，设置【将白色映射到】为黑色，【着色数量】为42.0%。设置【位置】为975.0,1596.0,0.0，【方向】为180.0°,0.0°,0.0°，如图13-154所示。

图13-154

14 选择刚才的两个图层，按快捷键Ctrl+Shift+C进行预合成，并命名为"文字合成"，如图13-155所示。

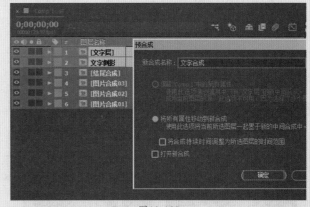

图13-155

15 选择"文字合成"图层，然后单击🔲（3D图层）按钮，设置【缩放】为76.0,76.0,76.0%，【方向】为0.0°,0.0°,0.0°。将时间线拖动到第2秒，打开【位置】前面的🔲按钮，设置【位置】为1222.0,470.0,1495.0，如图13-156所示。

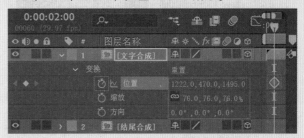

图13-156

16 将时间线拖动到第2秒20帧，设置【位置】为802.0,470.0,1495.0，如图13-157所示。

图13-157

17 将时间线拖动到第5秒27帧，设置【位置】为802.0,470.0,1495.0，如图13-158所示。

图13-158

18 将时间线拖动到第6秒17帧，设置【位置】为1052.0,470.0,1495.0,如图13-159所示。

图13-159

19 拖动时间线滑块查看此时的文字动画效果，如图13-160所示。

图13-160

实例203 时尚美食特效——灯光合成

文件路径	第13章\时尚美食特效
难易指数	★★★★★
技术要点	● 【镜头光晕】效果 ● CC Light Rays效果 ● 3D图层

扫码深度学习

操作思路

本例通过对素材添加【镜头光晕】效果制作光晕，添加CC Light Rays效果制作时尚的光点效果，应用3D图层调整图层属性。

案例效果

案例效果如图13-161所示。

图13-161

操作步骤

01 在时间线窗口新建一个黑色的纯色图层，命名为"灯光"，如图13-162所示。

图13-162

02 为"灯光"图层添加【镜头光晕】效果，设置【光晕中心】为872.0,407.0，【光晕亮度】为70%，【镜头类型】为【105毫米定焦】。添加CC Light Rays效果，设置Radius为40.0，如图13-163所示。

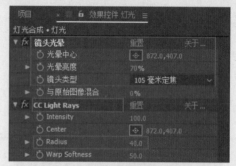

图13-163

03 灯光效果如图13-164所示。

图13-164

04 选择"灯光"图层，按快捷键Ctrl+Shift+C进行预合成，命名为"灯光合成"，如图13-165所示。

图13-165

05 选择【灯光合成】，然后单击 （3D图层）按钮，并设置【位置】为4518.0,492.0,6467.0，【缩放】为277.0,277.0,277.0%，【Y轴旋转】为0x+34.0°，如图13-166所示。

图13-166

06 灯光效果如图13-167所示。

图13-167

07 继续新建一个黑色的纯色图层，命名为"灯光"，如图13-168所示。

图13-168

08 为"灯光"图层添加【镜头光晕】效果，设置【光晕中心】为872.0,407.0，【光晕亮度】为70%，【镜头类型】为【105毫米定焦】。为其添加CC Light Rays效果，设置Center为872.0,407.0，设置【位置】为960.0,1031.5，如图13-169所示。

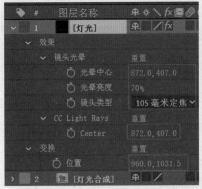

图13-169

09 选择"灯光"图层，按快捷键Ctrl+Shift+C进行预合成，命名为"灯光合成1"，如图13-170所示。

10 选择【灯光合成1】，然后单击（3D图层）按钮，并设置【位置】为−2480.0,532.0,6467.0，【缩放】为278.0,278.0,278.0%，【Y轴旋转】为0x−34.0°，如图13-171所示。

图13-170

图13-171

11 拖动时间线滑块查看最终动画效果，如图13-172所示。

图13-172

实例204　时尚美食特效——摄影机动画

文件路径	第13章 \ 时尚美食特效
难易指数	★★★★★
技术要点	● "摄影机"图层 ● "空对象"图层 ● 关键帧动画

🔍扫码深度学习

操作思路

　　本例通过创建"摄影机"图层、"空对象"图层，应用关键帧动画制作作品的摄影机动画。

案例效果

　　案例效果如图13-173所示。

图13-173

操作步骤

01 在时间线窗口新建一个黑色的纯色图层，命名为"黑场"。将时间线拖动到第0帧，打开【不透明度】前面的按钮，设置【不透明度】为100%，如图13-174所示。

图13-174

02 将时间线拖动到第6帧，设置【不透明度】为0，如图13-175所示。

图13-175

03 将时间线拖动到第14秒20帧，设置【不透明度】为0，如图13-176所示。

图13-176

04 将时间线拖动到第14秒29帧，设置【不透明度】为100%，如图13-177所示。

图13-177

05 在时间线窗口中右击鼠标，新建一个摄影机图层，如图13-178所示。

图13-178

06 设置【目标点】为960.0,120.0,-3626.0，【位置】为960.0,120.0,-5492.7，【缩放】为1866.7像素，【焦距】为1866.7像素，【光圈】为17.7像素，如图13-179所示。

图13-179

07 画面效果如图13-180所示。

图13-180

08 在时间线窗口中右击鼠标，在弹出的快捷菜单中选择【新建】|【空对象】命令，如图13-181所示，然后将其调整至图层顶层。

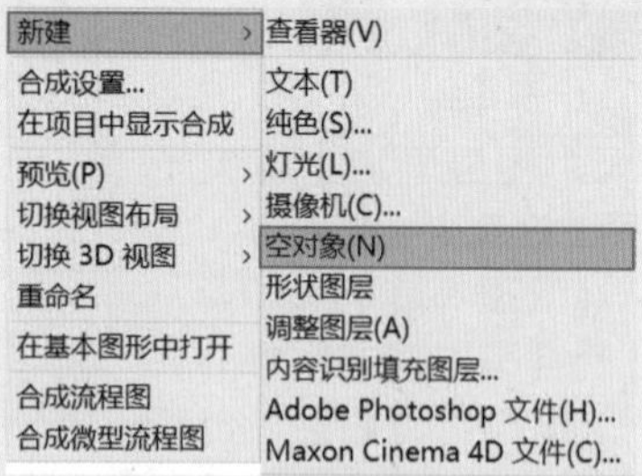

图13-181

09 设置刚才的摄影机的【父级】为【1.Null 1】，然后单击（3D图层）按钮，如图13-182所示。

图13-182

10 将时间线拖动到第0帧，打开【Null 1】的【位置】前面的按钮，设置【位置】为960.0,120.0,-3626.0，如图13-183所示。

图13-183

11 将时间线拖动到第10帧，设置【位置】为955.0,120.0,1504.0，如图13-184所示。

图13-184

12 将时间线拖动到第2秒13帧，设置【位置】为955.0,120.0,1085.0，如图13-185所示。

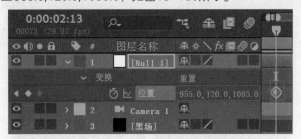

图13-185

13 将时间线拖动到第2秒24帧，设置【位置】为955.0,120.0,2014.0，如图13-186所示。

图13-186

14 将时间线拖动到第3秒02帧，设置【位置】为955.0,120.0,1415.0，并打开"Null 1"的【方向】前面的 按钮，设置【方向】为0.0°,0.0°,0.0°，如图13-187所示。

图13-187

15 将时间线拖动到第5秒16帧，设置【位置】为755.0,120.0,1205.0，设置【方向】为0.0°,16.0°,0.0°，如图13-188所示。

图13-188

16 将时间线拖动到第5秒27帧，设置【位置】为1116.0,120.0,2154.0，如图13-189所示。

图13-189

17 将时间线拖动到第6秒06帧，设置【位置】为1315.0,120.0,1204.0，设置【方向】为0.0°,346.0°,0.0°，如图13-190所示。

图13-190

18 将时间线拖动到第8秒22帧，设置【位置】为1067.0,120.0,1215.0，设置【方向】为0.0°,346.0°,0.0°，如图13-191所示。

图13-191

19 将时间线拖动到第9秒05帧，设置【方向】为0.0°,0.0°,0.0°，如图13-192所示。

20 将时间线拖动到第9秒06帧，设置【位置】为1067.0,120.0,-395.0，如图13-193所示。

图13-192

图13-193

21 将时间线拖动到第9秒21帧，设置【位置】为987.0，120.0,1305.0，如图13-194所示。

图13-194

22 拖动时间线滑块查看最终动画效果，如图13-195所示。

图13-195

实例205　汽车特效——更改色调

文件路径	第13章\汽车特效	
难易指数	★★★★★	
技术要点	● 【曲线】效果 ● 钢笔工具 ● 【色调】效果 ● 【投影】效果 ● 【黑色和白色】效果 ● 【亮度和对比度】效果	扫码深度学习

操作思路

本例通过应用【曲线】效果、钢笔工具、【色调】效果、【投影】效果、【黑色和白色】效果、【亮度和对比度】效果更改画面色调。

案例效果

案例效果如图13-196所示。

图13-196

操作步骤

01 将素材"背景.jpg"导入时间线窗口中，设置【位置】为563.4,270.0，【缩放】为65.0,65.0%，如图13-197所示。

图13-197

02 素材"背景.jpg"效果如图13-198所示。

图13-198

03 为素材"背景.jpg"添加【曲线】效果，设置RGB、红、绿、蓝四个通道的曲线，如图13-199所示。

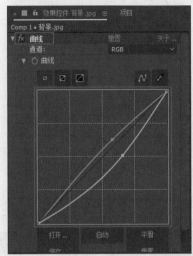

图13-199

04 素材"背景.jpg"效果如图13-200所示。

图13-200

05 再次将素材"背景.jpg"导入时间线窗口中，重命名为"绿色"，如图13-201所示。

图13-201

06 选择"绿色"图层，单击 （钢笔工具）按钮，并绘制一个闭合的三角形遮罩，如图13-202所示。

图13-202

07 设置"绿色"图层的【缩放】为65.0,65.0%。将时间线拖动到第0秒，打开【位置】前面的 按钮，并设置【位置】为779.4,270.0，如图13-203所示。

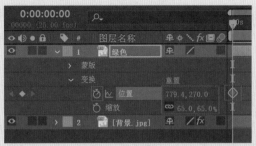

图13-203

08 将时间线拖动到第10帧，设置【位置】为563.4,270.0，如图13-204所示。

图13-204

09 为"绿色"图层添加【色调】效果，设置【将黑色映射到】为深灰色，【将白色映射到】为蓝色，并为其添加【投影】效果，设置【阴影颜色】为绿色，【不透明度】为100%，【方向】为0x-35.0°，【距离】为20.0，【柔和度】为50.0，如图13-205所示。

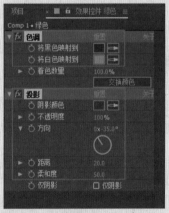

图13-205

10 画面效果如图13-206所示。

图13-206

11 再次将素材"背景.jpg"导入时间线窗口中，重命名为"黑白"，如图13-207所示。

图13-207

12 选择"绿色"图层，单击 ✐（钢笔工具）按钮，并绘制一个闭合的三角形遮罩，如图13-208所示。

图13-208

13 设置"黑白"图层的【缩放】为65.0,65.0%，将时间线拖动到第0秒，打开【位置】前面的 ◎ 按钮，并设置【位置】为440.4,270.0，如图13-209所示。

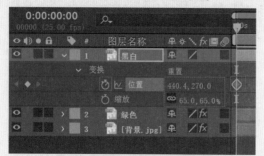

图13-209

14 将时间线拖动到第10帧，设置【位置】为563.4,270.0，如图13-210所示。

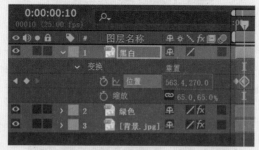

图13-210

15 为"黑白"图层添加【黑色和白色】效果，然后添加【亮度和对比度】效果，并设置【亮度】为-61，【对比度】为43，勾选【使用旧版】，如图13-211所示。

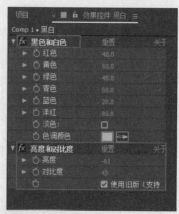

图13-211

16 拖动时间线滑块查看此时的动画效果，如图13-212所示。

图13-212

实例206　汽车特效——装饰元素

文件路径	第13章\汽车特效	
难易指数	★★★★★	
技术要点	● 【网格】效果 ● 【线性擦除】效果 ● 钢笔工具 ● 【曲线】效果 ● 【描边】效果 ● 【高斯模糊】效果 ● 矩形工具 ● 【色调】效果 ● 【亮度和对比度】效果	扫码深度学习

操作思路

　　本例应用【网格】效果、【线性擦除】效果、钢笔工具、【曲线】效果、【描边】效果、【高斯模糊】效果、矩形工具、【色调】效果、【亮度和对比度】效果制作汽车特效中的装饰元素。

案例效果

　　案例效果如图13-213所示。

艺境 中文版After Effects影视后期特效设计与制作全视频 实践228例 溢彩版

图13-213

操作步骤

01 在时间线窗口新建一个黑色的纯色图层，命名为"小网格"，设置【模式】为【叠加】，如图13-214所示。

图13-214

02 设置"小网格"图层的【缩放】为110.0,110.0%，【旋转】为0×+45.0°，【不透明度】为50%。将时间线拖动到第10帧，打开【位置】前面的 按钮，并设置【位置】为-367.0,110.5，如图13-215所示。

图13-215

03 将时间线拖动到第1秒，设置【位置】为306.7,110.5，如图13-216所示。

图13-216

04 为"小网格"图层添加【网格】效果，设置【大小依据】为【宽度滑块】，【宽度】为19.0，【边界】为3.0，勾选【反转网格】。继续为其添加【线性擦除】效果，设置【过渡完成】为70%，【擦除角度】为0x+180.0°，如图13-217所示。

05 拖动时间线滑块查看此时的动画效果，如图13-218所示。

图13-217

图13-218

06 再次将素材"背景.jpg"导入时间线窗口中，重命名为"背景1"。选择"背景1"图层，单击 （钢笔工具）按钮，并绘制一个闭合的矩形遮罩，如图13-219所示。

图13-219

07 设置"背景1"图层的【缩放】为78.0,78.0%。将时间线拖动到第0帧，打开【位置】前面的 按钮，并设置【位置】为270.0,270.0，如图13-220所示。

图13-220

08 将时间线拖动到第15帧，设置【位置】为639.9,270.0，如图13-221所示。

图13-221

09 为素材"背景1.jpg"添加【曲线】效果,并设置红、绿两个通道的曲线,如图13-222所示。

10 为"背景1"图层添加【高斯模糊】效果,设置【模糊度】为27.0。为"背景1"图层添加【描边】效果,设置【画笔大小】为5.0,【画笔硬度】为100%,如图13-223所示。

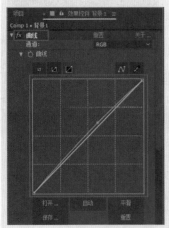

图13-222　　　　　图13-223

11 再次添加【投影】效果,设置【距离】为15.0,【柔和度】为25.0,如图13-224所示。

图13-224

12 拖动时间线滑块查看此时的动画效果,如图13-225所示。

图13-225

13 再次将素材"背景.jpg"导入时间线窗口中,并重命名为"蓝色"。选择"蓝色"图层,单击■(矩形工具)按钮,并绘制一个闭合的矩形遮罩,如图13-226所示。

图13-226

14 设置"蓝色"图层的【缩放】为65.0,65.0%。将时间线拖动到第0帧,打开【位置】前面的◎按钮,并设置【位置】为563.4,362.0,如图13-227所示。

图13-227

15 将时间线拖动到第10帧,设置【位置】为563.4,270.0,如图13-228所示。

图13-228

16 为"蓝色"图层添加【色调】效果,设置【将黑色映射到】为黑色,【将白色映射到】为蓝色。然后添加【亮度和对比度】效果,设置【亮度】为7,【对比度】为22,如图13-229所示。

17 然后选择"蓝色"图层,使用快捷键Ctrl+D进行复制并修改名称为"蓝色模糊",添加【高斯模糊】效果,设置【模糊度】为25.0,如图13-230所示。

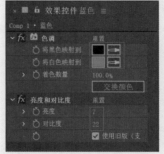

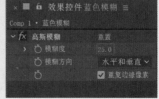

图13-229　　　　　图13-230

18 拖动时间线滑块查看此时的动画效果，如图13-231所示。

图13-231

实例207	汽车特效——文字动画
文件路径	第13章\汽车特效
难易指数	★★★★★
技术要点	● 【描边】效果 ● 【梯度渐变】效果 ● CC Light Sweep 效果 ● 横排文字工具

操作思路

本例应用【描边】效果、【梯度渐变】效果、CC Light Sweep效果继续制作装饰元素，使用横排文字工具创建文字部分。

案例效果

案例效果如图13-232所示。

图13-232

操作步骤

01 在时间线窗口中新建一个深灰色的纯色图层，命名为"黑色条"，如图13-233所示。

图13-233

02 将时间线拖动到第1秒15帧，打开【不透明度】前面的 按钮，设置【不透明度】为0，如图13-234所示。

图13-234

03 将时间线拖动到第2秒，设置【不透明度】为100%，如图13-235所示。

图13-235

04 拖动时间线滑块查看此时的动画效果，如图13-236所示。

图13-236

05 选择"黑色条"图层，单击 （矩形工具）按钮，并绘制一个闭合的矩形遮罩，如图13-237所示。

图13-237

06 为"黑色条"图层添加【描边】效果，设置【画笔大小】为7.0，【画笔硬度】为100%，【间距】为100.00%，然后为其添加【梯度渐变】效果，设置【渐变起点】为0.0,74.6，【起始颜色】为灰色，【渐变终点】为597.3,541.2，【结束颜色】为深灰色，如图13-238所示。

07 拖动时间线滑块查看此时的动画效果，如图13-239所示。

08 为"黑色条"图层添加CC Light Sweep效果，设置Direction为0x+70.0°。将时间线拖动到第3秒，打开Center前面的 按钮，并设置Center为752.0,144.0，如图13-240所示。

图13-238

图13-239

图13-240

09 将时间线拖动到第4秒，设置Center为1988.0,144.0，如图13-241所示。

图13-241

10 拖动时间线滑块查看此时的动画效果，如图13-242所示。

图13-242

11 单击█（横排文字工具）按钮，并输入文字，如图13-243所示。

图13-243

12 将时间线拖动到第2秒，打开文字层的【位置】前面的◎按钮，并设置【位置】为-1000.0,475.9，如图13-244所示。

图13-244

13 将时间线拖动到第3秒，设置【位置】为65.9,475.9，如图13-245所示。

图13-245

14 拖动时间线滑块查看此时的动画效果，如图13-246所示。

图13-246

第14章

广告设计

本章概述

    广告由主题、创意、语言文字、形象、衬托五个要素构成，其直观的感受包括图像、文字、色彩、版面、图形等部分。在After Effects中可以将广告设计者的创意及想法完整地表现出来。

本章重点

- 了解什么是广告设计
- 掌握广告设计技巧
- 掌握设计风格的把控

实例208　睡衣海报效果——背景效果

文件路径	第14章\睡衣海报效果
难易指数	⭐⭐⭐⭐⭐
技术要点	● 关键帧动画 ● 【线性颜色键】效果

扫码深度学习

💡操作思路

本例应用关键帧动画制作素材的位置动画，添加【线性颜色键】效果，将人物背景抠像。

🖱案例效果

案例效果如图14-1所示。

图14-1

🎤操作步骤

01 在时间线窗口中右击鼠标，新建一个紫色的纯色图层，如图14-2所示。

02 紫色纯色图层的效果如图14-3所示。

图14-2

图14-3

03 在时间线窗口中导入素材"02.png"。将时间线拖动到第0秒，打开【位置】前面的⏱按钮，设置【位置】为933.0,371.0，【缩放】为82.0，82.0%，如图14-4所示。

图14-4

04 将时间线拖动到第1秒，并设置【位置】为359.0,371.0，如图14-5所示。

图14-5

05 拖动时间线滑块查看此时的动画效果，如图14-6所示。

图14-6

06 为"02.png"素材添加【线性颜色键】效果，单击➡按钮，在画面中吸取绿色部分，如图14-7所示。

图14-7

07 此时背景被抠除了，拖动时间线查看动画效果，如图14-8所示。

图14-8

08 将素材"04.png"导入时间线窗口中，设置其起始时间为第2秒，如图14-9所示。

图14-9

09 拖动时间线滑块查看此时的动画效果,如图14-10所示。

图14-10

实例209	睡衣海报效果——图形效果
文件路径	第14章\睡衣海报效果
难易指数	★★★★★
技术要点	● 钢笔工具 ● 关键帧动画

扫码深度学习

操作思路

本例使用钢笔工具绘制图形,设置关键帧动画制作图形的形状变化动画。

案例效果

案例效果如图14-11所示。

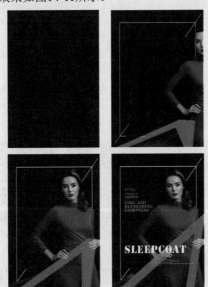

图14-11

操作步骤

01 在不选择任何图层的情况下,单击 ✐(钢笔工具)按钮,绘制4组图形,并命名为"形状图层1",如图14-12所示。

图14-12

02 单击【填充】按钮,然后单击 ◢(无)按钮,如图14-13所示。

图14-13

03 接着设置【描边】为白色,线宽为3像素,如图14-14所示。

图14-14

04 然后将该形状图层调整至"背景"图层的上方,拖动时间线滑块查看此时的动画效果,如图14-15所示。

图14-15

05 选择"形状图层1"图层，将时间线拖动到第0秒，打开【不透明度】前面的圆按钮，并设置【不透明度】为0，如图14-16所示。

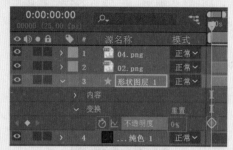

图14-16

06 将时间线拖动到第1秒，设置【不透明度】为100%，如图14-17所示。

图14-17

07 拖动时间线滑块查看此时的动画效果，如图14-18所示。

图14-18

08 在不选择任何图层的情况下，单击圆（钢笔工具）按钮，绘制一组图形，并命名为"形状图层3"，如图14-19所示。

图14-19

09 设置【填充】为红色，单击【描边】按钮，并设置为圆（无），如图14-20所示。

图14-20

10 选择"形状图层3"图层，将时间线拖动到第0秒，打开【位置】前面的圆按钮，并设置【位置】为378.5,525.5，如图14-21所示。

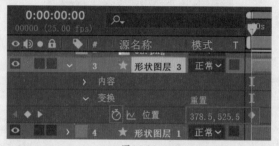

图14-21

11 将时间线拖动到第2秒，设置【位置】为198.0,423.0，如图14-22所示。

图14-22

12 拖动时间线滑块查看此时的动画效果，如图14-23所示。

13 在不选择任何图层的情况下，单击圆（钢笔工具）按钮，绘制一组图形，并命名为"形状图层2"，如图14-24所示。

图14-23

图14-24

14 设置"形状图层2"的【模式】为【屏幕】，如图14-25
所示。

图14-25

15 设置【填充】为红色，然后单击【描边】按钮，并设
置为☑（无），如图14-26所示。

图14-26

16 拖动时间线滑块查看此时的动画效果，如图14-27所示。

图14-27

17 选择"形状图层2"图层，将时间线拖动到第0秒，打
开【路径】前面的◎按钮，如图14-28所示。

图14-28

18 设置此时的形状，如图14-29所示。

19 将时间线拖动到第2秒，如图14-30所示。

图14-29　　　　　　图14-30

20 设置此时的形状，如图14-31所示。

图14-31

21 拖动时间线滑块查看此时的动画效果，如图14-32
所示。

图14-32

实例210　孕婴用品广告——背景动画

文件路径	第14章 \ 孕婴用品广告
难易指数	★★★★☆
技术要点	关键帧动画

🔍扫码深度学习

💡 操作思路

本例通过对素材的【位置】、【不透明度】属性设置关键帧动画制作孕婴用品广告的背景动画。

🖱 案例效果

案例效果如图14-33所示。

图14-33

🎤 操作步骤

01 在时间线窗口导入素材"背景.jpg"，如图14-34所示。

图14-34

02 拖动时间线滑块查看此时动画效果，如图14-35所示。

图14-35

03 在时间线窗口导入素材"01.png"。选择"01.png"图层，将时间线拖动到第0秒，打开【位置】前面的按钮，并设置【位置】为975.0,1345.0，如图14-36所示。

图14-36

04 将时间线拖动到第23帧，设置【位置】为975.0,448.0，如图14-37所示。

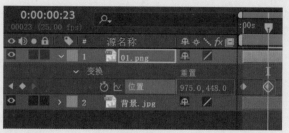

图14-37

05 将时间线拖动到第1秒06帧，设置【位置】为975.0,399.0，如图14-38所示。

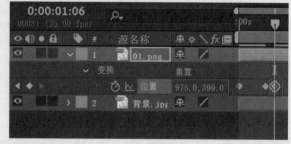

图14-38

06 将时间线拖动到第1秒12帧，设置【位置】为975.0,449.0，如图14-39所示。

图14-39

07 在时间线窗口中导入素材"02.png"，选择"02.png"图层，单击"取消"按钮，并设置【缩放】为110.0,100.0%，如图14-40所示。

图14-40

08 拖动时间线滑块查看此时的动画效果，如图14-41所示。

图14-41

09 选择"02.png"图层，将时间线拖动到第0秒，打开【不透明度】前面的按钮，并设置【不透明度】

为0，如图14-42所示。

图14-42

10 将时间线拖动到第10帧，打开【位置】前面的■按钮，并设置【位置】为1072.0,448.0，如图14-43所示。

图14-43

11 将时间线拖动到第1秒，设置【不透明度】为100%，如图14-44所示。

图14-44

12 将时间线拖动到第1秒04帧，设置【位置】为878.0,448.0，如图14-45所示。

图14-45

13 将时间线拖动到第1秒14帧，设置【位置】为954.0,448.0，如图14-46所示。

图14-46

14 拖动时间线滑块查看此时的动画效果，如图14-47所示。

图14-47

实例211　孕婴用品广告——汽车和广告牌动画

文件路径	第14章\孕婴用品广告
难易指数	★★★★★
技术要点	● 3D图层 ● 关键帧动画

扫码深度学习

操作思路

本例通过对素材开启3D图层，并设置关键帧动画制作孕婴用品广告中的汽车和广告牌动画。

案例效果

案例效果如图14-48所示。

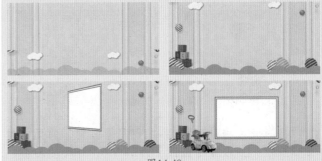

图14-48

操作步骤

01 在时间线窗口中导入素材"03.png"。将时间线拖动到第8帧，打开【位置】前面的■按钮，并设置【位置】为350.0,448.0，如图14-49所示。

图14-49

02 将时间线拖动到第3秒，设置【位置】为975.0,448.0，如图14-50所示。

图14-50

03 拖动时间线滑块查看此时的动画效果，如图14-51所示。

图14-51

04 在时间线窗口导入素材"04.png"，单击 （3D图层）按钮，如图14-52所示。

图14-52

05 拖动时间线滑块查看此时的动画效果，如图14-53所示。

图14-53

06 将时间线拖动到第1秒，打开【位置】前面的 按钮，并设置【位置】为975.0,-300.0,0.0，如图14-54所示。

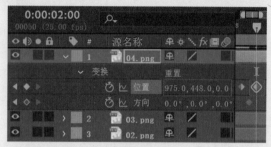

图14-54

07 将时间线拖动到第1秒13帧，打开【方向】前面的 按钮，并设置【方向】为0.0°,0.0°,0.0°，如图14-55所示。

图14-55

08 将时间线拖动到第2秒，设置【位置】为975.0,448.0,0.0，如图14-56所示。

图14-56

09 将时间线拖动到第2秒13帧，设置【方向】为0.0°,180.0°,0.0°，如图14-57所示。

图14-57

10 拖动时间线滑块查看此时的动画效果，如图14-58所示。

图14-58

实例212　孕婴用品广告——文字动画

文件路径	第14章\孕婴用品广告
难易指数	★★★★★
技术要点	● 3D 图层 ● Keylight（1.2）效果 ● 关键帧动画

扫码深度学习

艺境
中文版After Effects影视后期特效设计与制作全视频
实践228例　溢彩版

操作思路

本例通过对素材开启3D图层，并设置【位置】、【缩放】、【方向】属性的关键帧动画制作素材的变化动画，添加Keylight（1.2）效果进行抠像。

案例效果

案例效果如图14-59所示。

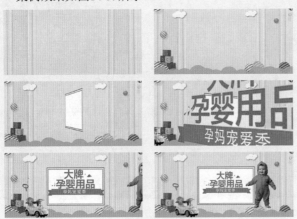

图14-59

操作步骤

01 在时间线窗口导入素材"05.png"，单击 （3D图层）按钮，将时间线拖动到第2秒，分别打开【位置】、【方向】前面的 按钮，并设置【位置】为1021.0,467.0,–2800.0，【方向】为0.0°,60.0°,0.0°，如图14-60所示。

图14-60

02 拖动时间线滑块查看此时的效果，如图14-61所示。

图14-61

03 将时间线拖动到第3秒，打开【缩放】前面的 按钮，并设置【位置】为1021.0,467.0,0.0，【缩放】为100.0,100.0,100.0%，【方向】为0.0°,0.0°,0.0°，如图14-62所示。

04 将时间线拖动到第3秒06帧，设置【缩放】为130.0,130.0,130.0%，如图14-63所示。

05 将时间线拖动到第3秒11帧，设置【缩放】为100.0,100.0,100.0%，如图14-64所示。

图14-62

图14-63

图14-64

06 将时间线拖动到第3秒16帧，设置【缩放】为120.0,120.0,120.0%，如图14-65所示。

图14-65

07 将时间线拖动到第3秒20帧，设置【缩放】为100.0,100.0,100.0%，如图14-66所示。

图14-66

08 拖动时间线滑块查看此时的动画效果，如图14-67所示。

09 在时间线窗口中导入素材"06.png"，如图14-68所示。

图14-67

图14-68

10 将时间线拖动到第3秒，打开【位置】前面的 按钮，并设置【位置】为2171.0，448.0，设置【缩放】为77.0，,77.0%，如图14-69所示。

图14-69

11 将时间线拖动到第4秒，设置【位置】为1528.7，448.0，如图14-70所示。

图14-70

12 拖动时间线滑块查看此时的动画效果，如图14-71所示。

图14-71

13 为素材"06.png"添加Keylight（1.2）效果，单击 按钮，吸取画面中的绿色，如图14-72所示。

14 拖动时间线滑块查看此时的动画效果，如图14-73所示。

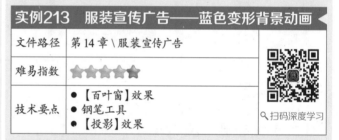

图14-73

实例213 服装宣传广告——蓝色变形背景动画

文件路径	第14章\服装宣传广告	
难易指数	★★★★★	扫码深度学习
技术要点	● 【百叶窗】效果 ● 钢笔工具 ● 【投影】效果	

操作思路

本例通过对纯色图层添加【百叶窗】效果制作百叶窗，使用钢笔工具绘制图案，添加【投影】效果制作阴影。

案例效果

案例效果如图14-74所示。

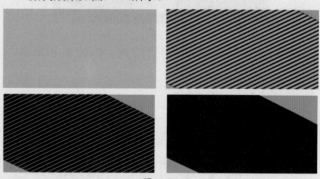

图14-74

操作步骤

01 在时间线窗口中右击鼠标，在弹出的快捷菜单中选择【新建】|【纯色】命令，如图14-75所示。

02 此时，时间线窗口中的纯色图层如图14-76所示。

图14-72

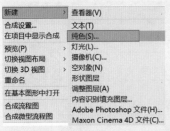

图14-75 　　　　　　　　图14-76

03 蓝色背景效果如图14-77所示。

图14-77

04 为纯色图层添加【百叶窗】效果，设置【方向】为0x+65.0°。将时间线拖动到第0秒，打开【过渡完成】前面的 ⏱ 按钮，并设置【过渡完成】为0，如图14-78所示。

图14-78

05 将时间线拖动到第1秒，设置【过渡完成】为100%，如图14-79所示。

图14-79

06 拖动时间线滑块查看此时的动画效果，如图14-80所示。

图14-80

07 在不选择任何图层的情况下，单击 ✒ （钢笔工具）按钮，在右上角绘制一个闭合的三角形，命名为"形状图层1"，如图14-81所示。

08 将时间线拖动到第0秒，打开【位置】前面的 ⏱ 按钮，并设置【位置】为555.5,105.5，如图14-82所示。

09 将时间线拖动到第1秒，设置【位置】为433.5,218.5，如图14-83所示。

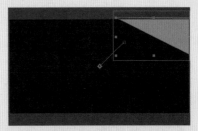

图14-81

图14-82

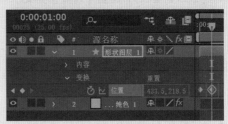

图14-83

10 为"形状图层1"图层添加【投影】效果，设置【方向】为0x+135.0°，【距离】为10.0，【柔和度】为10.0，如图14-84所示。

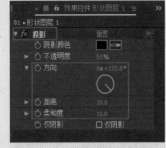

图14-84

11 拖动时间线滑块查看此时的动画效果，如图14-85所示。

图14-85

12 在不选择任何图层的情况下，单击 ✒ （钢笔工具）按钮，在左下角绘制一个闭合的三角形，命名为"形状图层2"，如图14-86所示。

13 将时间线拖动到第0秒，打开【位置】前面的 ⏱ 按钮，并设置【位置】为338.5,271.5，如图14-87所示。

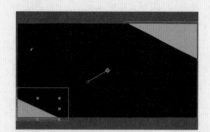

图14-86

图14-87

14 将时间线拖动到第1秒，设置【位置】为433.5,218.5，如图14-88所示。

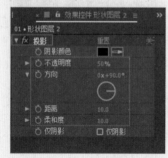

图14-88

15 为"形状图层2"图层添加【投影】效果，设置【方向】为0x+90.0°，【距离】为10.0，【柔和度】为10.0，如图14-89所示。

图14-89

16 拖动时间线滑块查看此时的动画效果，如图14-90所示。

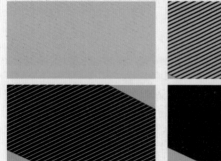

图14-90

实例214 服装宣传广告——素材动画

文件路径	第14章 \ 服装宣传广告
难易指数	★★★★★
技术要点	● 关键帧动画 ● 【定向模糊】效果

扫码深度学习

操作思路

本例通过为素材添加关键帧动画制作【缩放】和【位置】属性的动画，添加【定向模糊】效果制作模糊动画。

案例效果

案例效果如图14-91所示。

图14-91

操作步骤

01 在时间线窗口导入素材"背景.jpg"，如图14-92所示。

图14-92

02 背景效果如图14-93所示。

图14-93

03 将时间线拖动到第0秒，打开【缩放】前面的◎按钮，并设置【缩放】为500.0,500.0%，如图14-94所示。

04 将时间线拖动到第2秒，设置【缩放】为100.0,100.0%，如图14-95所示。

图14-94

图14-95

05 拖动时间线滑块查看此时的动画效果，如图14-96所示。

图14-96

06 在时间线窗口导入素材"01.png"，如图14-97所示。

图14-97

07 拖动时间线滑块查看此时的效果，如图14-98所示。

图14-98

08 将时间线拖动到第0秒，打开【位置】前面的◎按钮，并设置【位置】为1300.0,218.5，如图14-99所示。

图14-99

09 将时间线拖动到第1秒，设置【位置】为433.5,218.5，如图14-100所示。

图14-100

10 拖动时间线滑块查看此时的动画效果，如图14-101所示。

图14-101

11 将时间线拖动到第1秒，打开【缩放】前面的◎按钮，并设置【缩放】为200.0,200.0%，如图14-102所示。

图14-102

12 将时间线拖动到第2秒，设置【缩放】为100.0,100.0%，如图14-103所示。

图14-103

13 将时间线拖动到第2秒08帧，设置【缩放】为120.0,120.0%，如图14-104所示。

图14-104

14 将时间线拖动到第2秒14帧，设置【缩放】为100.0,100.0%，如图14-105所示。

15 将时间线拖动到第2秒19帧，设置【缩放】为120.0,120.0%，如图14-106所示。

图14-105

图14-106

16 将时间线拖动到第2秒24帧，设置【缩放】为100.0,100.0%，如图14-107所示。

图14-107

17 为素材"01.png"添加【定向模糊】效果，设置【方向】为0x+90.0°，将时间线拖动到第0秒，打开【模糊长度】前面的 按钮，并设置【模糊长度】为40.0，如图14-108所示。

图14-108

18 将时间线拖动到第1秒，设置【模糊长度】为0.0，如图14-109所示。

图14-109

19 拖动时间线滑块查看此时的动画效果，如图14-110所示。

图14-110

实例215　服装宣传广告——人物动画

文件路径	第14章\服装宣传广告
难易指数	★★★★★
技术要点	● 关键帧动画 ● Keylight（1.2）效果

扫码深度学习

操作思路

本例通过对素材设置关键帧动画制作【位置】变化动画，添加Keylight（1.2）效果抠除人像背景制作人物动画部分。

案例效果

案例效果如图14-111所示。

图14-111

操作步骤

01 在时间线窗口中导入素材"2.png"，如图14-112所示。

图14-112

02 将时间线拖动到第0秒，打开【位置】前面的 按钮，并设置【位置】为1437.5,218.5，设置【缩放】为53.0，53.0%，如图14-113所示。

图14-113

03 将时间线拖动到第2秒24帧，设置【位置】为198.5,218.5，如图14-114所示。

图14-114

04 拖动时间线滑块查看此时的动画效果，如图14-115所示。

图14-115

05 为素材"02.jpg"添加Keylight（1.2）效果，并单击 按钮，吸取画面中的绿色，如图14-116所示。

图14-116

06 画面绿色背景已经被抠除，如图14-117所示。

图14-117

07 拖动时间线滑块查看此时的动画效果，如图14-118所示。

图14-118

实例216 横幅广告——背景动画

文件路径	第14章\横幅广告
难易指数	★★★★★
技术要点	● 关键帧动画 ● 【径向擦除】效果

扫码深度学习

操作思路

本例通过为素材设置关键帧动画制作【位置】和【缩放】属性变化的动画，为素材添加【径向擦除】效果制作擦除动画。

案例效果

案例效果如图14-119所示。

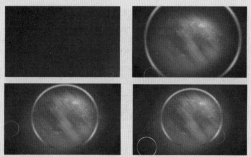

图14-119

操作步骤

01 在时间线窗口中导入素材"背景.jpg"，如图14-120所示。

图14-120

02 背景效果如图14-121所示。

图14-121

03 将时间线拖动到第0秒，分别打开【位置】和【缩放】前面的◎按钮，并设置【位置】为2006.5,1194.0,【缩放】为400.0,400.0%，如图14-122所示。

图14-122

04 将时间线拖动到第1秒，设置【位置】为503.5,300.0,【缩放】为100.0,100.0%，如图14-123所示。

图14-123

05 在时间线窗口导入素材"01.png"，将时间线拖动到第0秒，打开【缩放】前面的◎按钮，并设置【缩放】为260.0,260.0%，如图14-124所示。

图14-124

06 将时间线拖动到第2秒，设置【缩放】为100.0,100.0%，如图14-125所示。

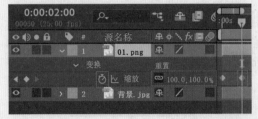

图14-125

07 拖动时间线滑块查看此时的动画效果，如图14-126所示。

图14-126

08 在时间线窗口导入素材"02.png"。将时间线拖动到第1秒，打开【位置】前面的◎按钮，并设置【位置】为6.5,532.0，如图14-127所示。

图14-127

09 将时间线拖动到第2秒，设置【位置】为-172.5,199.0，如图14-128所示。

图14-128

10 将时间线拖动到第3秒，设置【位置】为382.5,-69.0，如图14-129所示。

图14-129

11 将时间线拖动到第4秒，设置【位置】为503.5,300.0，如图14-130所示。

图14-130

12 拖动时间线滑块查看此时的动画效果，如图14-131所示。

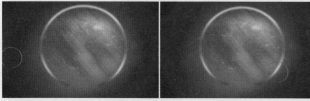

图14-131

13 在时间线窗口中导入素材"03.png"，并为其添加【径向擦除】效果，设置【羽化】为20.0，将时间线拖动到第3秒，打开【过渡完成】前面的 按钮，并设置【过渡完成】为100%，如图14-132所示。

图14-132

14 将时间线拖动到第4秒，设置【过渡完成】为0，如图14-133所示。

图14-133

15 拖动时间线滑块查看此时的动画效果，如图14-134所示。

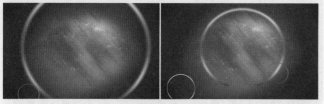

图14-134

实例217	横幅广告——文字动画	
文件路径	第14章\横幅广告	
难易指数	★★★★★	
技术要点	● 关键帧动画 ● 3D图层 ● CC Light Sweep效果	扫码深度学习

操作思路

本例通过为素材添加关键帧动画制作【位置】、【缩放】、【不透明度】属性变化的动画，应用3D图层、CC Light Sweep效果制作文字扫光动画。

案例效果

案例效果如图14-135所示。

图14-135

操作步骤

01 在时间线窗口中导入素材"09.png"，如图14-136所示。

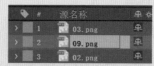

图14-136

02 素材"09.png"的效果，如图14-137所示。

图14-137

03 设置【锚点】为694.5,225.0，【位置】为708.5,234.0。将时间线拖动到第3秒，打开【缩放】前面的 按钮，并设置【缩放】为0.0,0.0%，如图14-138所示。

图14-138

04 将时间线拖动到第3秒11帧，设置【缩放】为130.0,130.0%，如图14-139所示。

图14-139

05 将时间线拖动到第3秒18帧，设置【缩放】为90.0,90.0%，如图14-140所示。

图14-140

06 将时间线拖动到第4秒，设置【缩放】为100.0,100.0%，如图14-141所示。

图14-141

07 在时间线窗口导入素材"04.png"。将时间线拖动到第2秒，打开【不透明度】前面的 按钮，并设置【不透明度】为0，如图14-142所示。

图14-142

08 将时间线拖动到第3秒，设置【不透明度】为100%，如图14-143所示。

09 拖动时间线滑块查看此时的动画效果，如图14-144所示。

10 在时间线窗口导入素材"05.png"，单击 （3D图层）按钮，如图14-145所示。

图14-143

图14-144

图14-145

11 将时间线拖动到第0秒，分别打开【位置】和【方向】前面的 按钮，并设置【位置】为503.5,300.0,-1625.0，【方向】为0.0°,78.0.0°,0.0°，如图14-146所示。

图14-146

12 将时间线拖动到第2秒，设置【位置】为503.5,300.0,0.0，【方向】为0.0°,0.0°,0.0°，如图14-147所示。

图14-147

13 拖动时间线滑块查看此时的动画效果，如图14-148所示。

图14-148

14 为素材"05.png"添加"CC Light Sweep"效果，设置Sweep Intensity为50.0，将时间线拖动到第1秒，打开Center前面的 按钮，并设置Center为704.5,150.0，如图14-149所示。

图14-149

15 将时间线拖动到第2秒，设置Center为160.0,150.0，如图14-150所示。

图14-150

16 拖动时间线滑块查看此时的动画效果，如图14-151所示。

图14-151

17 在时间线窗口导入素材"06.png"，单击 （3D图层）按钮，如图14-152所示。

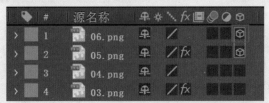

图14-152

18 将时间线拖动到第2秒，打开【方向】前面的 按钮，并设置【方向】为0.0°,270.0°,0.0°，如图14-153所示。

图14-153

19 将时间线拖动到第3秒，设置【方向】为0.0°,0.0°,0.0°，如图14-154所示。

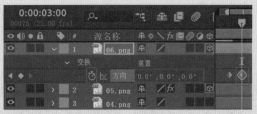

图14-154

20 拖动时间线滑块查看此时的动画效果，如图14-155所示。

图14-155

21 在时间线窗口导入素材"12.png"，并设置起始时间为4秒，如图14-156所示。

图14-156

22 将时间线拖动到第4秒，打开【位置】前面的 按钮，并设置【位置】为503.5,364.0，如图14-157所示。

图14-157

23 将时间线拖动到第5秒，设置【位置】为503.5,300.0，如图14-158所示。

图14-158

24 拖动时间线滑块查看此时的动画效果，如图14-159所示。

图14-159

实例218 横幅广告——底部动画

文件路径	第14章\横幅广告
难易指数	★★★★★
技术要点	关键帧动画

扫码深度学习

操作思路

本例通过对素材的【位置】、【缩放】属性设置关键帧动画，制作横幅广告的底部动画。

案例效果

案例效果如图14-160所示。

图14-160

操作步骤

01 在时间线窗口导入素材"07.png"和"08.png"。将时间线拖动到第1秒，打开【位置】前面的◎按钮，并分别设置【位置】为49.5,300.0和945.5,300.0，如图14-161所示。

图14-161

02 将时间线拖动到第3秒，设置"07.png"的【位置】和"08.png"的【位置】均为503.5,300.0，如图14-162所示。

图14-162

03 然后设置"07.png"和"08.png"的【模式】为【屏幕】，拖动时间线滑块查看此时的动画效果，如图14-163所示。

图14-163

04 在时间线窗口导入素材"09.png"，设置【锚点】为694.5,225.0，【位置】为708.5,234.0。将时间线拖动到第3秒，打开【缩放】前面的◎按钮，并设置【缩放】为0.0,0.0%，如图14-164所示。

图14-164

05 将时间线拖动到第3秒11帧，设置【缩放】为130.0,130.0%，如图14-165所示。

06 将时间线拖动到第3秒18帧，设置【缩放】为90.0,90.0%，如图14-166所示。

艺境

中文版After Effects影视后期特效设计与制作全视频

实践228例 溢彩版

图14-165

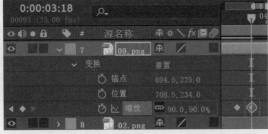

图14-166

07 将时间线拖动到第4秒，设置【缩放】为100.0,100.0%，如图14-167所示。

图14-167

08 拖动时间线滑块查看此时的动画效果，如图14-168所示。

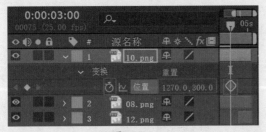

图14-168

09 在时间线窗口导入素材"10.png"。将时间线拖动到第3秒，打开【位置】前面的◎按钮，并设置【位置】为1270.0,300.0，如图14-169所示。

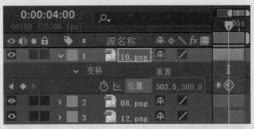

图14-169

10 将时间线拖动到第4秒，打开【位置】前面的◎按钮，并设置【位置】为503.5,300.0，如图14-170所示。

图14-170

11 拖动时间线滑块查看此时的动画效果，如图14-171所示。

图14-171

12 在时间线窗口中导入素材"11.png"，设置其起始时间为4秒，如图14-172所示。

图14-172

13 在时间线窗口导入素材"12.png"，设置其起始时间为4秒，如图14-173所示。

图14-173

14 选择素材"12.png"，将时间线拖动到第4秒，打开【位置】前面的◎按钮，并设置【位置】为503.5,364.0，如图14-174所示。

图14-174

15 将时间线拖动到第5秒，设置【位置】为503.5,300.0，如图14-175所示。

16 在时间线窗口中导入素材"13.png"和"14.png"。将时间线拖动到第4秒，打开【缩放】前面的◎按钮，并分别设置【缩放】为180.0,180.0%，如图14-176所示。

图14-175

图14-176

17 将时间线拖动到第5秒，分别设置【缩放】为100.0,100.0%，如图14-177所示。

图14-177

18 拖动时间线滑块查看此时的动画效果，如图14-178所示。

图14-178

19 在时间线窗口中导入素材"15.png"，设置其起始时间为4秒，如图14-179所示。

图14-179

20 拖动时间线滑块查看此时的动画效果，如图14-180所示。

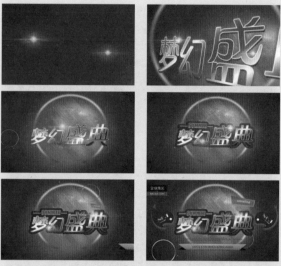

图14-180

实例219　纯净水广告设计——背景

文件路径	第14章 \ 纯净水广告设计
难易指数	★★★★★
技术要点	●【梯度渐变】效果 ● 关键帧动画

🔍扫码深度学习

操作思路

本例通过对纯色图层添加【梯度渐变】效果制作渐变背景，设置关键帧动画制作不透明度动画。

案例效果

案例效果如图14-181所示。

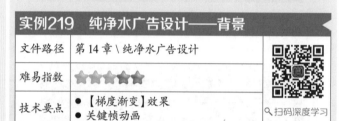

图14-181

操作步骤

01 在时间线窗口中右击鼠标，在弹出的快捷菜单中选择【新建】|【纯色】命令，如图14-182所示。

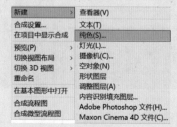

图14-182

02 创建的"黑色 纯色1"图层如图14-183所示。

03 为该纯色图层添加【梯度渐变】效果，设置【渐变起点】为1186.7,1020.5，【起始颜色】为白色，【渐变终点】为1179.9,1542.7，【结束颜色】为浅蓝色，如图14-184所示。

图14-183

图14-184

04 产生了渐变的背景效果，如图14-185所示。

图14-185

05 在时间线窗口中导入素材"01.png"，如图14-186所示。

图14-186

06 素材"01.png"的画面效果如图14-187所示。

图14-187

07 将时间线拖动到第0秒，打开"01.png"中的【不透明度】前面的按钮，并设置【不透明度】为0，如图14-188所示。

图14-188

08 将时间线拖动到第2秒，设置【不透明度】为100%，如图14-189所示。

图14-189

09 拖动时间线滑块查看最终动画效果，如图14-190所示。

图14-190

实例220　纯净水广告设计——水花动画

文件路径	第14章\纯净水广告设计	
难易指数	★★★★★	扫码深度学习
技术要点	● 关键帧动画 ● 矩形工具	

操作思路

本例通过对素材设置关键帧动画制作【位置】、【缩放】、【旋转】和【不透明度】属性变化的动画，使用矩形工具制作遮罩动画。

案例效果

案例效果如图14-191所示。

图14-191

操作步骤

01 在时间线窗口中导入素材"02.png"，如图14-192所示。

图14-192

02 设置【锚点】为1273.5,1291.5,【位置】为1358.2,1190.1。将时间线拖动到第1秒,打开"02.png"中的【缩放】前面的 button 按钮,并设置【缩放】为0.0,0.0%,如图14-193所示。

图14-193

03 将时间线拖动到第1秒13帧,设置"02.png"的【缩放】为100.0,100.0%,如图14-194所示。

图14-194

04 拖动时间线滑块查看此时的动画效果,如图14-195所示。

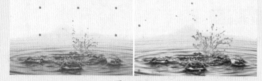

图14-195

05 在时间线窗口中导入素材"03.png",如图14-196所示。

图14-196

06 设置【锚点】为1178.5,1221.5,【位置】为1178.5,1126.5。将时间线拖动到第1秒,打开【缩放】前面的 button 按钮,设置"03.png"的【缩放】为0.0,0.0%,如图14-197所示。

图14-197

07 将时间线拖动到第1秒10帧,设置【缩放】为100.0,100.0%,如图14-198所示。

图14-198

08 拖动时间线滑块查看此时的动画效果,如图14-199所示。

图14-199

09 在时间线窗口中导入素材"04.png",如图14-200所示。

图14-200

10 将时间线拖动到第1秒,分别打开【旋转】和【不透明度】前面的 button 按钮,并设置【旋转】为0x-65.0°,【不透明度】为0,如图14-201所示。

图14-201

11 将时间线拖动到第1秒04帧,设置【不透明度】为100%,如图14-202所示。

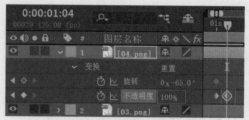

图14-202

12 将时间线拖动到第1秒10帧,设置【旋转】为0x+0.0°,如图14-203所示。

图14-203

13 拖动时间线滑块查看此时的动画效果，如图14-204
所示。

图14-204

14 在时间线窗口中导入素材"05.png"，如图14-205
所示。

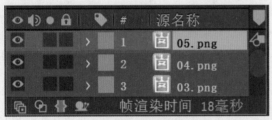

图14-205

15 将时间线拖动到第19帧，打开【位置】前面的◎按
钮，并设置【位置】为1178.5,-600.0，如图14-206
所示。

图14-206

16 将时间线拖动到第1秒04帧，设置【位置】为
1178.5,820.5，如图14-207所示。

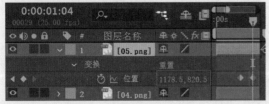

图14-207

17 拖动时间线滑块查看此时的动画效果，如图14-208所示。

图14-208

18 在时间线窗口导入素材"06.png"，如图14-209所示。

图14-209

19 设置【锚点】为1178.5,1419.5，【位置】为1178.5,
1434.5。将时间线拖动到第1秒03帧，打开【缩放】前
面的◎按钮，设置"06.png"的【缩放】为0.0,0.0%，
如图14-210所示。

图14-210

20 将时间线拖动到第1秒09帧，设置"06.png"的【缩
放】为100.0,100.0%，如图14-211所示。

图14-211

21 拖动时间线滑块查看此时的动画效果，如图14-212
所示。

图14-212

22 在时间线窗口中导入素材"07.png"，如图14-213
所示。

图14-213

23 设置【锚点】为1178.5,1341.5,【位置】为1178.5,1318.5。将时间线拖动到第1秒03帧,打开【缩放】前面的 ◎ 按钮,设置"07.png"的【缩放】为0.0,0.0%,如图14-214所示。

图14-214

24 将时间线拖动到第1秒09帧,设置"07.png"的【缩放】为100.0,100.0%,如图14-215所示。

图14-215

25 拖动时间线滑块查看此时的动画效果,如图14-216所示。

图14-216

实例221 纯净水广告设计——装饰元素动画

文件路径	第14章\纯净水广告设计
难易指数	★★★★★
技术要点	关键帧动画

Q扫码深度学习

操作思路

本例通过对【位置】、【不透明度】属性设置关键帧动画,制作纯净水广告设计中的装饰元素动画。

案例效果

案例效果如图14-217所示。

图14-217

操作步骤

01 在时间线窗口中导入素材"09.png",如图14-218所示。

图14-218

02 将时间线拖动到第24帧,打开【位置】前面的 ◎ 按钮,设置"09.png"的【位置】为1178.5,-700.0,如图14-219所示。

图14-219

03 将时间线拖动到第1秒16帧,设置"09.png"的【位置】为1178.5,820.5,如图14-220所示。

04 拖动时间线滑块查看此时的动画效果,如图14-221所示。

图14-220

图14-221

05 在时间线窗口中导入素材"10.png"，如图14-222所示。

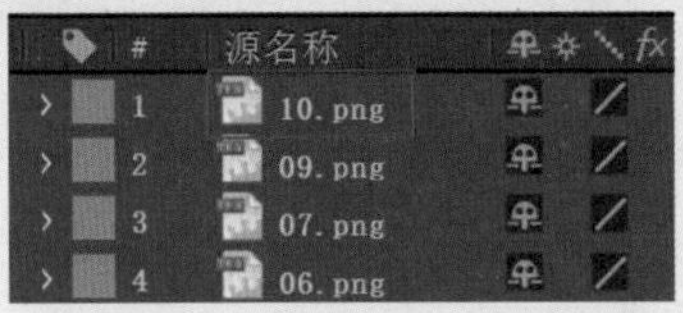

图14-222

06 将时间线拖动到第1秒04帧，打开【不透明度】前面的◎按钮，设置"10.png"的【不透明度】为0，如图14-223所示。

图14-223

07 将时间线拖动到第2秒，设置【不透明度】为100%，如图14-224所示。

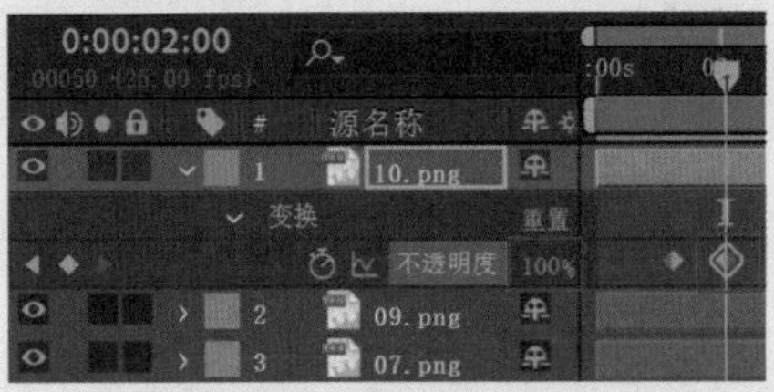

图14-224

08 拖动时间线滑块查看此时的动画效果，如图14-225所示。

图14-225

09 在时间线窗口导入素材"11.png"，如图14-226所示。

10 素材"11.png"的效果如图14-227所示。

图14-226

图14-227

11 将时间线拖动到第1秒04帧，打开【不透明度】前面的◎按钮，设置"11.png"的【不透明度】为0，如图14-228所示。

图14-228

12 将时间线拖动到第2秒，设置【不透明度】为100%，如图14-229所示。

图14-229

13 拖动时间线滑块查看最终动画效果，如图14-230所示。

图14-230

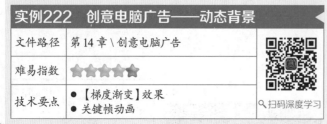

实例222　创意电脑广告——动态背景

文件路径	第14章\创意电脑广告
难易指数	★★★★★
技术要点	● 【梯度渐变】效果 ● 关键帧动画

扫码深度学习

操作思路

　　本例通过对纯色图层添加【梯度渐变】效果制作渐变背景，设置关键帧动画制作动态运动背景。

案例效果

　　案例效果如图14-231所示。

图14-231

操作步骤

01 在时间线窗口中右击鼠标，在弹出的快捷菜单中选择【新建】|【纯色】命令，如图14-232所示。

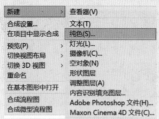

图14-232

02 黑色的纯色图层如图14-233所示。

图14-233

03 为"黑色 纯色"图层添加【梯度渐变】效果，设置【渐变起点】为881.0,780.0，【起始颜色】为蓝色，【渐变终点】为881.0,928.0，【结束颜色】为浅蓝色，如图14-234所示。

图14-234

04 拖动时间线滑块查看此时的效果，如图14-235所示。

图14-235

05 在时间线窗口中导入素材"云朵.png"，如图14-236所示。

图14-236

06 拖动时间线滑块查看此时的效果，如图14-237所示。

图14-237

07 将时间线拖动到第0帧，打开【位置】前面的按钮，设置【位置】为877.0,620.0，如图14-238所示。

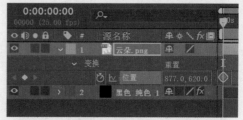

图14-238

08 将时间线拖动到第19帧，设置【位置】为1000.0,620.0，如图14-239所示。

图14-239

09 将时间线拖动到第1秒16帧，设置【位置】为877.0,620.0，如图14-240所示。

图14-240

10 将时间线拖动到第2秒13帧，设置【位置】为1000.0,620.0，如图14-241所示。

图14-241

11 将时间线拖动到第3秒11帧，设置【位置】为877.0,620.0，如图14-242所示。

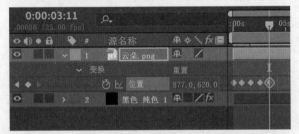

图14-242

12 将时间线拖动到第4秒09帧，设置【位置】为1000.0,620.0，如图14-243所示。

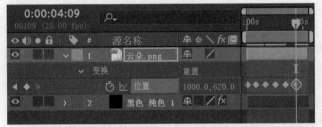

图14-243

13 将时间线拖动到第5秒04帧，设置【位置】为877.0,620.0，如图14-244所示。

图14-244

14 拖动时间线滑块查看此时的背景动画效果，如图14-245所示。

图14-245

实例223 创意电脑广告——电脑动画

文件路径	第14章 \ 创意电脑广告
难易指数	★★★★★
技术要点	关键帧动画

扫码深度学习

操作思路

本例通过对素材的【位置】属性设置关键帧动画制作创意电脑广告中的电脑动画。

案例效果

案例效果如图14-246所示。

图14-246

操作步骤

01 在时间线窗口中导入素材"电脑.png"，如图14-247所示。

图14-247

02 拖动时间线滑块查看此时的效果，如图14-248所示。

03 将时间线拖动到第0帧，打开"电脑.png"中的【位置】前面的按钮，设置【位置】为877.0,−391.0，如图14-249所示。

305

图14-248

图14-249

04 将时间线拖动到第1秒，设置【位置】为877.0,620.0，如图14-250所示。

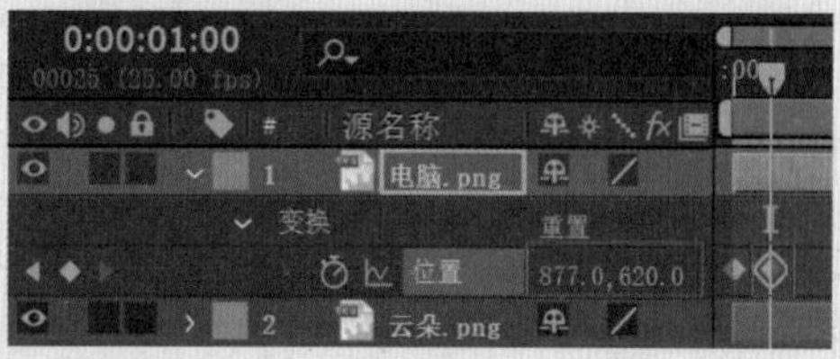

图14-250

05 拖动时间线滑块查看此时的效果，如图14-251所示。

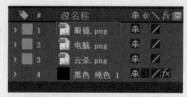

图14-251

06 在时间线窗口导入素材"眼镜.png"，如图14-252所示。

图14-252

07 拖动时间线滑块查看此时的效果，如图14-253所示。

图14-253

08 在时间线窗口中选择素材"眼镜.png"，将时间线拖动到第1秒，打开"眼镜.png"中的【位置】前面的 ⊙ 按钮，设置【位置】为877.0,1330.0，如图14-254所示。

图14-254

09 将时间线拖动到第1秒09帧，设置【位置】为877.0,815.0，如图14-255所示。

图14-255

10 将时间线拖动到第3秒04帧，设置【位置】为877.0,815.0，如图14-256所示。

图14-256

11 将时间线拖动到第3秒09帧，设置【位置】为877.0,620.0，如图14-257所示。

图14-257

12 拖动时间线滑块查看此时的效果，如图14-258所示。

图14-258

艺境
中文版After Effects影视后期特效设计与制作全视频
实践228例 溢彩版

13 在时间线窗口导入素材"帽子.png",如图14-259所示。

图14-259

14 拖动时间线滑块查看此时的效果,如图14-260所示。

图14-260

15 将时间线拖动到第2秒,打开【位置】前面的 按钮,设置【位置】为877.0,0.0,如图14-261所示。

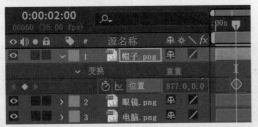

图14-261

16 将时间线拖动到第3秒,设置【位置】为877.0,620.0,如图14-262所示。

图14-262

17 拖动时间线滑块查看此时的动画效果,如图14-263所示。

图14-263

实例224 创意电脑广告——装饰动画

文件路径	第14章 \ 创意电脑广告	
难易指数	★★★★★	
技术要点	● 关键帧动画 ● 【投影】效果 ● 3D图层 ● 【填充】效果 ● 【高斯模糊】效果	扫码深度学习

操作思路

本例通过对素材设置关键帧动画制作【位置】动画,添加【投影】效果制作阴影。开启3D图层,并制作动画,添加【填充】效果和【高斯模糊】效果制作椅子阴影部分。

案例效果

案例效果如图14-264所示。

图14-264

操作步骤

01 在时间线窗口导入素材"垫子.png",如图14-265所示。

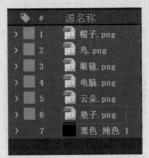

图14-265

02 拖动时间线滑块查看此时的效果,如图14-266所示。

03 将时间线拖动到第2秒16帧,打开【位置】前面的 按钮,设置【位置】为100.0,620.0,如图14-267所示。

图14-266

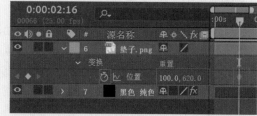

图14-267

04 将时间线拖动到第3秒16帧，设置【位置】为877.0,620.0，如图14-268所示。

图14-268

05 拖动时间线滑块查看此时的效果，如图14-269所示。

图14-269

06 为素材"垫子.png"添加【投影】效果。设置【距离】为10.0，【柔和度】为30.0，如图14-270所示。

图14-270

07 在时间线窗口导入素材"椅子.png"，如图14-271所示。

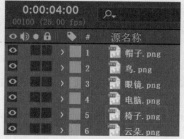

图14-271

08 将时间线拖动到第3秒，打开【位置】前面的 按钮，设置【位置】为1546.0,620.0，如图14-272所示。

图14-272

09 将时间线拖动到第4秒，设置【位置】为877.0,620.0，如图14-273所示。

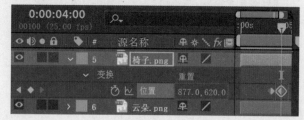

图14-273

10 将项目窗口中的素材"椅子.png"再次导入时间线窗口中，然后将其摆放在"椅子.png"图层的下方位置，命名为"椅子投影.png"，单击 （3D图层）按钮，如图14-274所示。

图14-274

11 设置刚刚复制的"椅子投影.png"的【缩放】为120.0,16.0,100.0%，【Y轴旋转】为0x+6.0°。将时间线拖动到第3秒，打开【位置】前面的 按钮，设置【位置】为1513.1,965.0,0.0，如图14-275所示。

12 将时间线拖动到第4秒，设置【位置】为844.1,965.0,0.0，如图14-276所示。

13 拖动时间线滑块查看此时的效果，如图14-277所示。

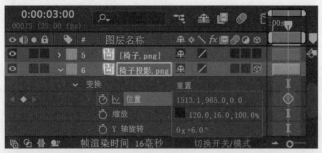

图14-275

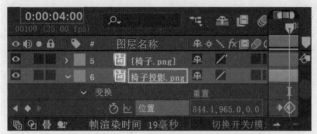

图14-276

图14-277

14 为"椅子投影.png"添加【填充】效果,设置【颜色】为绿色。继续为其添加【高斯模糊】效果,设置【模糊度】为50.0,如图14-278所示。

图14-278

15 拖动时间线滑块查看此时的效果,如图14-279所示。

16 在时间线窗口中导入素材"鸟.png",将时间线拖动到第2秒,打开【位置】前面的 按钮,设置【位置】为-638.2,1182.5,如图14-280所示。

图14-279

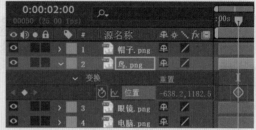

图14-280

17 将时间线拖动到第3秒,设置【位置】为877.0,620.0,如图14-281所示。

图14-281

18 拖动控制点,调整曲线形状,使"鸟.png"素材的移动路径为曲线,如图14-282所示。

图14-282

19 拖动时间线滑块查看最终动画效果,如图14-283所示。

图14-283

图14-283（续）

图14-286

艺境

中文版After Effects影视后期特效设计与制作全视频

实践228例 溢彩版

实例225　炫酷描边舞蹈效果——扣出人像

文件路径	第14章\炫酷描边舞蹈效果
难易指数	★★★★★
技术要点	● Roto 画笔工具 ● 自动追踪

扫码深度学习

操作思路

本例通过使用Roto画笔工具制作人物抠像效果，并使用【自动追踪】制作蒙版使人物抠像更加精准。

案例效果

案例效果如图14-284所示。

图14-284

操作步骤

01 在时间线窗口多次导入素材"1.mp4"，如图14-285所示。

图14-285

02 拖动时间线滑块查看此时的效果，如图14-286所示。

03 在【工具栏】面板中单击（Roto 画笔）按钮，双击时间线上图层1的"1.mp4"素材文件，在弹出的面板中选择画面中的人物。拖动【时间导航器】，将结束时间设置为10秒，如图14-287所示。

图14-287

04 拖动时间线查看画面人物抠像效果，并根据人物移动状态再次调整抠像效果，接着单击【冻结】按钮，如图14-288所示。

图14-288

05 在菜单栏中选择【图层】|【自动追踪】命令，如图14-289所示。

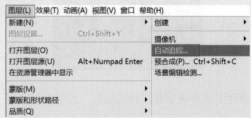

图14-289

06 在弹出的【自动追踪】面板中，选择【工作区】，接着点击【确定】按钮，如图14-290所示。

图14-290

07 设置完成后此时图层1的"1.mp4"素材文件中的人物已经生成遮罩，如图14-291所示。

图14-291

08 此时，画面中的人像已被扣除，如图14-292所示。

图14-292

实例226	炫酷描边舞蹈效果——发光描边	
文件路径	第14章\炫酷描边舞蹈效果	
难易指数	★★★★★	扫码深度学习
技术要点	● 【描边】效果 ● 【发光】效果 ● 混合模式	

操作思路

　　本例通过使用【描边】效果制作人物彩色描边与描边流行效果，应用【发光】效果使画面中的人物更具有科技感。使用混合模式使画面描边与人物相融合。

案例效果

案例效果如图14-293所示。

图14-293

操作步骤

01 使用快捷键Ctrl+Y创建一个黑色的纯色图层，并命名为"描边"，如图14-294所示。

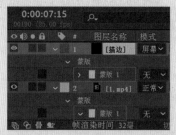

图14-294

02 展开"1.mp4"素材文件的【蒙版】，选择【蒙版1】，使用快捷键Ctrl+C进行复制，选择描边图层使用Ctrl+V快捷键进行粘贴。设置【模式】为【屏幕】，如图14-295所示。

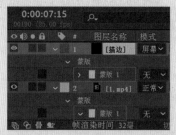

图14-295

03 为"描边"图层添加【描边】效果，将时间线拖动到起始时间位置处，打开【颜色】、【起始】前面的 按钮，设置【颜色】为青色，设置【画笔大小】为8.5，【起始】为100.0%，如图14-296所示。

图14-296

04 将时间线拖动到第16帧，设置【起始】为0，接着拖动时间线到1秒14帧位置处，设置【起始】为0，如图14-297所示。

图14-297

05 将时间线拖动到第2秒03帧，设置【颜色】为青色，如图14-298所示。

图14-298

06 将时间线拖动到第2秒10帧，设置【起始】为100%，如图14-299所示。

图14-299

07 将时间线拖动到第3秒10帧，设置【颜色】为玫红色，设置【起始】为100%，将时间线拖动到第4秒01帧，设置【起始】为0，如图14-300所示。

图14-300

08 拖动时间线滑块查看此时的效果，如图14-301所示。

图14-301

09 为"描边"图层添加【发光】效果，设置【发光阈值】为76.5%，【发光半径】为53.0，【发光强度】为3.0，【色彩相位】为0x+52.0°，如图14-302所示。

图14-302

10 拖动时间线滑块查看此时的动画效果，如图14-303所示。

图14-303

实例227 杂志广告——人像动画

文件路径	第14章\杂志广告	
难易指数	⭐⭐⭐⭐⭐	
技术要点	● Keylight（1.2）效果 ● 关键帧动画 ● 钢笔工具	🔍扫码深度学习

操作思路

本例通过对素材添加Keylight（1.2）效果从而将人物背景抠除，并制作【不透明度】的关键帧动画。使用钢笔工具制作图形，并应用关键帧动画制作人像动画。

案例效果

案例效果如图14-304所示。

图14-304

操作步骤

01 在时间线窗口导入素材"01.png"，如图14-305所示。

图14-305

02 拖动时间线滑块查看此时的效果，如图14-306所示。

图14-306

03 为素材"01.png"添加Keylight（1.2）效果，单击▦按钮，吸取素材中的背景蓝色，并设置Screen Balance为95.0，如图14-307所示。

图14-307

04 拖动时间线滑块查看此时的效果，如图14-308所示。

图14-308

05 将时间线拖动到第0秒，打开【不透明度】前面的◙按钮，设置【不透明度】为0，如图14-309所示。

图14-309

06 将时间线拖动到第1秒，设置【不透明度】为100%，如图14-310所示。

图14-310

07 拖动时间线滑块查看此时的效果，如图14-311所示。

图14-311

08 在不选择任何图层的情况下，单击▰（钢笔工具）按钮，并绘制一个区域，然后将该图层调整至"01.png"

图层的下方，如图14-312所示。

图14-312

09 将时间线移动到第0秒，单击【路径】前面的按钮，如图14-313所示。

图14-313

10 将此时的图形形状进行调整，如图14-314所示。

图14-314

11 将时间线移动到第1秒，如图14-315所示。

图14-315

12 将此时的图形形状进行调整，如图14-316所示。

图14-316

13 拖动时间线滑块查看此时的效果，如图14-317所示。

图14-317

实例228 杂志广告——图形动画

文件路径	第14章＼杂志广告
难易指数	⭐⭐⭐⭐⭐
技术要点	● 钢笔工具 ● 关键帧动画

（扫码深度学习）

操作思路

本例使用钢笔工具绘制图形，并使用关键帧动画制作图形的变换动画。

案例效果

案例效果如图14-318所示。

图14-318

图14-318（续）

操作步骤

01 在不选择任何图层的情况下，单击 ✍（钢笔工具）按钮，并绘制一个区域，如图14-319所示。

图14-319

02 将时间线移动到第1秒，单击打开【位置】前面的 ◎ 按钮，设置【位置】为805.5,533.0，如图14-320所示。

图14-320

03 再将时间线移动到第3秒，设置【位置】为379.5,533.0，如图14-321所示。

图14-321

04 继续在不选择任何图层的情况下，单击 ✍（钢笔工具）按钮，并绘制一个区域，如图14-322所示。

图14-322

05 将时间线拖动到第2秒，单击【位置】前面的 ◎ 按钮，设置【位置】为1146.5,533.0，如图14-323所示。

图14-323

06 将时间线拖动到第3秒，设置【位置】为379.5,533.0，如图14-324所示。

图14-324

07 将素材"03.png""04.png""05.png"导入时间线窗口中，并设置起始时间为第4秒，如图14-325所示。

图14-325

08 拖动时间线滑块查看此时的效果，如图14-326所示。

图14-326

09 拖动时间线滑块查看最终动画效果，如图14-327所示。

图14-327

艺境

梁晓龙◎编著

中文版 After Effects
影视后期特效设计与制作
全视频实践228例（溢彩版）

清華大学出版社
北京

内 容 简 介

本书是一本全方位、多角度讲解After Effects影视后期特效的案例式教材，注重案例的实用性和精美度。全书共设置228个精美实用案例，并按照技术和行业应用进行了统一划分，清晰有序，可以方便零基础的读者由浅入深地学习本书，从而循序渐进地提升After Effects视频处理的能力。

本书共分为14章，针对After Effects常用操作、图层、关键帧动画、文字效果、滤镜特效、蒙版、调色特效、跟踪与稳定、视频输出、粒子和光效、高级动画等技术进行了细致的案例讲解和理论解析。本书第1章主要讲解软件入门操作，内容相对简单，是需要完全掌握的基础章节。第2～8章为按照技术划分每个门类的高级案例操作，影视处理的常用技术、技巧在这些章节中都有详细介绍。第9～11章为综合应用和作品输出，是从制作作品到渲染输出的流程介绍。第12～14章为综合项目案例，通过高级大型综合案例的讲解，使读者的专业能力得以提升。

本书不仅可以作为大中专院校和培训机构数字艺术设计、影视设计、广告设计、动画设计、微电影设计及其相关专业的学习教材，还可以作为视频爱好者的参考书使用。

图书在版编目 (CIP) 数据

中文版 After Effects 影视后期特效设计与制作全视频

实践 228 例：溢彩版 / 梁晓龙编著 . -- 北京：清华

大学出版社，2024. 7. --（艺境）. -- ISBN 978-7

-302-66529-8

Ⅰ . TP391.413

中国国家版本馆 CIP 数据核字第 20243ZK171 号

责任编辑：韩宜波
封面设计：李　坤
责任校对：么丽娟
责任印制：宋　林

出版发行：清华大学出版社
　　　　网　　　址：https://www.tup.com.cn，https://www.wqxuetang.com
　　　　地　　　址：北京清华大学学研大厦 A 座　　　　邮　　编：100084
　　　　社 总 机：010-83470000　　　　邮　　购：010-62786544
　　　　投稿与读者服务：010-62776969，c-service@tup.tsinghua.edu.cn
　　　　质 量 反 馈：010-62772015，zhiliang@tup.tsinghua.edu.cn
印 装 者：三河市铭诚印务有限公司
经　　销：全国新华书店
开　　本：210mm×260mm　　印　　张：20.5　　字　　数：656 千字
版　　次：2024 年 7 月第 1 版　　印　　次：2024 年 7 月第 1 次印刷
定　　价：118.00 元

产品编号：100204-01